U0323112

晶体学、粉末 X 射线衍射与透射电子显微学基础

[新] 董志力　著

潘昆明　译

查看彩图

北　京

冶金工业出版社

2024

北京市版权局著作权合同登记号　图字：01-2024-5080

内 容 提 要

　　本书共3部分，第1部分为晶体学简介，包括晶体与布拉维点阵的周期性，晶体的对称性、点群和空间群，倒易点阵及晶体结构表征举例；第2部分为材料的X射线衍射，包括X射线衍射的几何原理、X射线的衍射强度、实验方法与粉末X射线衍射仪、粉末X射线图谱的Rietveld精修；第3部分为材料透射电子显微学，包括电子和X射线的原子散射因子、透射电子显微镜中的电子衍射、衍射衬度和相位衬度。

　　本书可供晶体学、粉末X射线衍射和透镜电子显微学领域的研究人员等参考，也可作为高等院校材料科学与工程专业的教材。

图书在版编目(CIP)数据

　　晶体学、粉末X射线衍射与透射电子显微学基础／(新加坡) 董志力著；潘昆明译. -- 北京：冶金工业出版社，2024.6. -- ISBN 978-7-5024-9972-3

　　Ⅰ. O72；O766

　　中国国家版本馆 CIP 数据核字第 20244MB153 号

晶体学、粉末 X 射线衍射与透射电子显微学基础

出版发行	冶金工业出版社	电　　话	(010)64027926
地　　址	北京市东城区嵩祝院北巷 39 号	邮　　编	100009
网　　址	www.mip1953.com	电子信箱	service@mip1953.com

责任编辑　王梦梦　美术编辑　彭子赫　版式设计　郑小利
责任校对　石　静　责任印制　窦　唯
北京印刷集团有限责任公司印刷
2024 年 6 月第 1 版，2024 年 6 月第 1 次印刷
710mm×1000mm　1/16；15 印张；289 千字；220 页
定价 80.00 元

投稿电话　(010)64027932　投稿信箱　tougao@cnmip.com.cn
营销中心电话　(010)64044283
冶金工业出版社天猫旗舰店　yjgycbs.tmall.com
(本书如有印装质量问题，本社营销中心负责退换)

致　　谢

借本书出版的机会，在这里向我曾经的师长、同事及朋友表达诚挚的感谢！感谢他们在晶体学、X 射线衍射、Rietveld 方法、透射电子显微镜（TEM）和高分辨透射电子显微镜（HRTEM）图像模拟方面对我的谆谆教导和无私的经验分享。我深深地感激清华大学的老师们，师从 Lin Ziwei 教授，我掌握了倒易点阵计算的数学技巧和用于晶体结构分析的 X 射线衍射（XRD）理论；师从 Tao Kun 教授和 Zhu Baoliang 教授，我获得了 X 射线晶体学、X 射线衍射实验方法和透射电子显微镜领域许多宝贵的理论与实践经验。1987 年至 1988 年间，我在大阪大学继续进行博士研究相关的透射电子显微镜实验，在此感谢导师 Hori Shigenori 教授，以及 Zhang Di 博士和 Fujitani Wataru 先生的大力帮助。

1993 年 6 月至 1996 年 11 月，我在巴塞罗那大学担任访问教授期间，有幸聆听 Nutting 教授分享有关金属和陶瓷材料的电子衍射和衍射衬度形成方面宝贵的经验。同时，我在新加坡环境技术研究所担任高级研究员期间与 Tim White 博士合作共同研究合成磷灰石，感谢 Tim White 博士在 Rietveld 精修和高分辨透射电子显微镜多层切片模拟方面的经验分享，促进了我们的研究项目顺利开展。

我还要特别感谢在透射电子显微学领域颇有建树的几位专家。在撰写本书透射电子显微学的相关内容时，我与 Gatan 公司的 Pan Ming 博士时常进行讨论，他对本书成书提供了十分重要的帮助。另外，还要感谢 Andrew Johnson 教授和 Ray Withers 教授，他们在参观我们的透射电子显微镜实验室期间分享了现代透射电子显微镜汇聚束衍射（CBED）技术，之后我到西澳大利亚大学访问 Andrew Johnson 教授时，我们又进行了更为深入的讨论，获益良多。我还要感谢密歇根大学的 Lumin Wang 教授和 Kai Sun 博士，胜科纳米科技服务私人投资有限公司（Wintech Nano-Technology Services Pte Ltd.）的 Liu Binghai 博士及伦斯勒理工学院的 Jie Lian 教授，感谢他们对透射电子显微镜观察过程中的电子束诱导结构变化予以解释。同时，还要感谢以下几位专家。对于一些需要进行球差校正透射电子显微镜分析的研究项目，我得到了埃里克·施密特材料科学研究所（Erich Schmid Institute of Materials Science）的 Zhang Zaoli 博士、德国亥姆霍兹国家研究中心联合会的下属科研机构于利希研究中心（Forschungszentrum Julich GmbH）的 Christopher Brian Boothroyd 博士和 András Kovács 博士的大力支持。在2015 年的 IAMNano 研讨会上，Harald Rose 教授分享关于 TEM 研究和年轻学者培养方面的经验，令人备受鼓舞。我有幸曾与新加坡材料研究与工程研究所的 Michel Bosmann 博士共同指导一项博士研究项目，Michel Bosmann 博士在 EELS 分析方面取得了出色的研究成果。

此外，还衷心感谢 Chen Nanping 教授和 Tang Xiangyun 教授在金属材料研究方面的指导；感谢我曾经的研究团队主任 Jose Maria Guilemany 教授和 Khor Khiam Aik 教授，感谢他们在热喷涂项目中为我提供了宝贵的机会，让我得以对涂层结构进行了深入的研究。感谢前任学院主席 Freddy Boey 教授在我们合作的碳增强聚合物项目提供无私的帮助。我还要感谢新加坡南洋理工大学的所有同事们，包括 Gan Chee Lip 博士、Chen Zhong 博士、Raju Ramanujan 博士、Kong Lingbing 博士、Sun Xiaowei 博士、Sun Changqing 博士、Zhu Weiguang 博士、Tang Dingyuan 博士、Xu Chunxiang 博士、Lim Teik Thye 博士、Wang Rong 博士、Li Changming 博士、Chua Chee Kai 博士、Liu Erjia 博士、Li Lin 博士、

Yang En-Hua 博士、Claude Guet 博士、Sean Li 博士、Tom Baikie 博士、Sun Handong 博士、Xiong Qihua 博士和 Tom Wu 博士，感谢他们在 X 射线衍射和透射电子显微镜分析方面给予的支持。我还要向巴塞罗那大学的 Nuria Llorca 教授、东京工业大学的 Shi Ji 教授、Erich Schmid 材料科学研究所的 Jozef Keckes 教授、新加坡国立大学的 Ding Jun 教授、Chen Jingshen 教授和 Yang Ping 博士、A*STAR 的 Pei Qingxiang 博士和 Han Mingyong 博士表示感谢，我曾有幸与他们在材料结构分析方面进行了许多启人深思的讨论。

在新加坡南洋理工大学与欧洲大学之间的联合博士计划框架下，博士导师团队进行了多次会议交流，在此非常感谢合作导师们的帮助，特别是来自格勒诺布尔大学的 Yves Wouters 教授、CEA 的 Frederic Schuster 博士、巴黎索邦大学的 Fanny Balbaud-Celerier 教授、布里斯托大学的 Valeska Ting 教授、伦敦大学学院的 Sanka Gopinathan 教授、Johnson Matthey 公司的 Tim Hyde 博士和拉夫堡大学的 Vadim V. Silberschmidt 教授。

而且，我也非常感谢我带领的研究生和博士后等一批年轻学者们，特别是 Shen Yiqiang、Li Zhipeng、Wang Jingxian、Li Ruitao 和 Yao Bingqing，他们孜孜不倦地专注于金属和陶瓷材料的高分辨透射电子显微镜分析方面的研究。

最后，特别感谢我的太太 Kriss Ding Ke、朋友 Ang Se An 和 Jimmy Chew。同时，我非常感谢我的儿子 Brian Dong Bo Yuan，得益于他的耐心制作，本书才得以呈现一些高质量的图片。

前　　言

结构与性能的关系是材料科学与工程研究领域的核心话题之一。要理解一些材料为什么会展现出某些特定的性能，首先要解析其晶体结构并揭示其特性。这也是我想与材料科学领域的年轻学者分享这本有关晶体结构及其测定的教学讲稿的原因之一。该书分 3 部分呈现：第 1 部分：晶体学简介；第 2 部分：材料的 X 射线衍射；第 3 部分：材料透射电子显微学。希望本书不仅能够为材料科学与工程领域的研究生答疑解惑，也能够为未来准备从事材料领域研究的本科生指引方向。

本书来源于我的教学讲稿，主要基于我在清华大学攻读本科及在大阪大学攻读联合培养博士学位期间获得的基础理论和技能。在清华大学和巴塞罗那大学工作期间，需要经常使用透射电子显微镜进行材料微观结构的研究。令人振奋的是由于球差校正技术的发展，透射电镜技术从 20 世纪 90 年代开始进入了一个全新的阶段。1996 年我从巴塞罗那大学的热喷涂中心调任到新加坡南洋理工大学机械与制造工程学院热喷涂课题组，在加入新加坡环境技术研究所（Environmental Technology Institute of Singapore）的透射电镜实验室之后，我们在磷灰石研究项目中更加频繁地使用高分辨透射电子显微镜，包括成像、衍射和光谱技术，以更好地了解磷灰石的结构和性能。自 2004 年离开新加坡环境技术研究所加入新加坡南洋理工大学材料工程学院以来，我一直致力于指导材料科学与工程领域的青年学者如何更好地利用 X 射线衍射和透射电子显微镜对材料进行表征，并在 *Handbook of*

Nanoceramics and Their Based Nanodevices（Tseng 和 Nalwa，2009）一书的"X 射线衍射、Rietveld 晶体结构精修和纳米结构材料的高分辨透射电子显微镜"章节中总结了自己的教学讲稿。同时，在这本教材中，我增加了更多研究生课程的相关内容。在巴塞罗那大学担任客座教授时，我还参与了关于 TEM 制样的研究生课程的短期教学。但是，在这本教材中，我并没有详细地介绍 TEM 样品的制备技术。如果读者对 TEM 样品制备技术感兴趣的话，可以阅读其他相关教材。

在我的课堂及本书的一些章节中，对于准备继续深造的学生，我还推荐以下物理学相关的专业书籍，例如 *X-ray Diffraction*（Warren，1990）、*Elements of X-ray Diffraction*（Cullity 和 Stock，2001）、*X-ray Diffraction in Crystals, Imperfect Crystals and Amorphous Bodies*（Guinier，1994）、*Electron Microscopy of Thin Crystals*（Hirsch，1977）、*Transmission Electron Microscopy: A Textbook for Materials Science*（Williams，1996）和 *Diffraction Physics*（Cowley，1995）。学习晶体结构相关的课程是研究成像、衍射和光谱等课题的先决条件。因此，该书在介绍 X 射线衍射和透射电子显微镜理论之前，先介绍了晶体学的基础知识。由于这本教材涉及的光谱学分析内容非常有限，对于需要学习光谱学分析的学生，推荐大家阅读其他光谱学相关的教材。

在 X 射线衍射和透射电子显微学领域，相关的光谱技术包括 X 射线吸收精细结构（XAFS）分析和电子能量损失谱（EELS）分析。能量色散 X 射线光谱（EDX）是现代透射电子显微镜中非常常见的附加设备，已成为 TEM 操作中常规的化学分析技术。EDX 是一种快速、高效的成分分析方法。XAFS 可以利用高亮度的同步辐射光源，获取元素的化学组成信息、氧化状态和配位数等信息。EELS 可以简单地安装在透射电子显微镜的镜筒上或镜筒下方。EELS 是显微镜中用于分析化学成分、键合信息和能带信息的强大工具。因此，理解量子物理中的原子结构和固态物理中能带结构的基本理论有助于解释所收集的光谱。

  在我看来，数学和物理学的相关基础理论知识与技术对理解本书颇有助益。例如，傅里叶级数和傅里叶变换分析已经被运用于 TEM 成像过程。衍射理论的运用则贯穿 X 射线衍射和透射电子显微镜分析的全过程。由于高压下加速电子的速度更快，电子波长的计算需要相对论校正。原子散射因子的计算运用了量子力学中的一些基本理论。在某些情况下，我们只使用一维处理来传递概念，然而在实际情况中三维分析才是不可或缺的。例如，为了获得 Mott 关系，我们使用了一维傅里叶变换来关联 X 射线束和电子束的原子散射因子。需要注意的是，本书中使用的一些数学计算只在特定条件下成立。同时，我们所从事的专业领域是材料科学与工程，在遇到数学和物理学领域相关的专业问题时，我们可以在关联学科中寻求帮助。

  此外，本书在一些话题上做了比同类书籍更加详尽的阐释，这是因为在日常教学中，我注意到许多学生难以透彻理解这些问题，希望本书在内容上做的这些针对性地处理能够为读者朋友们提供有效的帮助。

董志力
于新加坡南洋理工大学

参 考 文 献

Cowley J M, 1995. Diffraction physics [Z] . John M. Cowley. 3rd rev. ed. Amsterdam: Elsevier Science B. V. (North-Holland personal library).

Cullity B D, Stock S R, 2001. Elements of X-ray diffraction [M] //Bernard D. 3rd ed. Upper Saddle River, NJ: Prentice Hall.

Guinier A, 1994. X-ray diffraction in crystals, imperfect crystals, and amorphous bodies [M]//A. Guinier; translated by Paul Lorrain and Dorothée Sainte-Marie Lorrain. New York: Dover.

Hirsch P B, 1977. Electron microscopy of thin crystals [M]//P. B. Hirsch A, Howrie R B, Nicholson D W. Pashley and M. J. Whelan. Malabar, FL: Krieger Pub Co.

Tseng T Y, Nalwa H S (eds), 2009. Handbook of nanoceramics and their based nanodevices [M]. Stevenson Ranch, CA: American Scientific Pub. (Nanotechnology Book Series; 24).

Warren B E (Bertram E.), 1990. X-ray diffraction [M]. Dover ed. New York: Dover Publications.

Williams D B, 1996. Transmission Electron Microscopy [Z] . A Textbook for Materials Science/by David B. Williams C, Barry Carter. Edited by C. B. Carter. Boston, MA: Springer US.

本书符号释义

$\boldsymbol{a}$, $\boldsymbol{b}$, $\boldsymbol{c}$	正格矢量
a, b, c, α, β, γ	晶格参数
$\boldsymbol{a}^*$, $\boldsymbol{b}^*$, $\boldsymbol{c}^*$	倒格矢量
a^*, b^*, c^*, α^*, β^*, γ^*	倒易点阵参数
$\boldsymbol{a}_1$, $\boldsymbol{a}_2$, $\boldsymbol{a}_3$	正格矢量
$\boldsymbol{a}_1$, $\boldsymbol{a}_2$, $\boldsymbol{a}_3$, $\boldsymbol{c}$	六方晶系或三斜晶系的单胞基矢
$\boldsymbol{a}_1^*$, $\boldsymbol{a}_2^*$, $\boldsymbol{a}_3^*$	倒易点阵的晶胞矢量
$\boldsymbol{b}_1$, $\boldsymbol{b}_2$, $\boldsymbol{b}_3$	倒易点阵的晶胞矢量
$A(\theta)$	吸收校正因子
A	波幅
$A(u)$	孔径函数
$\exp\left[-B\left(\dfrac{\sin\theta}{\lambda}\right)^2\right]$	德拜-沃勒各向同性因子
$B(u)$	像差函数
C_s, C_3	球差系数
d	分辨率
d, d_{hkl}	晶面间距
$\boldsymbol{E}$	电矢量
E	能量
$E(u)$	包络函数
F, F_{hkl}, F_g	结构因子

FT	傅里叶变换算子
FT^{-1}	傅里叶逆变换算子
f	焦距
f_e	电子的原子散射因子
f_X	X 射线的原子散射因子
$f(\theta)$	原子散射振幅
$\boldsymbol{g} = h\boldsymbol{a}^* + k\boldsymbol{b}^* + l\boldsymbol{c}^*$	倒易点阵矢量
(hkl)	晶面的密勒指数
$\{hkl\}$	晶面族
$(hkil)$	晶面的密勒-布拉维指数（六方晶系）
$\{hkil\}$	晶面族（六方晶系）
I	强度
I_0	入射束强度
I_g	衍射束的强度
i	反演
k	波数
$\boldsymbol{k}_0$	入射波矢量
$\boldsymbol{k}$	衍射波矢量
L	相机常数
m	镜面反射
m_e, m_0	电子静止质量
n	旋转操作
$\bar{n}$	回转-反演操作
$\boldsymbol{q} = u\boldsymbol{a}^* + v\boldsymbol{b}^* + w\boldsymbol{c}^*$	倒易空间矢量/散射矢量
$\boldsymbol{r} = x\boldsymbol{a} + y\boldsymbol{b} + z\boldsymbol{c}$	实空间位置矢量

$\boldsymbol{r}^*$	倒易空间的位置矢量
$\boldsymbol{r}'$	位移矢量
$\boldsymbol{R}_n = n_1\boldsymbol{a}_1 + n_2\boldsymbol{a}_2 + n_3\boldsymbol{a}_3$	实空间的位置矢量
R_{B}	R 布拉格因子
R_{exp}	期望 R 因子
R_{wp}	加权峰形 R 因子
S	拟合优度指标
$\boldsymbol{s}$	激励误差或偏差参数
s_{eff}	有效偏离参量
s'	缺陷引起的偏离参量
S_n	旋转反射
t	箔厚度
u，v	后焦平面坐标
$[uvw]$	晶向指数
$<uvw>$	晶向族
$[uvtw]$	六方晶系晶向指数
$<uvtw>$	六方晶系晶向族
U	势能
V	体积
V_c，V_{cell}	晶胞体系
V_c^*，V_{cell}^*	倒易点阵的晶胞体积
V	加速电压
$V(\boldsymbol{r})$	静电势
V_t	投影电势
δ	路径差

Δf	焦点变化
Δ	焦点扩散
ε	散焦
$\theta = \theta_S/2$	散射半角
θ_B	布拉格角
$\theta_S = 2\theta$	散射角
λ	波长
μ	吸收系数
ξ_g	消光距离
ξ_g^{eff}	有效消光距离
ϕ	相差/相；晶面夹角
ϕ_0	入射束的振幅
ϕ_g	衍射束的振幅
χ	相移
$\boldsymbol{\chi}_0$	真空中入射波的波矢
$\boldsymbol{\chi}$	真空中衍射波的波矢
ψ	波函数
ψ_0	入射波
ψ_g	衍射波
$\otimes$	卷积运算

目　　录

第 1 部分　晶体学简介

第 2 部分　材料的 X 射线衍射

第 3 部分　材料透射电子显微学

引　言

　　材料结构与性能关系是材料研究的重点课题之一。了解晶体结构，并且利用理论知识结合实验方法来确定晶体结构，对材料学者来说非常重要。在传统的定义中，晶体是由相同的晶胞或结构单元呈周期性排列组合而成的。然而，随着越来越多有序但非周期结构的材料被发现与合成（例如准晶体），学界将晶体分为周期晶体和非周期晶体，两者都具有清晰的衍射峰（Janssen，2007）。本书内容只涉及周期性晶体结构，所以晶体特指周期性晶体。

　　通常是从材料的结构特征来揭示材料性能，但在某些情况下也可以尝试从材料的化学键特征或电子结构来了解材料性能。本节介绍了 3 个例子，以便了解材料性质与化学键合特性、晶体结构和晶体的电子结构之间的关系。

　　通常认为，在研究晶体材料的性能时，需要了解其晶体结构特征。然而，在某些情况下，还需要了解材料的化学键和电子结构，以充分阐明与结构特征相关的材料性能。

　　事实上，晶体结构的形成在很大程度上依赖于组成元素的化学键特性。由此产生的晶体结构和原子或离子之间的化学键都将决定晶体的电子结构，这可以通过两种极端情况来解释：近自由电子近似和紧束缚模型（Omar，1993）。

　　化学键依赖于原子的电子结构，特别是最外层的价电子。与原子相关的键长和键角影响这些原子的堆积，从而影响晶体结构，这在金刚石类型的结构中得到了很好的体现。

　　决定无机材料结构的主要键有金属键、离子键和共价键。金属键是带正电的原子核与离域电子之间的吸引作用形成的，这种键是非定向的，基于这一点，硬球堆积模型常被用来描述金属材料结构的形成。面心立方、体心立方和密排六方是最常见的具有较高对称性的金属结构类型。离子键在本质上也是非定向的，各方向上均具有吸引力。阳离子和阴离子之间的强烈吸引形成了刚性框架或具有较高对称性的晶格结构。陶瓷材料通常被认为是离子化合物，尽管陶瓷材料的键合特征是离子型和共价型的混合物。泡利原理（Pauli principle）表明每个阳离子形成一个阴离子的配位多面体，阴阳离子的距离等于它们的特征堆积半径之和。阳离子和阴离子的半径比决定了配位多面体的性质，从而决定了阳离子的配位数。氯化钠是解释上述原理和晶体结构类型形成的一个很好的例子。不同于离子键，共价键具有很强的方向性。在金刚石中，每个碳原子都是以 sp^3 杂化方式与相邻的碳原子形成 4 个 σ 键，C—C—C 键角为 109.5°。基本的四面体单位相互结合形成立方晶体结构。

　　显然，上述讨论过于简单，不足以说明复杂晶体结构的形成，因为在某些晶体中可能存在不止一种键型。尽管如此，对于材料科学家和工程师来说，上述简单的讨论对于理解晶体结构特征是有意义的。

　　基于晶体的化学键类型、晶体结构特征和电子结构之间的相关性，在某些情况下，不仅可以根据晶体结构特征，还可以从晶体的成键行为或电子结构的角度来讨论材料的性能。因此，在本引言的结构与性能关系的教学中，通过引入材料性质与晶体的化学键和电子结构的相关性，将材料性能的讨论纳入其中。在本书的三大部分中，更多地关注晶体结构的描述和检验，而非晶体的化学键类型和电子结构。

　　以下 3 个例子将展示晶体的化学键、晶体结构和电子结构如何影响材料性能。

　　例 0.1　钙钛矿型 $BaTiO_3$ 铁电陶瓷从居里点以上温度（约 120 ℃）冷却到室温时，具有从立方相到四方相结构的转变。在低于居里点一定温度下的铁电态，具有永久偶极子，如图 0.1 所示。以位于晶胞顶部和底部，以及二者中间的

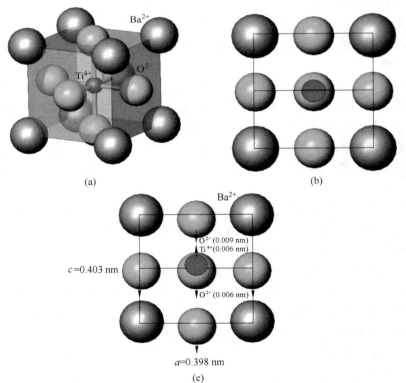

图 0.1　$BaTiO_3$ 铁电陶瓷的晶体结构

（图像使用 ATOMS 绘制）

（a）未极化的立方晶体结构，$a \approx 0.40$ nm；（b）未极化结构的投影；（c）极化结构的投影

Ba²⁺面为参考面，晶格常数为 $a = 0.398$ nm，$c = 0.403$ nm（Barsoum，2003）。离子的位移值为：（1）Ba²⁺没有位移；（2）Ti⁴⁺向上位移 0.006 nm；（3）中位面 O²⁻向下偏移 0.006 nm；（4）顶部和底部 O²⁻向下偏移 0.009 nm。计算铁电态 BaTiO₃ 的极化强度。

注：这是晶体结构与性能关系的一个典型例子。由于结构从立方相转变为四方相，材料从顺电态转变为铁电态。详细的讨论请查看材料科学与工程或陶瓷材料相关著作。例如，在教材 *Introduction to Ceramics*（Kingery，1976）中，极化 BaTiO₃ 结构的表征是基于 Shirane 等人在 1955 年发表的早期原始研究。同时，还有大量 X 射线衍射的研究也同样介绍了 BaTiO₃ 极化晶体结构。不同的教材可能使用不同的结构数据，得到的极化值也可能不同。本书使用的是 Callister（2003）与 Barosum（2003）的材料学教材中呈现的极化结构数据，我们在课堂教学中经常使用这个模型来解释晶体结构与性能的关系。顺电立方相在 120 ℃ 以上是稳定的，其中正电荷中心与负电荷中心重合。因此，极化率 $P = 0$。在室温下，该材料具有四方结构，其中阳离子的中心相对于 O²⁻发生位移，导致电偶极子的形成。

在很多情况下，晶体可能存在缺陷，包括点缺陷、线缺陷和面缺陷。晶体内部的缺陷也会影响晶体性质，例如金属中的位错会降低晶体的屈服强度。有时，通过变形有目的地产生位错来提高金属合金的强度。通过固溶或缩小晶粒尺寸可以增加晶界数量，从而提高合金强度。

解：对于一个没有净电荷的系统，电矩计算与原点的选择无关。如果把原子看作位置 r_i 处的点电荷 Q_i，则可以得到电矩的计算式如下：

$$\boldsymbol{p} = \sum_i Q_i \boldsymbol{r}_i \tag{0.1}$$

极化率是指材料单位体积内的总电偶极矩。对于四方相 BaTiO₃，这种极化可以根据单位晶胞的数据计算，见式（0.2）：

$$P = \frac{p_{\text{cell}}}{V_{\text{cell}}} = \frac{\sum_i Q_i d_i}{V_{\text{cell}}} \tag{0.2}$$

式中，Q_i 为单位晶胞中每个离子的电荷；d_i 为它相对于未极化结构的位移；V_{cell} 为单位晶胞体积。

第一步是设定一个极矩方向。第二步是计算离子在晶胞中的偶极矩。

如果将向上的方向定为阳极，Ti⁴⁺ 则被 $d = 0.006$ nm $= 0.06 \times 10^{-10}$ m，$q = 4 \times (1.602 \times 10^{-19}$ C）替代，所以，

$qd = 4 \times (1.602 \times 10^{-19}$ C$) \times (0.06 \times 10^{-10}$ m$) = 3.84 \times 10^{-30}$ C·m

顶部和底部的 O²⁻分别被两个晶胞共享，因此只计数为一个离子，这个离子被 $d = -0.009$ nm $= -0.09 \times 10^{-10}$ m，$q = (-2) \times (1.602 \times 10^{-19}$ C）取代，所以，

$qd = (-2) \times (1.602 \times 10^{-19}$ C$) \times (-0.09 \times 10^{-10}$ m$) = 2.88 \times 10^{-30}$ C·m

4 个中位面 O²⁻也是由两个晶胞共享的，因此计数为两个离子。他们则由 $d = -0.066$ nm $= -0.06 \times 10^{-10}$ m，$q = (-2) \times 2 \times (1.602 \times 10^{-19}$ C）替代。所以，

$$qd = (-2) \times 2 \times (1.602 \times 10^{-19} \text{ C}) \times (-0.06 \times 10^{-10} \text{ m}) = 3.84 \times 10^{-30} \text{ C} \cdot \text{m}$$

总极化率 $P = (\sum qd)/V_{\text{cell}}$，其中，

$$\sum qd = (3.84 + 2.88 + 3.84) \times 10^{-30} \text{ C} \cdot \text{m} = 10.56 \times 10^{-30} \text{ C} \cdot \text{m}$$

$$V_{\text{cell}} = (4.03 \times 3.98 \times 3.98) \times 10^{-30} \text{ m}^3 = 63.83 \times 10^{-30} \text{ m}^3$$

因此，$P = (10.56 \times 10^{-30} \text{ C} \cdot \text{m})/(63.83 \times 10^{-30} \text{ m}^3) = 0.165 \text{ C/m}^2$。

当材料冷却到室温时，四方相 $BaTiO_3$ 的自发极化为 0.165 C/m^2。

例 0.2　根据图 0.2 所示的非简谐势能曲线，推导热膨胀系数。

注：第二个例子是热膨胀及其与化学键行为的相关性。通过化学键势能曲线，可以更好地理解热膨胀现象和热膨胀系数（Callister, 2003）。

正如许多固体物理教科书中所讨论的，如果假设晶体中每个原子的振动是一个经典谐振子，那么势能随原子间间距变化的曲线是对称的，不会发生热膨胀。因此，我们需要考虑势能中的非简谐项对一对原子在温度 T 下的平均间距的影响（Kittel, 1996）。

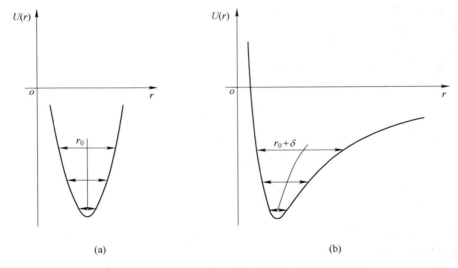

图 0.2　势能作为原子间距的函数随间距变化的曲线

（振荡中点随能量的增加而远离原点）

（a）谐振子对应的势能对称抛物线曲线；（b）势能非对称曲线

解：在势能作为原子间距离函数的非对称曲线中，r_0 为原子平衡间距，δ 为距离 r_0 的位移。当用 $U(r_0 + \delta)$ 表示相互作用的势能时，可以用泰勒级数计算：

$$U(r_0 + \delta) = U(r_0) + \left(\frac{\partial U}{\partial r}\right)_{r_0} \delta + \frac{1}{2!}\left(\frac{\partial^2 U}{\partial r^2}\right)_{r_0} \delta^2 + \frac{1}{3!}\left(\frac{\partial^3 U}{\partial r^3}\right)_{r_0} \delta^3 + \cdots \quad (0.3)$$

已知 $\left(\dfrac{\partial U}{\partial r}\right)_{r_0} = 0$，并且 $U(r_0)$ 的值对讨论没有影响，取 $U(r_0) = 0$ 以简化计算。为了方便讨论，只考虑一些教科书（Gu，1989；Quéré，1998；Wahab，2015）中给出的三阶泰勒级数。

令 $\dfrac{1}{2!}\left(\dfrac{\partial^2 U}{\partial r^2}\right)_{r_0} = K$，$-\dfrac{1}{3!}\left(\dfrac{\partial^3 U}{\partial r^3}\right)_{r_0} = g$，那么

$$U(r_0 + \delta) = K\delta^2 - g\delta^3 \tag{0.4}$$

假设只考虑 $U(r_0 + \delta) = K\delta^2$，这就是谐波振荡近似，那么由于势曲线的对称性，无法观察到任何热膨胀。在这种情况下，可以使用玻耳兹曼分布计算 $\delta(T)$ 值：

$$\overline{\delta} = \frac{\displaystyle\int_{-\infty}^{\infty} \delta \exp\left(-\frac{U}{k_B T}\right) \mathrm{d}\delta}{\displaystyle\int_{-\infty}^{\infty} \exp\left(-\frac{U}{k_B T}\right) \mathrm{d}\delta} = \frac{\displaystyle\int_{-\infty}^{\infty} \delta \exp\left(-\frac{K\delta^2}{k_B T}\right) \mathrm{d}\delta}{\displaystyle\int_{-\infty}^{\infty} \exp\left(-\frac{K\delta^2}{k_B T}\right) \mathrm{d}\delta} \tag{0.5}$$

由于分子的被积函数为奇函数，其积分为 0。因此，无法基于谐波振荡近似来解释热膨胀现象，需要考虑用 $U(r_0 + \delta) = K\delta^2 - g\delta^3$ 来讨论热膨胀带来的非对称效应。随着 T 增大，平衡位置右移，原子间距增加。在这种情况下就会发生热膨胀。

$$\overline{\delta} = \frac{\displaystyle\int_{-\infty}^{\infty} \delta \exp\left(-\frac{U}{k_B T}\right) \mathrm{d}\delta}{\displaystyle\int_{-\infty}^{\infty} \exp\left(-\frac{U}{k_B T}\right) \mathrm{d}\delta} = \frac{\displaystyle\int_{-\infty}^{\infty} \delta \exp\left(-\frac{K\delta^2 - g\delta^3}{k_B T}\right) \mathrm{d}\delta}{\displaystyle\int_{-\infty}^{\infty} \exp\left(-\frac{K\delta^2 - g\delta^3}{k_B T}\right) \mathrm{d}\delta} \tag{0.6}$$

当 δ 较小时，δ^3 项的值远小于 δ^2 项的值，分子为：

$$\int_{-\infty}^{\infty} \delta \exp\left(-\frac{K\delta^2 - g\delta^3}{k_B T}\right) \mathrm{d}\delta$$

$$= \int_{-\infty}^{\infty} \delta \exp\left(-\frac{K\delta^2}{k_B T}\right) \exp\left(\frac{g\delta^3}{k_B T}\right) \mathrm{d}\delta$$

$$= \int_{-\infty}^{\infty} \delta \exp\left(-\frac{K\delta^2}{k_B T}\right) \left(1 + \frac{g\delta^3}{k_B T}\right) \mathrm{d}\delta$$

为了获取近似值，当 x 较小时，使用 $e^x = 1 + x$。积分进一步计算如下：

$$\int_{-\infty}^{\infty} \delta \exp\left(-\frac{K\delta^2}{k_B T}\right)\left(1 + \frac{g\delta^3}{k_B T}\right)\mathrm{d}\delta$$

$$= \int_{-\infty}^{\infty} \delta \exp\left(-\frac{K\delta^2}{k_B T}\right)\mathrm{d}\delta + \int_{-\infty}^{\infty} \frac{g\delta^4}{k_B T}\exp\left(-\frac{K\delta^2}{k_B T}\right)\mathrm{d}\delta$$

$$= \frac{g}{k_B T}\int_{-\infty}^{\infty} \delta^4 \exp\left(-\frac{K}{k_B T}\right)\delta^2\mathrm{d}\delta$$

$$= \frac{g}{k_B T}\left(\frac{3}{4}\sqrt{\pi}\right)\left(\frac{k_B T}{K}\right)^{\frac{5}{2}} \tag{0.7}$$

分母为：

$$\int_{-\infty}^{\infty} \exp\left(-\frac{K\delta^2 - g\delta^3}{k_B T}\right)\mathrm{d}\delta$$

$$= \int_{-\infty}^{\infty} \exp\left(-\frac{K\delta^2}{k_B T}\right)\left(1 + \frac{g\delta^3}{k_B T}\right)\mathrm{d}\delta$$

$$= \int_{-\infty}^{\infty} \exp\left(-\frac{K\delta^2}{k_B T}\right)\mathrm{d}\delta + \int_{-\infty}^{\infty} \frac{g\delta^3}{k_B T}\exp\left(-\frac{K\delta^2}{k_B T}\right)\mathrm{d}\delta$$

$$= \int_{-\infty}^{\infty} \exp\left(-\frac{K\delta^2}{k_B T}\right)\mathrm{d}\delta \tag{0.8}$$

式 (0.8) 可重写如下：

$$\int_{-\infty}^{\infty} \exp\left(-\frac{K\delta^2}{k_B T}\right)\mathrm{d}\delta$$

$$= \sqrt{\frac{k_B T}{K}}\int_{-\infty}^{\infty} \exp -\left(\sqrt{\frac{K}{k_B T}}\delta\right)^2 \mathrm{d}\left(\sqrt{\frac{K}{k_B T}}\delta\right)$$

$$= \sqrt{\frac{k_B T}{K}}\sqrt{\pi} = \left(\frac{\pi k_B T}{K}\right)^{\frac{1}{2}} \tag{0.9}$$

然后通过式 (0.7) 和式 (0.9) 得到平均位移：

$$\overline{\delta} = \frac{3}{4}\frac{g}{K^2}k_B T \tag{0.10}$$

从式 (0.10) 中计算得出热膨胀系数。表达式为：

$$\alpha_l = \frac{1}{r_0}\frac{\mathrm{d}\overline{\delta}}{\mathrm{d}T} = \frac{3}{4}\frac{g}{K^2}\frac{k_B}{r_0} \tag{0.11}$$

为了便于上述等式计算，采用数学等式，让 $\int_{-\infty}^{\infty} e^{-x^2}\mathrm{d}x = I$，所以

$$I^2 = \int_{-\infty}^{\infty} e^{-x^2}dx \int_{-\infty}^{\infty} e^{-y^2}dy$$

$$= \int_{-\infty}^{\infty}\int_{-\infty}^{\infty} e^{-(x^2+y^2)}dxdy$$

将直角坐标系转换为极坐标系继续计算，得到

$$I^2 = \int_{0}^{\infty}\int_{0}^{2\pi} e^{-r^2}rd\theta dr$$

$$= 2\pi\int_{0}^{\infty} e^{-r^2}rdr$$

$$= \pi$$

因此，

$$\int_{-\infty}^{\infty} e^{-x^2}dx = I = \sqrt{\pi} \tag{0.12}$$

从式（0.12）中可得出分母。

接下来，分子的计算采用了积分法。通过式（0.12）得知

$$\int_{-\infty}^{\infty} e^{-x^2}dx = I = \sqrt{\pi}$$

让

$$I(a) = \int_{-\infty}^{\infty} e^{-ax^2}dx$$

然后

$$I(a) = \int_{-\infty}^{\infty} e^{-ax^2}dx = \frac{1}{\sqrt{a}}\int_{-\infty}^{\infty} e^{-(\sqrt{a}x)^2}d(\sqrt{a}x) = a^{-\frac{1}{2}}\sqrt{\pi}$$

可得：

$$\int_{-\infty}^{\infty} e^{-ax^2}dx = a^{-\frac{1}{2}}\sqrt{\pi} \tag{0.13}$$

求式（0.13）中参数 a 的微分。左侧为：

$$\frac{d}{da}\Big(\int_{-\infty}^{\infty} e^{-ax^2}dx\Big) = \int_{-\infty}^{\infty} -x^2 e^{-ax^2}dx$$

右侧为：

$$\frac{d}{da}\Big(a^{-\frac{1}{2}}\sqrt{\pi}\Big) = -\frac{1}{2}a^{-\frac{3}{2}}\sqrt{\pi}$$

再次将等式左右两边的参数 a 求微分，左侧为：

$$\frac{d}{da}\Big(\int_{-\infty}^{\infty} -x^2 e^{-ax^2}dx\Big) = \int_{-\infty}^{\infty} x^4 e^{-ax^2}dx$$

右侧为：

$$\frac{\mathrm{d}}{\mathrm{d}a}\left(-\frac{1}{2}a^{-\frac{3}{2}}\sqrt{\pi}\right) = \frac{3}{4}a^{-\frac{5}{2}}\sqrt{\pi}$$

因此，可得：

$$\int_{-\infty}^{\infty} x^4 e^{-ax^2}\mathrm{d}x = \frac{3}{4}a^{-\frac{5}{2}}\sqrt{\pi} \tag{0.14}$$

例 0.3　基于晶体的电子结构，分析晶体属于金属还是绝缘体。

注：本示例涉及电子结构与性质之间的关系，这个话题在固体物理学（Kittel，1996）和材料科学（Callister，2003）领域的相关教材中均有详尽的阐述。在固体物理学领域的相关教材中，在计算晶体的能带结构时，经常将近自由电子模型和紧束缚模型作为两种极端情况（Omar，1993）。在周期势场中，电子的波函数为布洛赫波函数。在近自由电子模型中，能带的带隙宽度与电子势能的傅里叶级数中的系数 U_n 有关。例如，在具有周期势的一维周期晶格中，电子能级在布里渊区（Brillouin zone）边界附近与自由电子模型得到的值有所偏差。

当 $k = -\dfrac{\pi}{a}n$，$k' = \dfrac{\pi}{a}n$，可得到 $E_+ = E_k^{(0)} + |U_n|$，$E_- = E_k^{(0)} - |U_n|$，因此能带间隙 $E_g = E_+ - E_- = 2|U_n|$。

关于近自由电子模型详细的讨论，请参见附录 A2。

解：基于 Kittel（1996）和 Callister（2003）提出的能带结构，如果价电子恰好填满一个或多个能带，如图 0.3（a）所示，使高能带为空，那么此晶体就是绝缘体。若带隙相对较窄，则为半导体。例如，硅半导体在 300K 时的带隙约为 1.11 eV，向硅中掺杂 P 或 B 可以得到 n 型或 p 型半导体。供体或受体的能态在带隙范围内，允许产生相对较多的电荷载流子，所以相对于相应的本征半导体，硅半导体导电性较高。如果能带在能量上重叠，两个部分填充的能带将产生如图 0.3（b）所示的金属特性。图 0.3（c）显示了部分填充的能带，对应的材料就是导体。

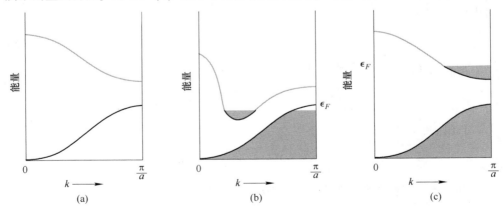

图 0.3　占据态和能带结构

(a) 绝缘体；(b) 金属或半金属，因为能带重叠；(c) 金属，因为电子集中

（资料来源：Kittel（1996），经 John Wiley & Sons 出版社许可）

参 考 文 献

Barsoum M W, 2003. Fundamentals of ceramics[M]//Michel W. Barsoum, Bristol, UK: Institute of Physics Pub. (McGraw-Hill series in materials science and engineering).

Callister W D, 2003. Materials science and engineering: An introduction [M]//William D. Callister, Jr. 6th ed. New York: Wiley.

Gu B L, 1989. Solid State Physics [M]//Gu B L, Wang X K, Beijing: Tsinghua University Press.

Janssen T, 2007. Aperiodic crystals: From modulated phases to quasicrystals [M]//Ted Janssen, Gervais Chapuis and Marc de Boissieu. Edited by G. Chapuis and M. de. Boissieu. Oxford: Oxford University Press (International Union of Crystallography monographs on crystallography; 20).

Kingery W D, 1976. Introduction to ceramics [M]//W. D. Kingery, H. K. Bowen, D. R. Uhlmann. 2nd ed. Edited by H. K. (Harvey K. Bowen) and D. R. (Donald R. Uhlmann). New York: Wiley (Wiley series on the science and technology of materials).

Kittel C, 1996. Introduction to solid state physics [M]//Charles Kittel. 7th ed. New York: Wiley.

Omar M A, 1993. Elementary solid state physics: Principles and applications [M]//M. A. Omar. Rev. print. Reading, Mass: Addison-Wesley Pub. Co. (Addison-Wesley series in solid state sciences).

Quéré Y, 1998. Physics of materials [M]//Yves Quéré; translated by Stephen S. Wilson. Amsterdam: Gordon and Breach Science Publishers.

Wahab M A (Mohammad A.), 2015. Solid state physics: Structure and properties of materials [M]//M. A. Wahab. 3rd ed. Oxford U. K: Alpha Science International.

第1部分　晶体学简介

　　天然或人工合成的固体材料具有非晶态、非周期晶态或周期晶态 3 种结构形式。对于周期性晶体材料，晶体尺寸可以达到纳米、微米、毫米甚至更大。多晶材料包含许多取向不同的晶粒或晶体，而单晶材料只有一个晶粒，因此没有晶界。在周围环境中，可以找到许多有用的材料都是呈周期性的晶体形式，正如引言中的示例，它们的性质与化学成分、化学键类型、晶体结构和电子结构有直接相关性。

　　从大约 17 世纪开始，人们就注意到晶体的对称美暗示了某种潜在秩序的存在。从它们的外在对称性和形状来判断，人们认为晶体一定是由更微小粒子有序排列而成，这些粒子就是现在众所周知的原子和离子。从 19 世纪初开始，晶体学研究出现了真正意义上的大爆发（Lima-de-Faria 和 Buerger，1990）。例如，1801 年，法国科学家勒内·朱斯特·阿羽伊（Rene Just Hauy）绘制了一幅基于多面体分子的晶体图纸。同时期，德国科学家克里斯蒂安·塞缪尔·魏斯（Christian Samuel Weiss）从结晶轴推导出晶型，英国科学家威廉·奥夫·密勒（William Hallowes Miller）提出了 *hkl* 表示法。

　　德国科学家约翰·弗里德里希·克里斯蒂安·赫塞尔（Johann Friedrich Christian Hessel）于 1830 年推导出 32 种晶体学点群。俄国物理学家阿克塞尔·加多林（Axel Gadolin）用不同的方法也推导出了同样的 32 种晶体类型。我们知道，32 个点群可以归纳为 7 个晶系，它们与 4 种晶格类型的组合产生了 14 种布拉维点阵（Bravais Lattices）。1848 年，法国物理学家奥古斯特·布拉维（Auguste Bravais）推导出了空间中点的 14 种可能排列方式。布拉维点阵就是以他的名字命名的，以纪念他在晶体学中做出的突出贡献。

　　俄国晶体学家费奥多罗夫（Evgraph Stepanovich Fedorov）和德国数学家亚瑟·圣夫利斯（Arthur Schoenflies）在 1890—1891 年间分别推导出晶体内部对称排列结构单元（原子、离子、分子）的 230 种空间群。1894 年，英国地质学家威廉·巴洛（William Barlow）采用球体堆积的方法，独立推导出 230 种空间群。在 *Volume A of the International Tables for Crystallography* 的 A（Hahn，2005）中，空间群和点群的描述都采用了赫尔曼-莫甘记号（Hermann-Mauguin notation）

和申夫利斯符号（Schoenflies's notation）。

　　由于材料科学与工程专业的教学大纲与固体物理或固体化学专业的教学大纲不同，针对材料科学与工程专业的学生，采用与他们的数学和物理水平相匹配的方式进行教学。对于一些话题，特别是与材料的粉末 X 射线衍射和透射电子显微镜相关的话题，本书侧重于介绍数学和物理学基本知识，让学生能够更好地掌握全貌。

　　本书的第一部分首先介绍平移对称运算，然后详细讨论 10 种独特的点对称操作，以及点对称操作的组合。最后，介绍 32 种晶体学点群中 7 个晶系的分类。当然，有些同学可能会进一步思考并试图理解为什么只有 14 种布拉维点阵，而 7 大晶系和 4 种晶格类型共有 28 种组合？

　　根据过去的教学经验，许多学生对三方晶系和六方晶系的表征感到困惑。我认为有必要重视这些晶系之间的差异，并进一步强调三角体系内部的菱形晶胞和非菱形晶胞之间的差异，这也是我在教学中必须强调的概念。

　　对于 32 种晶体学点群的推导，采用了 Klein 等人（2008）的 *The 23rd Edition of the Manual of Mineral Science* 和 Tang Youqi（1977）的 *Principles of Symmetry* 教材中的方法。

　　在空间群部分，本书首先介绍滑动面和螺旋轴这两种新型的对称元素，之后对由点阵对称（平移）、点对称（非平移）及滑移-反射和旋转对称（平移分量）构成的空间群进行了简要说明。

　　基于正空间点阵和倒易点阵的数学处理是研究 X 射线衍射和透射电子显微镜理论的有力工具。在晶体的对称性相关内容之后，本书还将详细讲解与倒易点阵相关的计算。

　　对材料科学与工程专业学生而言，学习晶体学的方法论与思路很有帮助，图 I.1 为晶体学相关内容的逻辑关系导图。

平移对称和点对称的概念

⇩

平移对称：
周期性的概念及 4 种点阵类型；
7 种晶系（32 种晶体学点群可划分为 7 种晶系）；
基于 7 种晶系与 4 种点阵类型组合而成的 14 种布拉维点阵

⇩

对三方晶系进行更详细的阐释：
三方晶系的菱形晶胞既可以用菱方轴表示，也可以用六方轴表示；
三方晶系的非菱形晶胞只能用六方轴来表示

⇩

密勒指数和密勒-布拉维指数：

对于三方晶系中的菱形晶胞，从菱方轴到六方轴及从六方轴到菱方轴的指数变换；

对于六方晶系，介绍密勒-布拉维指数

⇩

点对称：

旋转轴和非正常旋转轴的 10 个独特的晶体对称元素（平移对称的限制或制约）；

对称元素

⇩

点对称操作组合：

晶体学对称要素组合定律；

群论

⇩

对称操作组合（非立方晶系）

⇩

对称操作组合（立方晶系）

⇩

32 种晶体学点群

⇩

32 种晶体学点群对应的 7 种晶系

⇩

7 种晶系和 4 种点阵类型产生的 14 个布拉维点阵

（更多细节请参见平移对称章节）

⇩

空间群的概念

⇩

P3（143）与 R3（No. 146）的差异

（请参见平移对称章节）

⇩

正空间点阵和倒易点阵

倒易点阵的定义

倒易点阵的性质及相关运算

图 I.1　晶体学相关内容的逻辑关系导图

参 考 文 献

Hahn T, 2005. International tables for crystallography ［C］//Volume A, space-group symmetry/ Edited by Theo Hahn. 5th ed. re, International tables for crystallography ［Z］. Volume A, Space-group symmetry. 5th ed. re. Dordrecht：Published for the International Union of Crystallography by Springer.

Klein C, et al. , 2008. The 23rd edition of the manual of mineral science [C]. 23rd ed. Hoboken, NJ: J. Wiley.

Lima-de-Faria J (José), Buerger M J (eds), 1990. Historical atlas of crystallography [C]//edited by J. Lima-de-Faria; with the collaboration of M. J. Buerger ... [et al.]. Dordrecht: Published for International Union of Crystallography by Kluwer Academic Publishers.

Tang Y Q, 1977. Principles of symmetry [M]. Beijing: Chinese Scientific Publishers.

1　晶体与布拉维点阵的周期性

本章通过对晶格、基元和晶胞的讨论来探讨晶体的周期性。在七大晶系和14 种布拉维点阵中，本章重点关注三方晶系和六方晶系。

1.1　晶体、晶格与基元

晶体是原子有规则地在三维空间呈平移周期性排列。为了有效地解释平移周期性这种特征，有必要引入晶格、晶胞和布拉维点阵的概念。

晶格指的是空间中点的平移周期阵列，即与原子的平移周期性阵列相匹配。晶格是与晶体相关的一种想象中的点阵模式，其中模式中的每个点都具有与任何其他点相同的环境。在晶体的真实空间中，晶胞格点的原点是一个任意的点。

基元是构建单元，排列在每个格点上时，就形成了晶体的物理结构，即原子的三维平移周期阵列。基元可以是单个原子、离子或分子，但通常由一组原子或离子组成。可以将晶体、晶格和基元之间的关系描述如下：

晶体 = 晶格 + 基元

三者之间的关系示意图如图 1.1 所示。

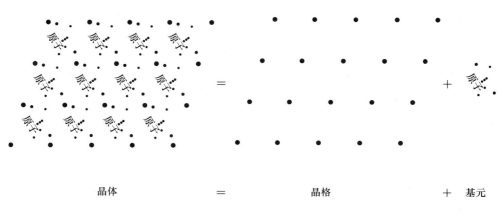

晶体　　　　　=　　　　　晶格　　　　　+　　基元

图 1.1　晶体、晶格与基元

在数学上，如果把晶格看成由 δ 函数组成的周期性排列时，晶体结构可以表示为晶格和基元的卷积：

$$晶体 = 晶格 \otimes 基元 \tag{1.1}$$

这是由于

$$f(x) \otimes \delta(x) = \int_{-\infty}^{+\infty} f(x') \delta(x - x') \mathrm{d}x' = f(x)$$

与

$$f(x) \otimes \delta(x - na) = \int_{-\infty}^{+\infty} f(x') \delta[(x - na) - x'] \mathrm{d}x' = f(x - na)$$

1.2 晶胞类型、晶系与布拉维点阵

事实上，每一种晶体结构都具有一定的对称性（见第 2 章），晶格也是如此。在三维晶格中，一个具有代表性对称性的最小重复单元称为晶胞，它体现了整个晶格的对称性特征。通过在三维空间中堆叠完全相同的晶胞，可以构建整个晶格。晶胞的选择方法如下：

（1）晶胞的边缘应与晶格的对称性相吻合；

（2）选择能够包含所有元素的最小晶胞。

如图 1.2 所示，三维晶格中存在 4 种类型的晶胞，分别是原胞、体心立方、面心立方和底心立方（A 面心、B 面心或 C 面心）。这 4 种类型的晶胞在构造整个晶格时，都满足 "具有相同的周围环境" 这一条件。原胞只包含一个格点。体心立方、面心立方和底心立方不同于原胞，因为它们包含多个格点。在固体物理相关教材中，经常使用 Wigner-Seitz 原胞，而倒易点阵的 Wigner-Seitz 原胞是第一布里渊区（first Brillouin zone）。经常提醒学生，在固体物理教材中为了简化许多表达式，常用 2π 因子。对于任意给定的晶格，Wigner-Seitz 原胞是唯一的。在 *International Tables for Crystallography*（Authier，2010）中，有关于 Wigner-Seitz 原胞的详细描述。一个特定晶格点的域或多面体由空间中与该格点最接近的点或者与该格点等距的点组成。Wigner-Seitz 原胞是通过将特定晶格原点与所有其他

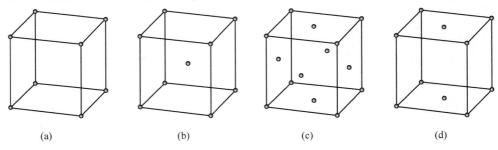

(a)   (b)   (c)   (d)

图 1.2 具备平移对称性的 4 种晶格类型

（a）原胞；（b）体心立方；（c）面心立方；（d）底心立方

格点连接，并在连接线中点处绘制垂直于连接线的平分面来构建而成的，这些平面所组成的封闭凸多面体就称为 Wigner-Seitz 原胞，在数学上称为维诺原胞（Voronoi cell）或狄利克雷域（Dirichlet domain）。

对于某些晶格，之所以选择惯用晶胞而不是原胞，是因为想要显示晶胞中的对称元素。一个晶胞对应的晶格参数如图 1.3 所示。

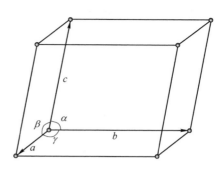

图 1.3　晶胞与晶格参数

根据 7 个晶系和 4 种点阵类型的对称性特征，存在 14 种晶格，而不是 28 种。例如，单面面心四方晶格不存在，可以用更小的四方原胞（见图 1.4 (a)）来描述。对于立方晶系，不存在单面面心立方晶胞。单面居中会打破立方晶系的对称性，沿对角线方向的三重对称轴将消失（见图 1.4 (b)）。

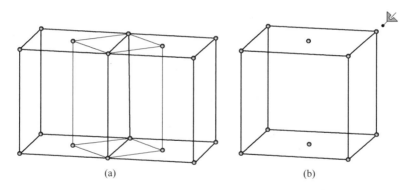

(a) (b)

图 1.4　单边面心四方晶胞不存在，因为晶格可以用更小的原胞来表示(a)；
单边面心破坏了立方晶系中关于 4 个体对角线轴的三重对称性(b)

14 个布拉维点阵如图 1.5 所示。

在布拉维点阵中，可以找到点的坐标、晶向指数和晶面密勒指数（Miller indices）。

为了确定晶向指数，只需要知道沿 3 个结晶轴的矢量投影，即晶胞边长。将代表 3 个投影的 3 个数字乘以或除以一个公因数，使之约成最小的绝对整数值，并将其括在方括号内。

晶胞内的任意点的位置通过其所在的坐标表示为晶胞边长的分数倍。

确定晶面的密勒指数，需要：（1）根据晶胞边长确定晶面沿晶轴的截距；（2）取倒数；（3）将这 3 个数字乘以或除以一个公因数，使之变为最小的绝对整数值。然后将得出的数字用圆括号括起来，就可以用于表示晶格中的某个特定晶面的晶面指数。

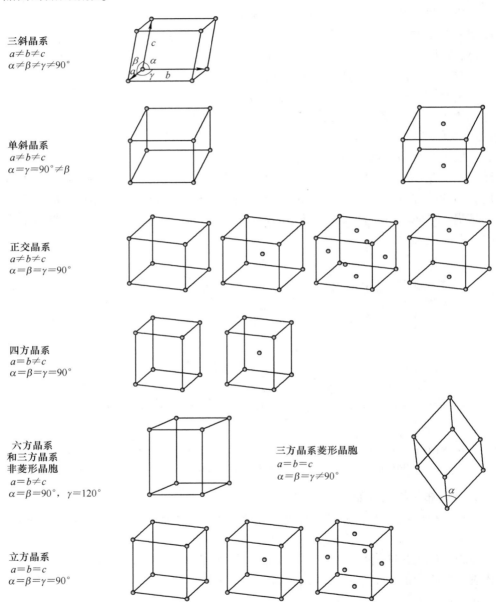

三斜晶系
$a \neq b \neq c$
$\alpha \neq \beta \neq \gamma \neq 90°$

单斜晶系
$a \neq b \neq c$
$\alpha = \gamma = 90° \neq \beta$

正交晶系
$a \neq b \neq c$
$\alpha = \beta = \gamma = 90°$

四方晶系
$a = b \neq c$
$\alpha = \beta = \gamma = 90°$

**六方晶系
和三方晶系
非菱形晶胞**
$a = b \neq c$
$\alpha = \beta = 90°$，$\gamma = 120°$

三方晶系菱形晶胞
$a = b = c$
$\alpha = \beta = \gamma \neq 90°$

立方晶系
$a = b = c$
$\alpha = \beta = \gamma = 90°$

图 1.5　14 个布拉维点阵来源于 7 种晶系和 4 种点阵类型
（三方晶系的非菱形晶胞只能用六方晶系晶带轴来表示，而三方晶系的
菱形晶胞可以用六方晶系晶带轴，也可以用菱方晶系晶带轴来表示）

1.3　三方晶系中菱形晶胞与非菱形晶胞

在与学生及材料科学领域学者们讨论晶体学理论和应用的过程中，注意到在三方晶系中，学者们普遍存在一些困惑，所以下面就三方晶系做详细的介绍。

需要强调的是，三方晶系包括菱形晶胞和非菱形晶胞。

（1）三方晶系的非菱形晶胞只能用六边形轴来表征。

（2）三方晶系的菱形晶胞既可以用六边形轴也可以用菱形轴来表征。通过六边形轴表征的晶胞不是原胞，因为其中每个晶胞包含 3 个格点。在正向设置的情况下，3 个格点位置为 000、$\frac{2}{3}\frac{1}{3}\frac{1}{3}$、$\frac{1}{3}\frac{2}{3}\frac{2}{3}$。在反向设置的情况下，3 个格点的位置为 000、$\frac{1}{3}\frac{2}{3}\frac{1}{3}$、$\frac{2}{3}\frac{1}{3}\frac{2}{3}$（Hahn，2005）。在 *Volume A of the International Tables for Crystallography* 中，对正向与反向设置均有详细的介绍。对于正向设置，关于六方非原始晶胞和菱形原始晶胞的晶胞矢量关系在 Cullity 和 Stock（2001）的研究中有深入的介绍。

事实上，三方晶系中菱形晶胞和非菱形晶胞的对称元素是不同的，它们的差异可以在具有 $P3$ 对称性的空间群 No.143（见图 1.6）和具有 $R3$ 对称性的空间群 No.146（见图 1.7）（Hahn，2005）的图形描述中找到。如图 1.7 所示，$R3$ 既有三重旋转轴，又有三重螺旋轴。$P3$ 和 $R3$ 的 Wyckoff 一般性位置的坐标也不同。

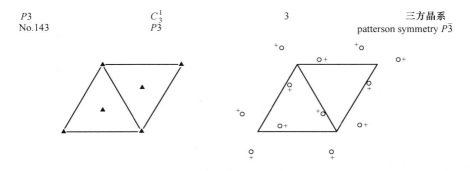

图 1.6　三方晶系的空间群 $P3$ No.143 的对称元素及三重旋转轴沿 c 方向的排列
（资料来源：基于 Hahn（2005）的研究，经 Springer Nature 出版社许可）

虽然 $P3$ No.143 只能用六边形轴来表示，但代表性的对称元素是三重旋转轴，而不是六重轴。对比图 1.6 和图 1.8 所示的空间群 $P3$ 和空间群 $P6$ 沿六方晶格 c 轴方向投影时的对称性特征，不难发现它们在对称元素排列上的差异。

根据 Hahn（2005）对正向设置和反向设置的描述，正向设置时六边形轴和

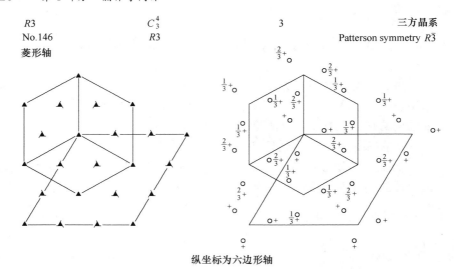

$R3$	C_3^4	3	三方晶系
No.146	$R3$		Patterson symmetry $R\bar{3}$
菱形轴			

纵坐标为六边形轴

图 1.7　三方晶系的空间群 $R3$ No. 146 的对称元素，与空间群 $P3$ 相比，

$R3$ 既有三重旋转，又有三重螺旋轴

（资料来源：基于 Hahn（2005）的研究，经 Springer Nature 出版社许可）

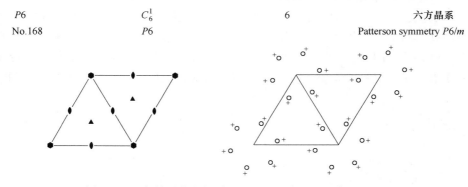

$P6$	C_6^1	6	六方晶系
No.168	$P6$		Patterson symmetry $P6/m$

图 1.8　六方晶系的空间群 $P6$ No. 168 的对称元素及六重、

三重和两重旋转轴沿 c 轴方向的排列

（资料来源：基于 Hahn（2005）的文献，经 Springer Nature 出版社许可）

菱形轴之间的晶胞矢量关系可以表示为图 1.9。这种关系也可以用等式（1.2）
（Cullity 和 Stock，2001）来表示。

$$\boldsymbol{a}_1(H) = \boldsymbol{a}_1(R) - \boldsymbol{a}_2(R)$$
$$\boldsymbol{a}_2(H) = \boldsymbol{a}_2(R) - \boldsymbol{a}_3(R)$$
$$\boldsymbol{a}_3(H) = \boldsymbol{a}_3(R) - \boldsymbol{a}_1(R) \tag{1.2}$$
$$\boldsymbol{c}(H) = \boldsymbol{a}_1(R) + \boldsymbol{a}_2(R) + \boldsymbol{a}_3(R)$$

晶面的六边形轴的指数（HKL）和菱形轴的指数（hkl）的关系可以通过下

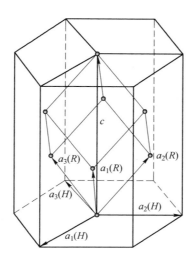

图 1.9 在正向设置下，使用六边形轴和菱形轴时三方晶系中菱形晶胞的表征
（采用六边形轴表征的晶胞不是原胞，因为每个晶胞包含 3 个格点，在正向设置的情况下，

3 个格点位置为 000、$\frac{2}{3}\ \frac{1}{3}\ \frac{1}{3}$、$\frac{1}{3}\ \frac{2}{3}\ \frac{2}{3}$。在反向设置的情况下，

3 个格点的位置为 000、$\frac{1}{3}\ \frac{2}{3}\ \frac{1}{3}$、$\frac{2}{3}\ \frac{1}{3}\ \frac{2}{3}$）

列等式表示（Cullity 和 Stock，2001）：

$$H = h - k$$
$$K = k - l \qquad\qquad (1.3)$$
$$L = h + k + l$$

基于式（1.3），进一步合并运算后得出：

$$- H + K + L = 3k \qquad\qquad (1.4)$$

基于式（1.4），可以发现 $-H+K+L$ 的值总是 3 的整数倍。若不满足此条件，则晶格为六方晶系（Cullity 和 Stock，2001）。

将六边形轴转变为菱形轴，则可以得到等式的变形如下：

$$h = \frac{1}{3}(2H + K + L)$$

$$k = \frac{1}{3}(-H + K + L) \qquad\qquad (1.5)$$

$$l = \frac{1}{3}(-H - 2K + L)$$

菱形晶胞的晶胞参数 a_R 和 α 与 a_H 和 c 之间的相互关系可以通过式（1.6）

表示：

$$a_R = \frac{1}{3}\sqrt{3a_H^2 + c_H^2}$$

$$\sin\frac{\alpha}{2} = \frac{3}{2\sqrt{3 + (c_H/a_H)^2}}$$
(1.6)

通过菱形轴和六边形轴描述的晶胞体积计算公式见式（1.7）：

$$V_R = a_R^3\sqrt{1 - 3\cos^2\alpha + 2\cos^3\alpha}$$

$$V_H = \frac{\sqrt{3}\,a_H^2 c_H}{2}$$
(1.7)

1.4　六方晶系中密勒-布拉维指数

对于六方晶系，通常有三坐标指数和四坐标指数两种方法来标定晶向和晶面。使用密勒-布拉维四坐标指数系统（$hkil$）和［$uvtw$］来标定晶面和晶向则更为方便，因为在六方晶系中，这种标定晶面的四轴坐标系统能够更好地展示晶系的排列对称性。与其他晶系的密勒指数一样，现在同一族中的晶面是通过（前 3个）指数的排列来识别。例如，当采用四坐标指数的方法或当指数"i"给定时，（110）≡（11$\bar{2}$0）和（$\bar{2}$10）≡（$\bar{2}$110）之间的相似性更加明显。

在四坐标指数标定方法中，晶面的第 3 个指数"i"（$hkil$）可以通过公式 $i = -(h + k)$ 获得，也通过式（1.8）得出：

$$h + k + i = 0$$
(1.8)

四坐标指数标定晶面和晶向的方法能够更好地展示六方晶系的晶面族。对于任意 l 值，如果前 3 个指数相同，在不考虑顺序及符号的情况下，他们都是等价晶面，都属于同一族。例如，{11$\bar{2}$0} 族包含 6 个等价晶面，分别是（11$\bar{2}$0）、（$\bar{1}$2$\bar{1}$0）、（$\bar{2}$110）、（$\bar{1}$$\bar{1}$20）、（1$\bar{2}$10）和（21$\bar{1}$0）。

在三坐标指数标定系统中，同族中 6 个晶面分别表示为（110）、（$\bar{1}$20）、（$\bar{2}$10）、（$\bar{1}$$\bar{1}$0）、（120）和（21$\bar{0}$）；有些晶体的等价面没有相同的一组指数。

如果采用六边形轴的四坐标指数标定方法来标记三方晶系的上述晶面，（$\bar{1}$$\bar{1}$20）、（21$\bar{1}$0）和（$\bar{1}2\bar{1}$0）是一组等价晶面，（11$\bar{2}$0）、（$\bar{2}$110）和（1$\bar{2}$10）也是一组等价晶面。因此，密勒-布拉维四坐标指数系统更适合用来标定六方晶系的晶面和晶向。相似地，在六方晶系中，等价晶面 {10$\bar{1}$0} 包含（10$\bar{1}$0）、（01$\bar{1}$0）、（$\bar{1}$100）、（$\bar{1}$010）、（0$\bar{1}$10）和（1$\bar{1}$00）晶面。

通过图 1.10 中，可以看到四坐标指数标定系统相较于三坐标指数标定系统的优势，以及一些典型晶面和晶向的对比。

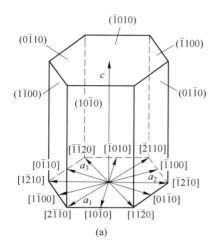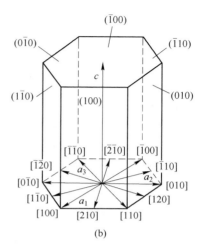

图 1.10 分别采用四坐标指数标定系统和三坐标指数标定系统标定的晶面和晶向
(a) 用四坐标指数系统标定的棱柱晶面和一些典型晶向指数；
(b) 用三坐标指数系统标定的棱柱晶面和一些典型晶向指数

对于六方晶系中的晶向标定，从三坐标指数标定系统到四坐标指数标定系统的转换，或者说从 $[u'v'w']$ 到 $[uvtw]$ 的转换，与晶面的指数转换相比并不那么简单，需要用到以下条件：

$$u'\boldsymbol{a}_1 + v'\boldsymbol{a}_2 + w'\boldsymbol{c} = u\boldsymbol{a}_1 + v\boldsymbol{a}_2 + t\boldsymbol{a}_3 + w\boldsymbol{c}$$

和

$$\boldsymbol{a}_3 = -(\boldsymbol{a}_1 + \boldsymbol{a}_2)$$

$$t = -(u + v)$$

得到的指数之间的关系见式（1.9）：

$$u = \frac{n}{3}(2u' - v')$$

$$v = \frac{n}{3}(2v' - u')$$ (1.9)

$$t = -(u + v)$$

$$w = nw'$$

式中，n 为使 u、v、t 和 w 成为最小绝对整数所需的因数。

晶向指数的标定方法从四坐标指数标定系统转为三指数标定系统转变过程

中，即从 $[uvtw] \Rightarrow [u'v'w']$，需要借助以下公式：

$$u' = u - t$$
$$v' = v - t \qquad\qquad (1.10)$$
$$w' = w$$

然后去掉 u'、v' 和 w' 的公因数。

　　氧化锌具有纤锌矿结构，空间群为六方 $P6_3mc$。通过气相输运法，在空气中加热氧化锌、氧化铟和石墨粉的混合物，制备了尺寸和形貌均匀的氧化锌六角晶须（Xu et al.，2006），如图 1.11 所示。在图 1.12 中，采用四坐标指数方法对电子衍射图谱进行标定，并显示等价晶面和晶向。

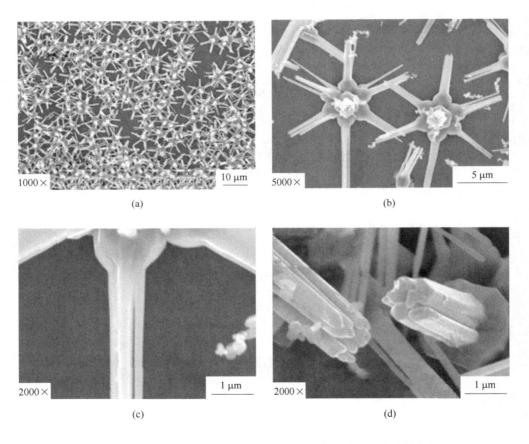

图 1.11　氧化锌六角晶须的 SEM 图(a)，其中包含两个放大的六角
晶须(b)、放大的侧杆(c)和放大的中心杆阵列(d)
（资料来源：Xu 等人（2006），经 AIP 出版社许可）

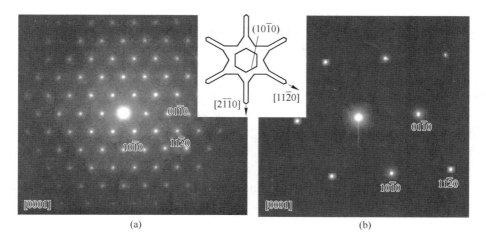

图 1.12 氧化锌六角晶须的 ［0001］ 区轴上中心圆盘(a)和侧面纳米棒(b)的
选区电子衍射图案，插图展示了中心圆盘和侧面纳米棒的晶面和晶向
（资料来源：Xu 等人 (2006)，经 AIP 出版社许可）

本 章 小 结

　　理解晶体周期性这一概念是进一步研究周期性晶体对称性的基础，因为晶体的周期性特征影响对称操作。

　　周期性晶体是原子在三维方向上平移周期性排列而成。晶格是空间中格点的平移周期性排列。如果用 δ 函数来表示晶格，或者格点的周期性排列，那么一个周期性晶体可以表示为一个晶格⊗基元。

　　一共有 14 个布拉维点阵。然而，基元的种类丰富，从而产生了多种具有不同晶格常数的晶体。

　　在教学过程中，发现学生最容易混淆的内容之一是三方晶系。学生需要知道三方晶系中菱形晶胞和非菱形晶胞的区别。尽管三方晶系中没有六重轴，但三方晶系的非菱形晶胞只能用六边形轴来表征。三方晶系的菱形晶胞既可以用六边形轴表征，也可以用菱形轴表示；由六边形轴表征的晶胞不是原胞，这是因为其中每个晶胞包含三个格点。然而，在许多情况下，只使用六边形轴来描述菱形晶胞，因为使用六边形轴更容易进行数学处理。我们需要掌握标定晶面的密勒指数、晶向指数及晶胞中某个位置的坐标。对于六方晶体，四坐标指数方案能够更好地展示晶面和晶向的对称性。

　　晶体缺陷包括点缺陷、线缺陷、面缺陷和体缺陷，本章中没有涉及这部分的内容。

　　值得注意的是，"晶体"一词通常用来泛指"周期性晶体"。但是，当需要区分周期性晶体和非周期性晶体时，应当使用"周期性晶体"一词。

参 考 文 献

Authier A (ed.), 2010. International tables for crystallography [C]//Volume D, physical properties of crystals/edited by A. Authier. 1st ed., Physical properties of crystals. 1st ed. Chichester, West Sussex, UK: John Wiley & Sons.

Cullity B D (Bernard D.), Stock S R, 2001. Elements of X-ray diffraction [M]//B. D. Cullity, S. R. Stock. 3rd ed. Upper Saddle River, NJ: Prentice Hall.

Hahn T, 2005. International tables for crystallography [C]//Volume A, Space-group symmetry/Edited by Theo Hahn. 5th ed. re, International tables for crystallography [electronic resource] Volume A, Space-group symmetry. 5th ed. re. Dordrecht: Published for the International Union of Crystallography by Springer.

Lima-de-Faria J (José), Buerger M J (eds), 1990. Historical atlas of crystallography/ edited by J. Lima-de-Faria; with the collaboration of M. J. Buerger ... [et al.]. Dordrecht: Published for International Union of Crystallography by Kluwer Academic Publishers.

Xu C X, et al., 2006. Zinc oxide hexagram whiskers [J]. Applied Physics Letters, 88 (9): 23-25.

2　晶体的对称性、点群和空间群

基于第 1 章讨论的平移对称性的概念，可以将晶体结构表述为晶格和由原子、离子或分子组成的基元的组合。在自然界中，晶体表现出各种外形的宏观对称性，类似于花朵和树叶。例如，金刚石晶体表现出美丽的外部对称性，红宝石和石英晶体也是如此。在晶体学中，对称性包括宏观对称性（32 个晶体学点群对称性）和微观对称性（含平移的对称元素有晶格、螺旋轴和滑移面）。我们可以利用典型的对称性特征来描述宏观对称性。例如，雪花片有一个垂直于雪花片平面的六重轴。一个八面体形状的金刚石晶体显示出 4 个垂直于八面体解理面的三重轴。在晶体学中，对称性可以描述为"操作下的不变性"。

2.1　对称元素及表征

平移对称性描述的是基元在一定长度、面积或体积的范围内的周期性重复。另外，晶体的点对称性描述了原子（离子）围绕某一点的周期性重复。如许多教科书一样，首先讨论点对称中的对称元素。根据定义，对称元素是对其进行对称操作的几何实体。

在三维空间中，点群对称元素可以是一个点、一个轴或一个平面。对于旋转轴（国际符号：n；Schoenflies 符号：C_n）、镜像反射平面（国际符号：m；Schoenflies 符号：σ）和一个反演中心（国际符号：$\bar{1}$；Schoenflies 符号：i），对应的对称操作分别为旋转、反射和反演，如图 2.1 所示。除了旋转、反射和反演之外，还有通过旋转轴上的一点旋转 $360°/n$ 与反演共同作用的对称操作（国际符号：$\bar{n}$），或者通过垂直于旋转轴的平面旋转 $360°/n$ 与反射共同作用的对称操作（Schoenflies 符号：S_n）。在下面的讨论中，能注意到旋转反演操作和旋转反射操作是等效的。

由于平移对称性限制了旋转对称性，所以周期性晶体中不存在五重轴、七重轴和高阶轴。然而，在 1984 年 11 月发表的一篇论文中，含锰 10%~14% 的快速凝固铝合金的选区电子衍射图谱显示出二十面体对称性（Shechtman et al.，1984）。自此，在许多合金体系中发现了准晶。在某科研项目中，作者对铝-铬-铁准晶进行了分析，采集了如图 2.2 所示的五重和十重对称性的电子衍射图谱（Li et al.，2016）。

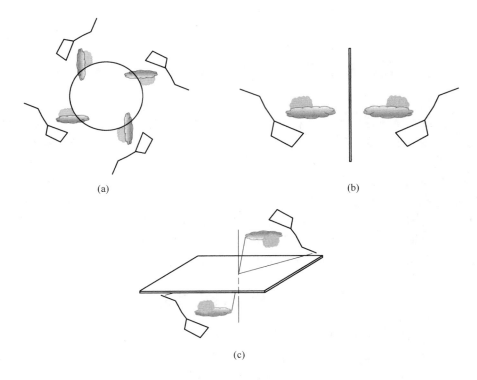

图 2.1　旋转(a)、反射(b)和反演(c)操作示意图

图 2.2　一朵花展示出五重旋转轴(a)和铝-铬-铁合金准晶
的电子衍射图谱中显示的五重旋转轴(b)

如前所述，在周期性晶体中，实际存在的旋转轴有一重、二重、三重、四重和六重共 5 种。旋转操作 1 常被称为恒等式。之所以包含这个对称元素，是因为它是群论中对群的定义中的必要条件。图 2.3 为周期性晶体中旋转对称性的示意图。

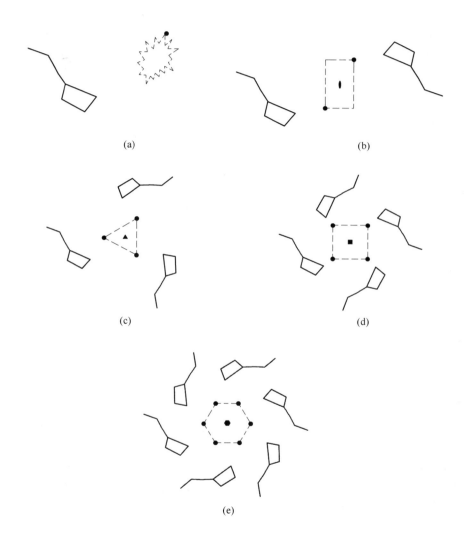

(a)

(b)

(c)

(d)

(e)

图 2.3　周期性晶体中的旋转轴
（a）一重旋转轴；（b）二重旋转轴；（c）三重旋转轴；
（d）四重旋转轴；（e）六重旋转轴

与旋转反演操作相关的旋转反演轴 $\bar{n}$（国际符号）包括 $\bar{1}$、$\bar{2}$、$\bar{3}$、$\bar{4}$ 和 $\bar{6}$。对

于相应的操作，$\bar{1}$ 为反演 i，$\bar{2}$ 为镜像反射 m，$\bar{3}$ 包含三重旋转和反演 i。操作 $\bar{4}$ 本身是一个独立操作，如图 2.4 所示，它不等于 $4+i$。$\bar{6}$ 包含三重旋转和反射 $m(3\perp m)$。如果一个晶体含有 $3/m$ 或 $\bar{6}$，则此晶体属于六方晶系，而不是三方晶系，因为在晶体学中，用 $\bar{6}$ 而不是 $3/m$ 来标识晶系。

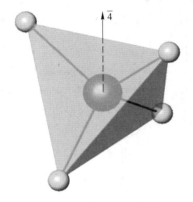

图 2.4　$\bar{4}$ 对称示意图

旋转反射操作 S_n（Schoenflies 符号）意味着绕轴旋转，然后通过垂直于轴的平面反射，这就等同于旋转反演操作 $\bar{n}$（国际符号）。表 2.1 给出了 $\bar{n}$ 与 S_n 的关系。

通过总结前人对对称性操作的讨论，包括：（1）恒等；（2）旋转；（3）反射；（4）反演；（5）旋转反演（或旋转反射），发现有 10 种独特的三维晶体学对称性操作：1，2，3，4，6，$\bar{1}(=i)$，$\bar{2}(=m)$，$\bar{3}(=3+i)$，$\bar{4}$，$\bar{6}(=3/m)$。

表 2.1　旋转反演操作旋转 $\bar{n}$ 与旋转反射操作 S_n 的关系

旋转反演操作 $\bar{n}$	$\bar{1}=i$	$\bar{2}=m$	$\bar{3}=3+i$	$\bar{4}$	$\bar{6}=\dfrac{3}{m}$
旋转反射操作 S_n	$S_1=m$	$S_2=i$	$S_3=\dfrac{3}{m}$	$S_4=\bar{4}$	$S_6=3+i$

对称操作有不同的表示方法，例如，对称矩阵法和极射赤面投影法。在 *Essentials of Crystallography*（Wahab，2009）教材中，对对称性操作的矩阵表示法有详细的讲解。极射赤面投影图可以表示一个二维纸面上的三维晶体。如图 2.5 所示，这是从半球面到赤道面的点的投影。南北半球代表平面法线的极点在赤道平面上以点的形式出现。对于为什么不使用平行光束，而是使用连接北半球或南半球上的点到南极或北极的光束（Hammond，2015），学界有一种解释。通过分析可知，圆的赤面投影为圆（Ladd，2014）。同时还可以看出，对于沿径向的畸变，当我们从中心移动时，等角度以较小的距离表示，而在赤面投影的情况下，畸变是不同的（Hammond，2015）。对于赤面投影，中心到某点的距离为 $OP = X = R\tan\dfrac{\phi}{2}$，从中心向外移动时，等角度 $\Delta\phi$ 用较大的距离 ΔX 表示。极射赤面投影在晶体学中的重要性源于球体表面的一组点提供了三维空间中一组方向的完整表示。该方法被应用于晶体学点群分析中，以表征对称性元素的存在，包括旋转轴、镜像反射面、反演中心和旋转反演轴。有的教科书在与北极或南极相接触

的地方画一个投影面，该面和方向的投影在一个半径为参考球半径两倍的投影圆内演示（Barrett 和 Massalski，1980；Cullity，1978）。

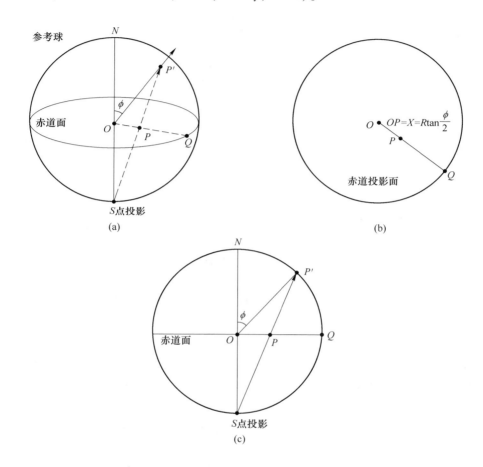

图 2.5　从球面到赤道平面上的点 P' 的赤面投影（在北半球或南半球代表平面法线的一极，在赤道平面上表现为一个点）(a)；显示投影面的俯视图(b)；穿过 NS 和 OP' 的垂直剖面(c)

在表 2.2 中，仅以一个四重旋转轴为例展示极射赤面投影和矩阵表示法。

这 10 种独特的对称元素可以组合在一起，产生更多在一些晶体中可以观察到的对称特征。在数学上，点对称运算是用群论来概括的，晶体学对称元素的组合遵循该群论的规则。对于晶体学点对称操作，有 32 种可能的组合，这32 种组合定义了 32 种晶体学点群。每个周期晶体都属于这 32 种晶体学点群中的一个。

表 2.2　对称操作示例

四重旋转轴示意图	四重旋转轴矩阵表示法	四重旋转轴的极射赤面投影
轴沿 z 方向 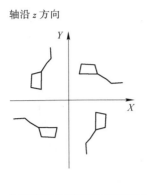	对于直角坐标系中位置 $X = x$、y、z，绕 z 轴旋转 90° 后，在 $X' = -y$、x、z 处存在一个对称等效位置。因此，可以使用该表达式： $$\begin{pmatrix} -y \\ x \\ z \end{pmatrix} = \begin{pmatrix} 0 & -1 & 0 \\ 1 & 0 & 0 \\ 0 & 0 & 1 \end{pmatrix} \begin{pmatrix} x \\ y \\ z \end{pmatrix}$$ 或 $$X' = R_4 X$$ 其中， $$R_4 = \begin{pmatrix} 0 & -1 & 0 \\ 1 & 0 & 0 \\ 0 & 0 & 1 \end{pmatrix}$$ 为这种特定方向上的旋转轴	轴沿 z 方向

2.2　对称元素的组合

10 种独特的晶体学点群中每个点群仅有一个旋转轴或旋转反演轴，如下：

$$1, 2, 3, 4, 6, \bar{1}(= i), \bar{2}(= m), \bar{3}(= 3 + i), \bar{4}, \bar{6}(= 3/m)$$

以上 10 种独特的对称操作可以组合形成新的点群。对称元素的组合有一定的规则，这些规则在 *Fundamentals of Crystals*（Vainsthein，1994）中有详细描述。在点群对称中，需要使用如下定理（1）和定理（3），而在空间群对称中，还要使用如下定理（2）。

（1）两个平面 m 和 m' 以 $\alpha/2$ 角度形成的相交线为旋转轴 n_α，如图 2.6（a）所示。

（2）平移 t 可以通过在间隔 $t/2$ 的平面 m 中的两次反射获得，这两次反射彼此平行并垂直于平移轴，如图 2.6（b）所示。

（3）欧拉定理（Euler's theorem），绕两个相交轴 $n_{\alpha1}$ 和 $n_{\alpha2}$ 的旋转等效于绕第 3 个轴 $n_{\alpha3}$ 的旋转，如图 2.7 所示。

对于欧拉定理，*Essentials of Crystallograph*（Wahab，2009）详细说明了如何通过球面三角计算获得 α_3 值。

在讲授对称元素组合的课堂中，将重点更多地放在晶体学点群上，在这种情况下只使用定理（1）和定理（3），因为定理（2）包含平移操作。

正如 *Symmetry of Crystals and Molecules*（Ladd，2014）的阐释观点，如果下列属性成立，在数学中，对称元素（操作）的集合是一个群。

（1）封闭性：群中任意两个要素的乘积也是群中元素。

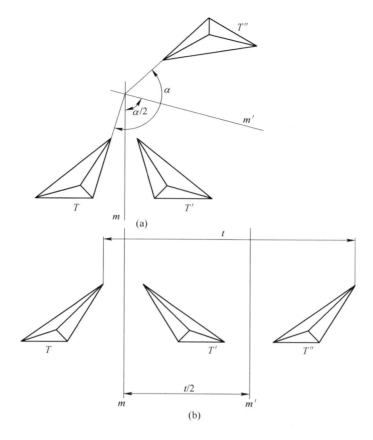

图 2.6　运动操作是在两个平面 m 和 m' 上连续反射的结果

（a）旋转（平面 m 与 m' 相交，交线为旋转轴），m 中的反射将图 T 变换为它的镜面反射 T'，

m' 中的反射给出一个图 T'' 与 T 保持一致，并通过角度 α 旋转；

（b）平移（平面 m 和 m' 平行）

（资料来源：基于 Vainsthein（1994）的研究，经 Springer Nature 出版社许可）

（2）结合律：群的任意三个元素之间的运算满足乘法结合律 $(AB)C = A(BC)$。

（3）有恒等元素：群中必包含一个恒等元素 E，使得对于群中的任意元素 A 满足 $AE = EA = A$。

（4）有逆元素：对于群中任意元素 A，在群中存在一个逆元素 A^{-1}，使得 $AA^{-1} = E = A^{-1}A$。

晶体学对称元素及其对应的操作满足群论，这可以从 10 个独特的对称元素及其组合中得到证明。对于 10 个旋转轴和非正常旋转轴，只有 22 种可能的唯一组合。因此，在晶体学中，基于 10 个旋转轴和非正常旋转轴及它们的 22 种组

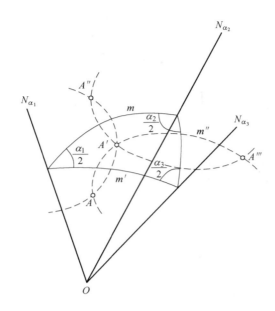

图 2.7　欧拉定理的推导：连续圆弧表示以任意半径的球体为圆心的对称面在轴
线交点处的交点。图中 $n_{\alpha1}$ 的作用被平面 m' 和 m 的作用代替，$n_{\alpha2}$ 的作用被 m 和
m''的作用代替。这里的逐次反射为：A 在 m' 中给出 A'，A'在 m 中给出 A''，这等价
于 $n_{\alpha1}$ 的旋转，类似的解释也适用于 $n_{\alpha2}$。A''与 A 重合，绕 $n_{\alpha3}$ 轴旋转，为平面 m'
与 m''的交线。角度 α_3 的取值取决于 α_1、α_2 和 $n_{\alpha1}$、$n_{\alpha2}$ 轴之间的夹角
（资料来源：基于 Vainsthein（1994）的研究，经 Springer Nature 出版社许可）

合，共有 32 个晶体学点群。对此，在教材 *Structure of Materials：An Introduction to
Crystallography，Diffraction and Symmetry*（De Graef 和 McHenry，2012）中有非常
全面的讨论。

　　在给材料科学的学生们讲解 32 个晶体学点群的概念时，我采用了 *The 23rd
Edition of the Manual of Mineral Science*（Klein et al.，2008）和 *Principles of
Symmetry*（Tang，1977）中的方法。

　　基于 Klein 等人关于组合的描述，很容易理解非立方晶体学点群。27 个非立
方晶体学点群的关键特征是没有高阶轴（三重、四重或六重），或者只有一个高
阶轴。而立方点群存在若干个高阶轴。

　　（1）只存在旋转轴。在每个点群中，只有一个旋转轴 n，n 可以是 1、2、3、
4 或 6。共有 5 个点群。旋转轴 1 即为恒等元素（E）。

　　（2）只存在旋转反演轴。在每个点群中，只有一个 $\bar{n}$，$\bar{n}$ 可以是 $\bar{1}$、$\bar{2}$（=
m）、$\bar{3}$（= 3 + $\bar{1}$）、$\bar{4}$、$\bar{6}$（= 3/m）。共有 5 个点群。

可以看出，以上 10 种对称操作中的每一种都只与单个对称元素有关。对于下面要讨论的 22 个点群，每个点群都与一个以上的对称元素相关联。

（3）旋转轴的组合。一共有 4 个点群，分别为 222、32、422、622。

对于旋转轴组合，三方晶系采用 32，六方晶系采用 622。这样的符号反映了一个基本事实，即三方晶系的点对称包含 1 个第一位序的轴，3 个第二位序的轴，没有像六方晶系中所含有的第三位序的轴（Donnay，1969）。在三方晶系空间群中，晶格字母 R 或 P 后面跟着两个对称元素符号，而在六方晶系空间群中，晶格字母 P 后面跟着三个符号。欧拉定理可以用来解释轴的组合。

（4）一个旋转轴与和它垂直的镜面的组合。在点群 $\frac{n}{m}$ 中，轴 n 与镜面 m 垂直。

对于 $\frac{n}{m}$，虽然有 $\frac{2}{m}$、$\frac{3}{m}$、$\frac{4}{m}$ 和 $\frac{6}{m}$ 4 个点群。$\frac{3}{m}$ 与 $\bar{6}$ 相同，我们用符号 $\bar{6}$ 代替 32 种晶体学点群列表中的 $\frac{3}{m}$。$\bar{6}$ 属于六方晶系，不属于三方晶系。对于 $\frac{2}{m}$、$\frac{4}{m}$ 和 $\frac{6}{m}$，偶次旋转轴与和它垂直的镜像平面的组合，于是产生了一个反演中心。

（5）一个旋转轴与和它平行的镜面的组合。点群包括 $2mm$、$3m$、$4mm$、$6mm$。

在三方晶系中使用 2 个对称元素符号 $3m$，在六方晶系中使用 3 个对称元符号 $6mm$。

定理（1）可以用来解释一个旋转轴与平行镜面的组合。

（6）旋转反演轴与旋转和镜面的组合。有 3 个点群，分别为 $\bar{3}\frac{2}{m}$、$\bar{4}2m$ 和 $\bar{6}2m$。$\bar{2}$ 与垂直于它的旋转或与平行于它的反射镜组合，与（5）（Girolami，2016）中的 $2mm$ 相同。$\bar{3}\frac{2}{m}$、$\bar{4}2m$ 和 $\bar{6}2m$ 为新点群。

（7）3 个旋转轴与和它垂直镜面的组合。有 3 个点群，分别为 $\frac{2}{m}\frac{2}{m}\frac{2}{m}$、$\frac{4}{m}\frac{2}{m}\frac{2}{m}$、$\frac{6}{m}\frac{2}{m}\frac{2}{m}$。

由于偶次旋转轴与垂直的镜面平面的组合，于是产生了反演中心。

（8）包含多个高阶坐标轴的等距图案。对于具有多个高阶轴的点群，其表示方法有很大不同，采用类似于 Tang（1977）的方法进行讨论。

2.3　立方晶系的点群

立方晶系中的每个点群都包含若干个高阶轴。多面体表现出这样的外部对称性，可以推导如下。

假设我们画一个至少有两个高阶旋转轴 L_1^n 和 L_1^m 的多面体，并且这两个旋转轴在点 O 处相交。假设 L_1^n 是 n 重旋转轴，L_1^m 是 m 重旋转轴，且 L_1^n 和 L_1^m 之间的夹角不大于群中任意两个高阶旋转轴之间的夹角。可以想象存在一个球体，球心在 O，旋转轴 L_1^n 和 L_1^m 与球体的交点分别为点 P1 和 P1′（见图 2.8）。

由于 L_1^n 是一个 n 重旋转轴，所以在 L_1^n 的周围应该存在其他的 m 重旋转轴 L_2^m、L_3^m、L_n^m 和 L_1^m。这些 $(n-1)m$ 次旋转轴与球面的截距分别为 P_2'、P_3'、…、P_n'。可以在 P_1' 和 P_2' 之间，P_1' 和 P_2' 之间，以及 P_{n-1}' 与 P_n' 之间，P_n' 与 P_1' 之间画直线生成 n 正多边形。P_1'、P_2'、…、P_n' 为正多边形的顶点。旋转轴 L_1^n 与上述多边形的交点位于多边形的中心。在正多边形内部，只有旋转轴 L_1^n 与之有截距，没有其他高阶旋转轴与之有截距。

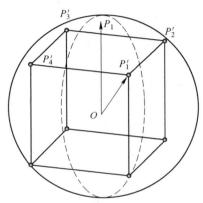

图 2.8　立方对称性的示例：3 个四重旋转轴和 4 个三重旋转轴的对称组合

由于 L_1^m、$L_{2,\cdots}^m$、L_n^m 都是 m 重旋转轴，所以在每一个 m 重轴周围都应该有 m 个 n 重轴。因此，每个顶点 P_1'、P_2'、…、P_n' 被 m 个大小相同的正多边形包围（见图 2.8）。

综上所述，从画出的球体中，得到了一个由 n 个正多边形组成的正多面体。多面体内切于球体中，多面体的每个顶点被 m 个 n 边正多边形包围。

在多面体的任意顶点处，有 m 个多边形的 m 个内角。n 个正多边形的每个内角为 $\left(\dfrac{n\pi - 2\pi}{n}\right)$。所以 m 个内角之和为 $m\left(\dfrac{n\pi - 2\pi}{n}\right) = \dfrac{m(n-2)}{n}\pi$，该值应当小于 2π。

图 2.8 仅为当 $m=3$、$n=4$ 时生成一个立方体的例子。因此，n 和 m 两个数值可能的组合及相应正多面体形状见表 2.3。

表 2.3 立方晶系的旋转轴和多面体形状

$\dfrac{m(n-2)}{n}\pi < 2\pi$ n：多边形；m：由 m 个多边形包围的顶点		多面体形状	旋转轴	Shoeflies 符号表示的点群
n	m			
3	3	正四面体	正四面体具有 3 个两重轴和 4 个三重轴：$3L^2 4L^3$（Vainsthein，1994）	T
4	3	立方体	立方体具有 3 个四重轴，4 个三重轴和 6 个两重轴：$3L^4 4L^3 6L^2$	O
3	4	正八面体	正八面体具有 3 个四重轴、4 个三重轴和 6 个两重轴的：$3L^4 4L^3 6L^2$	O
5	3	正十二面体	正十二面体在周期性晶体中不存在	I

$\dfrac{m(n-2)}{n}\pi < 2\pi$ n：多边形；m：由 m 个多边形包围的顶点		多面体形状	旋转轴	Shoeflies 符号表示的点群
n	m			
3	5	正二十面体 	正二十面体在周期性晶体中不存在	I

前三组属于立方晶系，后两组含有五重轴，属于非周期性晶系。准晶的描述不在本书的讨论范围之内。

四面体中的对称元素为 $3L2\ 4L3$，立方体和八面体中的对称元素为 $3L4\ 4L3\ 6L2$。如表 2.3 所示（Vainsthein，1994），在对称公式中，用符号 L、P 和 C 来分别表示旋转轴、对称中心和镜面。

可以在上述对称元素组合中增加镜像平面或反演中心，这样不会产生额外的高阶旋转轴。总共有三个"T"点群和两个"O"点群。

（1）与四面体相关的对称元素为 $3L2\ 4L3$，增加 $m \rightarrow 3L2\ 4L3\ 6P$，即为 T_d，再增加反演中心 $\bar{1} \rightarrow 3L2\ 4L3\ 3P\ C$，即 T_h。

（2）与立方体和八面体相关的对称元素为 $3L4\ 4L3\ 6L2$，再增加镜面 m 或反演中心 $\bar{1} \rightarrow 3L4\ 4L3\ 6L2\ 9P\ C$，即 O_h。因此，总共有 5 个立方点群。

根据 Klein 等人（2008）的方法，表 2.4 列出了 32 种晶体学点群。

表 2.4　周期性晶体中的 32 个晶体学点群（完整符号）（Klein et al.，2008）

只存在旋转轴	增加旋转对称性				
	1	2	3	4	6
只存在旋转反演轴	$\bar{1}(=i)$	$\bar{2}(=m)$	$\bar{3}$	$\bar{4}$	$\bar{6}\left(=\dfrac{3}{m}\right)$
旋转轴的组合		222	32	422	622

续表 2.4

只存在旋转轴	增加旋转对称性				
	1	2	3	4	6
1 个旋转轴与和它垂直的镜面的组合		$\dfrac{2}{m}$	$\dfrac{3}{m}(=\bar{6})$	$\dfrac{4}{m}$	$\dfrac{6}{m}$
1 个旋转轴与和它平行的镜面的组合		$2mm$	$3m$	$4mm$	$6mm$
旋转反演轴与旋转和镜面的组合		（与 $2mm$ 相同）	$\bar{3}\dfrac{2}{m}$	$\bar{4}2m$	$\bar{6}2m$
3 个旋转轴与和它垂直镜面的组合		$\dfrac{2}{m}\dfrac{2}{m}\dfrac{2}{m}$		$\dfrac{4}{m}\dfrac{2}{m}\dfrac{2}{m}$	$\dfrac{6}{m}\dfrac{2}{m}\dfrac{2}{m}$
几个高阶轴的组合			23、$\dfrac{2}{m}\bar{3}$、432、$\bar{4}3m$、$\dfrac{4}{m}\bar{3}\dfrac{2}{m}$（其特征为 4 个三重轴）		

2.4　32 种晶体学点群和 230 个空间群

　　根据对称性特征，32 个晶体学点群可以划分为 7 个晶系，如图 1.5 所示。由于晶体中的对称性元素，每个晶系都有其晶格限制。各晶系点群符号的排列顺序高度反映了该晶系的对称性特征，见表 2.5。

　　32 种点群的极射赤面投影表示如图 2.9 所示。

　　基于第 1 章中的讨论，知道 7 个晶系，结合 4 种晶格类型，形成了 14 种布拉维点阵。对于某些晶系，不允许一些中心类型，因为这会降低晶胞的对称性。例如，单面心立方晶格是不存在的，因为沿对角线方向的三重轴是不允许的。有些中心类型是不必要的。例如，单面心四方结构可以用一个更小的四方原胞来描述。值得一提的是，在具有菱形晶胞的三方晶系中，R 既用于菱面体描述（原胞），也用于六方晶胞描述（三重晶胞）。

　　在 X 射线衍射中，由于相问题，只能分辨出 11 个中心对称的晶体学点群，即劳厄群（Laue groups）。表 2.6 列出了与晶体学点群相关联的劳厄群。

表 2.5 晶系和 32 种晶体学点群

晶系	点群（简写符号）(Hahn, 2011)	每个位置的符号含义 (Ladd 和 Palmer, 2003)			晶胞参数的对称性约束
		第一位置	第二位置	第三位置	
三斜晶系	$1,\ \bar{1}$	晶体中所有方向			无
单斜晶系	$2,\ m,\ 2/m$	2 和/或 $\bar{2}$，沿 y			$\alpha=\gamma=90°$（b-独特）
正交晶系	$222,\ mm2,\ mmm$	2 和/或 $\bar{2}$，沿 x	2 和/或 $\bar{2}$，沿 y	2 和/或 $\bar{2}$，沿 z	$\alpha=\beta=\gamma=90°$
四方晶系	$4,\ \bar{4},\ 4/m$	4 和/或 $\bar{4}$，沿 z			$a=b$
四方晶系	$422,\ 4mm,\ \bar{4}2m,\ 4/mmm$	4 和/或 $\bar{4}$，沿 z	2 和/或 $\bar{2}$，沿 x、y	2 和/或 $\bar{2}$，沿 $<110>$	$\alpha=\beta=\gamma=90°$
三方晶系	$3,\ \bar{3}$	3 和/或 $\bar{3}$，沿 z			$a=b$，$\gamma=120°$（非菱方晶胞）
三方晶系	$32,\ 3m,\ \bar{3}m$	3 和/或 $\bar{3}$，沿 z	2 和/或 $\bar{2}$，沿 x、y、u		$a=b=c$，$\alpha=\beta=\gamma\neq90°$（菱方晶胞）
六方晶系	$6,\ \bar{6},\ 6/m$	6 和/或 $\bar{6}$，沿 z			$a=b$
六方晶系	$622,\ 6mm,\ \bar{6}m2,\ 6/mmm$	6 和/或 $\bar{6}$，沿 z	2 和/或 $\bar{2}$，沿 x、y、u	2 和/或 $\bar{2}$，垂直于 x、y、u 且在 xy 晶面	$\gamma=120°$
立方晶系	$23,\ m\bar{3}$	2 和/或 $\bar{2}$，沿 x、y、z	3 和/或 $\bar{3}$，沿 $<111>$		$a=b=c$
立方晶系	$432,\ \bar{4}3m,\ m\bar{3}m$	4 和/或 $\bar{4}$，沿 x、y、z	3 和/或 $\bar{3}$，沿 $<111>$	2 和/或 $\bar{2}$，沿 $<110>$	$\alpha=\beta=\gamma=90°$

国际符号	图形符号
1	无
2	◆
3	▲
4	◆
6	⬢
m	—
$\bar{1}$ (≡center) $\bar{2}$(≡m)	} *见说明
$\bar{3}$ (≡3 plus center)	△
$\bar{4}$	◆
$\bar{6}$ (≡3/m)	◉

图形在纸面上方 ●
图形在纸面下方 ○

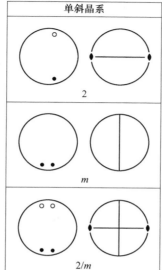

单斜晶系

2

m

2/m

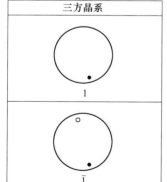

三方晶系

1

$\bar{1}$

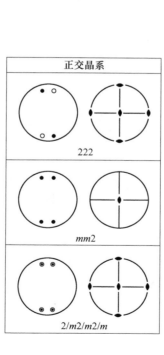

正交晶系

222

mm2

2/m2/m2/m

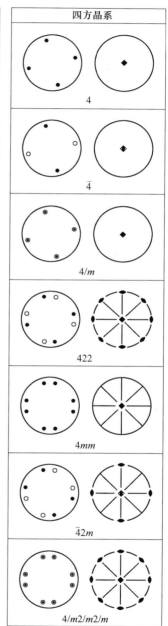

四方晶系

4

$\bar{4}$

4/m

422

4mm

$\bar{4}2m$

4/m2/m2/m

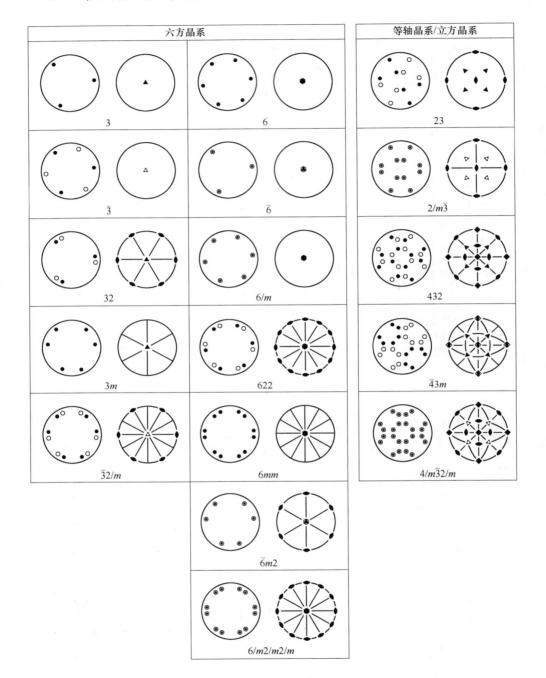

图 2.9　32 种点群的极射赤面投影

（资料来源：基于 Klein 等人（2008）研究，经 John Wiley & Sons 出版社许可）

表 2.6 32 种晶体学点群和 11 种劳厄群

晶 系	点群（Hahn，2011）	劳厄群
三斜晶系	1、$\bar{1}$	$\bar{1}$
单斜晶系	2、m、$2/m$	$2/m$
正交晶系	222、$mm2$、mmm	mmm
四方晶系	4、$\bar{4}$、$4/m$	$4/m$
	422，$4mm$，$\bar{4}2m$，$4/mmm$	$4/mmm$
三方晶系	3、$\bar{3}$	$\bar{3}$
	32、$3m$、$\bar{3}m$	$\bar{3}m$
六方晶系	6、$\bar{6}$、$6/m$	$6/m$
	622、$6mm$、$\bar{6}m2$、$6/mmm$	$6/mmm$
立方晶系	23、$m3$	$m\bar{3}$
	432、$\bar{4}3m$、$m\bar{3}m$	$m\bar{3}m$

在 32 个晶体学点群中，只包含恒等、旋转、反射、反演和旋转反演（或旋转反射）操作这种对称性被称为宏观对称。点群对称操作和平移操作组合而成的群称为空间群。以下是对空间群操作的基本讨论。

如果一个旋转操作后面跟着一个平移操作，就变成了一个螺旋操作，如图 2.10 中的例子所示。共有 11 个螺旋操作：2_1、3_1、3_2、4_1、4_2、4_3、6_1、6_2、6_3、6_4、6_5。如果一个反射后面跟着一个平移操作，那么就变成滑移操作。图 2.11 是滑移操作 b 的示意图。

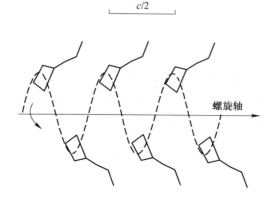

图 2.10 2_1 螺旋轴和相关的螺旋操作示意图

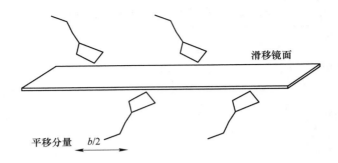

滑移镜面

平移分量　$b/2$

图 2.11　滑移镜面和 b-滑移操作示意图

在所有的晶体学对称操作中，有 230 种可能的组合，包括点对称操作、螺旋操作、滑移操作和布拉维点阵平移。这 230 个组合被称为 230 个空间群。在投影描述中，对称元素使用了一些图形符号。读者朋友可以在 *Volume A of the International Tables for Crystallography* 中找到对称元素的图形符号的完整列表。

以磷灰石结构类型材料为例，对空间群对称性元素和符号进行解释。磷灰石结构类型材料具有通式 $A_4^{I} A_6^{II} (BO_4)_6 X_2$，其中 A^{I} 和 A^{II} 是具有不同对称性的阳离子位点；BO_4 为四面体位点，X 为阴离子位点。很多磷灰石结构类型材料属于空间群 No. 176，$P6_3/m$（赫尔曼-莫甘空间群缩写记号）。P 为原胞；6_3 是指沿六方晶格 c 方向的螺旋轴；m 表示垂直于螺旋轴 6_3 的镜面。C_{2H}^{6} 是申夫利斯记号。空间群投影图由对称元素的极射赤面投影组成。空间群表（Hahn, 2011）还包含一般位置和特殊位置及它们的反射条件。

本 章 小 结

三维周期性晶体的平移对称性对旋转轴施加了限制。只有二重、三重、四重和六重旋转轴才能实现空间填充的平移对称性。

点对称元素或宏观对称元素的组合形成晶体学点群。共有 32 个晶体学点群，根据特征对称元素，它们可划分为 7 个晶系。

所有可能的晶体学对称操作的组合，包括 32 个点对称操作、滑移操作和螺旋操作，加上布拉维点阵平移，恰好有 230 种类型，称为 230 个空间群。

参 考 文 献

Barrett C S（Charles S.），Massalski T B，1980. Structure of metals：crystallographic methods，principles and data ［C］//C. S. Barrett，T. B. Massalski. 3rd rev. ed. Oxford：Pergamon（International series on materials science and technology；v. 35）.

Cullity B D （Bernard D.），1978. Elements of X-ray diffraction ［M］. 2nd ed. Reading，MA：

Addison-Wesley Pub. Co. (Addison-Wesley series in metallurgy and materials).

Donnay J D H, 1969. Symbolism of rhombohedral space groups in Miller axes [C]//Acta Crystallographica Section A. International Union of Crystallography (IUCr), 25 (6): 715-716.

Girolami G S, 2016. X-ray crystallography [M]//Gregory S. Girolami (Professor of Chemistry, University of Illinois at Urbana-Champaign). Mill Valley, CA: University Science Books.

De Graef M, McHenry M E, 2012. Structure of materials: An introduction to crystallography, diffraction and symmetry [M]//Marc De Graef, Carnegie Mellon University, Pittsburgh, Michael E. McHenry, Carnegie Mellon University, Pittsburgh. 2nd ed. Cambridge: Cambridge University Press.

Hahn T, 2011. International tables for crystallography [C]//Volume A, Space-group symmetry/ edited by Theo Hahn. 5th ed. re, Space-group symmetry. 5th ed. re. Chichester, West Sussex: Published for the International Union of Crystallography by John Wiley & Sons.

Hammond C, 2015. The basics of crystallography and diffraction [M]//Christopher Hammond. 4th ed. Oxford: Oxford University Press (International Union of Crystallography monographs on crystallography; 21).

Klein C, et al. , 2008. The 23rd edition of the manual of mineral science: (after James D. Dana) [C]//Cornelis Klein, Barbara Dutrow. 23rd ed. , Mineral science. 23rd ed. Hoboken, N. J: J. Wiley.

Ladd M F C, 2014. Symmetry of Crystals and Molecules [M]. 1st ed. Oxford: Oxford University Press.

Ladd M F C, Palmer R A, 2003. Structure determination by X-ray crystallography [M]. 4th ed. New York: Kluwer Academic/Plenum Publishers.

Li R T, Dong Z L, Khor K A, 2016. Al-Cr-Fe quasicrystals as novel reinforcements in Ti based composites consolidated using high pressure spark plasma sintering [J]. Materials and Design, 102: 255-263.

Shechtman D, et al, 1984. Metallic phase with long-range orientational order and no translational symmetry [J]. Physical Review Letters. American Physical Society, 53 (20): 1951-1953.

Tang Y Q, 1977. Principles of symmetry [M]//Tang Y Q. Beijing: Chinese Scientific Publishers.

Vainsthein B K, 1994. Fundamentals of crystals: symmetry, and methods of structural crystallography [M] . 2nd ed. Berlin, Heidelberg: Springer Berlin/Heidelberg.

Wahab M A, 2009. Essentials of crystallography [M]. M. A. Wahab. Oxford, UK: Alpha Science International.

3　倒　易　点　阵

　　倒易点阵是在正点阵的基础上借助数学方法定义的，是解决晶体学和衍射问题的有效工具，在量子力学和固体物理中也有应用。

3.1　倒易点阵的定义及其与晶格参数的关系

　　若给定正格矢量 a、b、c 及晶胞参数 a、b、c 和 α、β、γ，则相应的倒格矢量 a^*、b^*、c^* 及晶胞参数 a^*、b^*、c^* 和 α^*、β^*、γ^* 由下式定义：

$$a^* = \frac{b \times c}{a \cdot b \times c} = \frac{b \times c}{V}$$

$$b^* = \frac{c \times a}{b \cdot c \times a} = \frac{c \times a}{V} \tag{3.1}$$

$$c^* = \frac{a \times b}{c \cdot a \times b} = \frac{a \times b}{V}$$

式中，$a \cdot b \times c = b \cdot c \times a = c \cdot a \times b = V$，$V$ 为正空间点阵的晶胞体积。以上定义等同于：

$$a^* \cdot b = a^* \cdot c = b^* \cdot a = b^* \cdot c = c^* \cdot a = c^* \cdot b = 0$$

$$a^* \cdot a = b^* \cdot b = c^* \cdot c = 1 \tag{3.2}$$

　　显然可以得出这一结论：倒易点阵的倒易点阵是正空间点阵。

　　基于以上定义，正空间点阵和倒易点阵的晶胞参数可以通过矢量运算关联起来。

　　正空间点阵和倒易点阵晶胞参数之间的关系见表 3.1。许多有关晶体学的教材都有相关内容讨论正空间点阵和倒易点阵晶格参数之间的关系，例如，*Essentials of Crystallography*（Wahab，2009）和 *Fundamentals of Crystallography*（Giacovazzo，2011）等。

表 3.1　正空间点阵和倒易点阵晶胞参数之间的关系

$a^* = \dfrac{bc\sin\alpha}{V}$	$a = \dfrac{b^* c^* \sin\alpha^*}{V^*}$
$b^* = \dfrac{ca\sin\beta}{V}$	$b = \dfrac{c^* a^* \sin\beta^*}{V^*}$
$c^* = \dfrac{ab\sin\gamma}{V}$	$c = \dfrac{a^* b^* \sin\gamma^*}{V^*}$

$$V^* = \frac{1}{V} \qquad V = \frac{1}{V^*}$$

$$\sin\alpha^* = \frac{V}{abc\sin\beta\sin\gamma} \qquad \sin\alpha = \frac{V^*}{a^*b^*c^*\sin\beta^*\sin\gamma^*}$$

$$\sin\beta^* = \frac{V}{abc\sin\gamma\sin\alpha} \qquad \sin\beta = \frac{V^*}{a^*b^*c^*\sin\gamma^*\sin\alpha^*}$$

$$\sin\gamma^* = \frac{V}{abc\sin\alpha\sin\beta} \qquad \sin\gamma = \frac{V^*}{a^*b^*c^*\sin\alpha^*\sin\beta^*}$$

$$\cos\alpha^* = \frac{\cos\beta\cos\gamma - \cos\alpha}{\sin\beta\sin\gamma} \qquad \cos\alpha = \frac{\cos\beta^*\cos\gamma^* - \cos\alpha^*}{\sin\beta^*\sin\gamma^*}$$

$$\cos\beta^* = \frac{\cos\gamma\cos\alpha - \cos\beta}{\sin\gamma\sin\alpha} \qquad \cos\beta = \frac{\cos\gamma^*\cos\alpha^* - \cos\beta^*}{\sin\gamma^*\sin\alpha^*}$$

$$\cos\gamma^* = \frac{\cos\alpha\cos\beta - \cos\gamma}{\sin\alpha\sin\beta} \qquad \cos\gamma = \frac{\cos\alpha^*\cos\beta^* - \cos\gamma^*}{\sin\alpha^*\sin\beta^*}$$

一些教材中提供了晶胞中平行六面体的体积计算公式。由于任一平行六面体体积为：$V = \mathbf{a} \cdot \mathbf{b} \times \mathbf{c} = \mathbf{b} \cdot \mathbf{c} \times \mathbf{a} = \mathbf{c} \cdot \mathbf{a} \times \mathbf{b}$，所以晶胞体积运算不需要使用倒易点阵的定义及相关性质。体积表达式如下：

$$V = abc\sqrt{1 - \cos^2\alpha - \cos^2\beta - \cos^2\gamma + 2\cos\alpha\cos\beta\cos\gamma} \tag{3.3}$$

$$V^* = a^*b^*c^*\sqrt{1 - \cos^2\alpha^* - \cos^2\beta^* - \cos^2\gamma^* + 2\cos\alpha^*\cos\beta^*\cos\gamma^*} \tag{3.4}$$

根据 Wahab（2009）的解释，晶胞基矢 $\mathbf{a}$、$\mathbf{b}$ 和 $\mathbf{c}$ 通过直角坐标系表示为：

$$\mathbf{a} = a_x\mathbf{i} + a_y\mathbf{j} + a_z\mathbf{k}$$

$$\mathbf{b} = b_x\mathbf{i} + b_y\mathbf{j} + b_z\mathbf{k}$$

$$\mathbf{c} = c_x\mathbf{i} + c_y\mathbf{j} + c_z\mathbf{k}$$

因此，晶胞体积可以写为：

$$V_{\text{cell}} = \mathbf{a} \cdot \mathbf{b} \times \mathbf{c} = \begin{vmatrix} a_x & a_y & a_z \\ b_x & b_y & b_z \\ c_x & c_y & c_z \end{vmatrix}$$

行列式的行、列互换时，行列式的值不变，则：

$$V_{\text{cell}}^2 = \begin{vmatrix} a_x & a_y & a_z \\ b_x & b_y & b_z \\ c_x & c_y & c_z \end{vmatrix} \times \begin{vmatrix} a_x & a_y & a_z \\ b_x & b_y & b_z \\ c_x & c_y & c_z \end{vmatrix} = \begin{vmatrix} a_x & a_y & a_z \\ b_x & b_y & b_z \\ c_x & c_y & c_z \end{vmatrix} \times \begin{vmatrix} a_x & b_x & c_x \\ a_y & b_y & c_y \\ a_z & b_z & c_z \end{vmatrix}$$

$$= \begin{vmatrix} \mathbf{a} \cdot \mathbf{a} & \mathbf{a} \cdot \mathbf{b} & \mathbf{a} \cdot \mathbf{c} \\ \mathbf{b} \cdot \mathbf{a} & \mathbf{b} \cdot \mathbf{b} & \mathbf{b} \cdot \mathbf{c} \\ \mathbf{c} \cdot \mathbf{a} & \mathbf{c} \cdot \mathbf{b} & \mathbf{c} \cdot \mathbf{c} \end{vmatrix}$$

从上面的表达式中，可以得到晶胞的体积公式。接下来，继续完成上面 V_{cell}^2 的计算，就可以得到以下 V_{cell} 的表达式如下：

$$V_{\text{cell}} = abc\sqrt{1 - \cos^2\alpha - \cos^2\beta - \cos^2\gamma + 2\cos\alpha\cos\beta\cos\gamma}$$

从晶体学倒易点阵的定义中，可以知道倒易点阵的倒易点阵是正空间点阵。基于倒易点阵的定义，倒易点阵常数 a^*、b^* 和 c^* 可以从正空间点阵参数计算获得。例如，从 $\boldsymbol{a}^* = \dfrac{\boldsymbol{b} \times \boldsymbol{c}}{\boldsymbol{a} \cdot \boldsymbol{b} \times \boldsymbol{c}}$，得到 $a^* = \dfrac{bc\sin\alpha}{V}$。通过类似的方法，可以得到 b^* 和 c^* 的表达式。在许多晶体学教材中，都有关于倒易点阵参数详细的数学推导，下面列举一些推导方法相似或不同的例子。

例 3.1 证明以下两个定义是等价的。

定义 1：

$$\boldsymbol{a}^* \cdot \boldsymbol{b} = \boldsymbol{a}^* \cdot \boldsymbol{c} = \boldsymbol{b}^* \cdot \boldsymbol{a} = \boldsymbol{b}^* \cdot \boldsymbol{c} = \boldsymbol{c}^* \cdot \boldsymbol{a} = \boldsymbol{c}^* \cdot \boldsymbol{b} = 0$$
$$\boldsymbol{a}^* \cdot \boldsymbol{a} = \boldsymbol{b}^* \cdot \boldsymbol{b} = \boldsymbol{c}^* \cdot \boldsymbol{c} = 1$$

定义 2：

$$\boldsymbol{a}^* = \frac{\boldsymbol{b} \times \boldsymbol{c}}{\boldsymbol{a} \cdot \boldsymbol{b} \times \boldsymbol{c}}$$
$$\boldsymbol{b}^* = \frac{\boldsymbol{c} \times \boldsymbol{a}}{\boldsymbol{b} \cdot \boldsymbol{c} \times \boldsymbol{a}}$$
$$\boldsymbol{c}^* = \frac{\boldsymbol{a} \times \boldsymbol{b}}{\boldsymbol{c} \cdot \boldsymbol{a} \times \boldsymbol{b}}$$

其中，$\boldsymbol{a} \cdot \boldsymbol{b} \times \boldsymbol{c} = \boldsymbol{b} \cdot \boldsymbol{c} \times \boldsymbol{a} = \boldsymbol{c} \cdot \boldsymbol{a} \times \boldsymbol{b} = V$。

解：从定义 1 可知，$\boldsymbol{a}^* \cdot \boldsymbol{b} = \boldsymbol{a}^* \cdot \boldsymbol{c} = 0$，或者说 a^* 同时垂直于 $\boldsymbol{b}$ 和 $\boldsymbol{c}$。因此，得出 $\boldsymbol{a}^* = k \cdot \boldsymbol{b} \times \boldsymbol{c}$，其中 k 为常数。

从 $\boldsymbol{a} \cdot \boldsymbol{a}^* = 1$ 中，得到 $k\boldsymbol{a} \cdot \boldsymbol{b} \times \boldsymbol{c} = 1$，或者 $k = \dfrac{1}{\boldsymbol{a} \cdot \boldsymbol{b} \times \boldsymbol{c}} = \dfrac{1}{V}$。

因此，

$$\boldsymbol{a}^* = \frac{\boldsymbol{b} \times \boldsymbol{c}}{\boldsymbol{a} \cdot \boldsymbol{b} \times \boldsymbol{c}} = \frac{\boldsymbol{b} \times \boldsymbol{c}}{V}$$

类似地，可以得到

$$\boldsymbol{b}^* = \frac{\boldsymbol{c} \times \boldsymbol{a}}{\boldsymbol{b} \cdot \boldsymbol{c} \times \boldsymbol{a}}$$

和

$$\boldsymbol{c}^* = \frac{\boldsymbol{a} \times \boldsymbol{b}}{\boldsymbol{c} \cdot \boldsymbol{a} \times \boldsymbol{b}}$$

从定义 1 中可以得到定义 2，说明这两个定义是等价的。

例 3.2 证明 $V^* = 1/V$。

解：根据 $\boldsymbol{a}^* = \dfrac{\boldsymbol{b} \times \boldsymbol{c}}{V}$ 和 $\boldsymbol{a} = \dfrac{\boldsymbol{b}^* \times \boldsymbol{c}^*}{V^*}$，得到

$$\boldsymbol{a}^* \cdot \boldsymbol{a} = \frac{1}{V^* V}[(\boldsymbol{b} \times \boldsymbol{c}) \cdot (\boldsymbol{b}^* \times \boldsymbol{c}^*)]$$

$$= \frac{1}{V^* V}[(\boldsymbol{b} \cdot \boldsymbol{b}^*) \cdot (\boldsymbol{c} \cdot \boldsymbol{c}^*) - (\boldsymbol{b} \cdot \boldsymbol{c}^*) \cdot (\boldsymbol{c} \cdot \boldsymbol{b}^*)]$$

$$= \frac{1}{V^* V}$$

由于 $\boldsymbol{a}^* \cdot \boldsymbol{a} = 1$，可以通过直接点阵的体积得到倒易点阵的体积，即 $V^* = 1/V$。

例 3.3 利用正空间点阵晶格参数表示 $\sin\alpha^*$、$\sin\beta^*$ 和 $\sin\gamma^*$。

解：已知 $\boldsymbol{a} = \dfrac{\boldsymbol{b}^* \times \boldsymbol{c}^*}{V^*}$，或者 $a = \dfrac{b^* c^* \sin\alpha^*}{V^*}$，得到 $\sin\alpha^* = \dfrac{aV^*}{b^* c^*}$。同时，已知 $b^* = \dfrac{ca\sin\beta}{V}$、$c^* = \dfrac{ab\sin\alpha}{V}$ 和 $V^* = \dfrac{1}{V}$ 可以代入 $\sin\alpha^* = \dfrac{aV^*}{b^* c^*}$。因此得出，

$$\sin\alpha^* = \frac{aV^*}{b^* c^*} = \frac{\dfrac{a}{V}}{(ca\sin\beta/V)(ab\sin\gamma/V)} = \frac{V}{abc\sin\beta\sin\gamma}$$

类似地，可以得到 $\sin\beta^*$ 和 $\sin\gamma^*$ 的表达式。所以，

$$\sin\alpha^* = \frac{V}{abc\sin\beta\sin\gamma}$$

$$\sin\beta^* = \frac{V}{abc\sin\gamma\sin\alpha}$$

$$\sin\gamma^* = \frac{V}{abc\sin\alpha\sin\beta}$$

例 3.4 使用正空间点阵的晶格参数表示 $\cos\alpha^*$、$\cos\beta^*$ 和 $\cos\gamma^*$。

解：由于 $\boldsymbol{b}^* \cdot \boldsymbol{c}^* = |\boldsymbol{b}^*| \cdot |\boldsymbol{c}^*|\cos\alpha^*$，得到

$$\cos\alpha^* = \frac{\boldsymbol{b}^* \cdot \boldsymbol{c}^*}{|\boldsymbol{b}^*||\boldsymbol{c}^*|} = \frac{\dfrac{\boldsymbol{c} \times \boldsymbol{a}}{V} \cdot \dfrac{\boldsymbol{a} \times \boldsymbol{b}}{V}}{\left|\dfrac{\boldsymbol{c} \times \boldsymbol{a}}{V}\right|\left|\dfrac{\boldsymbol{a} \times \boldsymbol{b}}{V}\right|}$$

$$= \frac{(\boldsymbol{c} \cdot \boldsymbol{a}) \cdot (\boldsymbol{a} \cdot \boldsymbol{b}) - (\boldsymbol{c} \cdot \boldsymbol{b}) \cdot (\boldsymbol{a} \cdot \boldsymbol{a})}{ca\sin\beta \cdot ab\sin\gamma} = \frac{ca\cos\beta \cdot ab\cos\gamma - cb\cos\alpha \cdot a^2}{ca\sin\beta \cdot ab\sin\gamma}$$

$$= \frac{\cos\beta \cdot \cos\gamma - \cos\alpha}{\sin\beta \cdot \sin\gamma}$$

相似地，可以得到 $\cos\beta^*$ 和 $\cos\gamma^*$ 的表达式。

因此，

$$\cos\alpha^* = \frac{\cos\beta\cos\gamma - \cos\alpha}{\sin\beta\sin\gamma}$$

$$\cos\beta^* = \frac{\cos\gamma\cos\alpha - \cos\beta}{\sin\gamma\sin\alpha}$$

$$\cos\gamma^* = \frac{\cos\alpha\cos\beta - \cos\gamma}{\sin\alpha\sin\beta}$$

需要注意的是，在固体物理和量子力学中，该定义都包含一个 2π 因子。然而，其互易性却丧失了，这意味着倒易点阵的倒易点阵不再是正空间点阵（Authier，2010）。

若正空间点阵的晶胞基矢为 $\boldsymbol{a}_1$、$\boldsymbol{a}_2$、$\boldsymbol{a}_3$，那么倒易点阵的晶胞基矢 $\boldsymbol{b}_1$、$\boldsymbol{b}_2$、$\boldsymbol{b}_3$ 可以定义为：

$$\boldsymbol{b}_1 = 2\pi\frac{\boldsymbol{a}_2 \times \boldsymbol{a}_3}{\boldsymbol{a}_1 \cdot \boldsymbol{a}_2 \times \boldsymbol{a}_3}$$

$$\boldsymbol{b}_2 = 2\pi\frac{\boldsymbol{a}_3 \times \boldsymbol{a}_1}{\boldsymbol{a}_2 \cdot \boldsymbol{a}_3 \times \boldsymbol{a}_1} \tag{3.5}$$

$$\boldsymbol{b}_1 = 2\pi\frac{\boldsymbol{a}_1 \times \boldsymbol{a}_2}{\boldsymbol{a}_3 \cdot \boldsymbol{a}_1 \times \boldsymbol{a}_2}$$

$$\boldsymbol{a}_1 \cdot \boldsymbol{a}_2 \times \boldsymbol{a}_3 = \boldsymbol{a}_2 \cdot \boldsymbol{a}_3 \times \boldsymbol{a}_1 = \boldsymbol{a}_3 \cdot \boldsymbol{a}_1 \times \boldsymbol{a}_2 = V$$

或者

$$\boldsymbol{b}_i \cdot \boldsymbol{a}_j = 2\pi\delta_{ij} \qquad i, j = 1, 2, 3 \tag{3.6}$$

在物理学中，布里渊区是晶胞的一种特殊选择。第一布里渊区被定义为倒易空间的 Wigner-Seitz 晶胞。第 n 布里渊区是指从原点出发经过 $n-1$ 个布拉格衍射面，在 n 个布拉格衍射面内，直线可达的点的集合。由于第 n 布里渊区是围绕较低布里渊区的壳层，当 n 值较大时，其形状变得复杂。对于同一个晶格，所有的布里渊区的体积相同。

在第 2 部分，还会研究 X 射线衍射和布拉格定律，布拉格条件的矢量形式为 $\boldsymbol{k} - \boldsymbol{k}_0 = \boldsymbol{g}_{hkl}$ 或 $\boldsymbol{k} = \boldsymbol{k}_0 + \boldsymbol{g}_{hkl} = \boldsymbol{k}_0 - \boldsymbol{g}_{\bar{h}\bar{k}\bar{l}}$。$\boldsymbol{g}_{hkl}$ 和 $\boldsymbol{g}_{\bar{h}\bar{k}\bar{l}}$ 是反平行的倒格矢量，可以用 $\boldsymbol{g}$ 来表示任意的倒格矢量，例如 $\boldsymbol{k} = \boldsymbol{k}_0 - \boldsymbol{g}$。

将等式的左右都取平方，得到 $k^2 = k_0^2 - 2\boldsymbol{k}_0 \cdot \boldsymbol{g} + g^2$。

由于 $k^2 = k_0^2$ 或 $k^2 = k_0^2$，得到 $\boldsymbol{k}_0 \cdot \boldsymbol{g} = \frac{1}{2}g^2$，或者

$$\boldsymbol{k}_0 \cdot \frac{\boldsymbol{g}}{|\boldsymbol{g}|} = \frac{1}{2}|\boldsymbol{g}| \tag{3.7}$$

式（3.7）可以用来表示布里渊区的边界。

式（3.7）是由布拉格条件的矢量形式推导出来的，得知，如果入射波矢沿着任意倒格矢量的投影恰好是倒格矢量长度的一半，则满足布拉格条件。

3.2 倒易点阵的重要性质和相关运算

倒易点阵是晶体学计算的有用工具，下面是一些相关的关系式。

（1）正空间点阵和倒易点阵互为傅里叶变换。

下面的表达式仅适用于一维无限点阵（点阵函数）：

$$f(x) = \sum_{n=-\infty}^{\infty} \delta(x - na)$$

$$F(u) = \frac{1}{a}\sum_{h=-\infty}^{\infty} \delta(u - h/a)$$

（2）倒格矢量 $\boldsymbol{g} = h\boldsymbol{a}^* + k\boldsymbol{b}^* + l\boldsymbol{c}^*$ 与正空间点阵的晶面（hkl）垂直，大小为 $1/d_{hkl}$。

（3）晶面间距 d_{hkl} 可根据以下公式计算：

$$|\boldsymbol{g}_{hkl}|^2 = \frac{1}{d_{hkl}^2} = (h\boldsymbol{a}^* + k\boldsymbol{b}^* + l\boldsymbol{c}^*) \cdot (h\boldsymbol{a}^* + k\boldsymbol{b}^* + l\boldsymbol{c}^*) \tag{3.8}$$

（4）晶面夹角 φ 可根据以下公式计算：

$$\boldsymbol{g}_1 \cdot \boldsymbol{g}_2 = g_1 g_2 \cos\varphi$$

$$\cos\varphi = \frac{\boldsymbol{g}_1 \cdot \boldsymbol{g}_2}{g_1 g_2} = \frac{1}{g_1 g_2}(h_1\boldsymbol{a}^* + k_1\boldsymbol{b}^* + l_1\boldsymbol{c}^*) \cdot (h_2\boldsymbol{a}^* + k_2\boldsymbol{b}^* + l_2\boldsymbol{c}^*) \tag{3.9}$$

（5）不同晶格的互易性如下：

P（原胞）　　⟺　　P（原胞）
F（面心）　　⟺　　I（体心）
I（体心）　　⟺　　F（面心）
C（底心）　　⟺　　C（底心）

立方晶系和非立方晶系的 F 晶格和 I 晶格的互易性推导如下。

由图 3.1 可知，面心晶格的原胞基矢为：

$$\boldsymbol{a}' = \frac{\boldsymbol{b} + \boldsymbol{c}}{2}$$

$$\boldsymbol{b}' = \frac{\boldsymbol{c} + \boldsymbol{a}}{2} \tag{3.10}$$

$$\boldsymbol{c}' = \frac{\boldsymbol{a} + \boldsymbol{b}}{2}$$

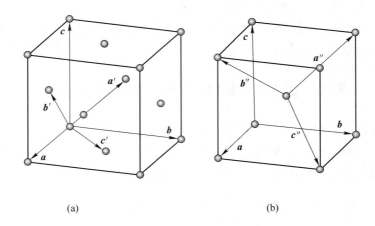

(a)　　　　　　　　　　　　(b)

图 3.1　F 晶格(a)和 I 晶格的基矢(b)

同时，体心晶格的原胞基矢为：

$$a'' = \frac{-a + b + c}{2}$$

$$b'' = \frac{a - b + c}{2} \tag{3.11}$$

$$c'' = \frac{a + b - c}{2}$$

面心晶格的倒格矢量推导如下：

$$
\begin{aligned}
a'^* &= \frac{b' \times c'}{a' \cdot b' \times c'} = \frac{\dfrac{c+a}{2} \times \dfrac{a+b}{2}}{\dfrac{b+c}{2} \cdot \left(\dfrac{c+a}{2} \times \dfrac{a+b}{2}\right)} \\[2mm]
&= \frac{c \times a + c \times b + a \times b}{\dfrac{b+c}{2} \cdot (c \times a + c \times b + a \times b)} \\[2mm]
&= 2\frac{c \times a + c \times b + a \times b}{b \cdot c \times a + c \cdot a \times b} \\[2mm]
&= \frac{-b \times c + c \times a + a \times b}{V} \\[2mm]
&= -a^* + b^* + c^* \\[2mm]
&= \frac{-(2a^*) + (2b^*) + (2c^*)}{2}
\end{aligned}
$$

类似地，可以得到：

$$b'^* = \frac{(2a^*) - (2b^*) + (2c^*)}{2}$$

$$c'^* = \frac{(2a^*) + (2b^*) - (2c^*)}{2}$$

将以上 3 个等式与式（3.11）进行比较，可以清晰地发现面心晶格的倒易点阵是体心晶格，体心晶格的多胞由 $2a^*$、$2b^*$、$2c^*$ 定义。关于倒易点阵更详细的内容可以参见 Booklet No. 4，*The Reciprocal Lattice*（Authier，1981）。

一些晶体学教材对倒易点阵的性质进行了详细的数学论述，下面将对推导过程进行举例说明。

例 3.5　用一维无限点列（晶格函数）证明正空间点阵的傅里叶变换是倒易点阵。

$$f(x) = \sum_{n=-\infty}^{\infty} \delta(x - na)$$

$$F(u) = \frac{1}{a} \sum_{h=-\infty}^{\infty} \delta(u - h/a)$$

解：

方法 1：$f_n(x) = \delta(x - na)$ 的傅里叶变换为：

$$F_n(u) = \int_{-\infty}^{+\infty} \delta(x - na)\exp(2\pi iux)\,dx = \exp(2\pi iuna)$$

因此，

$$F(u) = \int_{-\infty}^{+\infty} \sum_{-\infty}^{+\infty} \delta(x - na)\exp(2\pi iux)\,dx = \sum_{-\infty}^{+\infty} \exp(2\pi iuna)$$

由于

$$\sum_{0}^{+\infty} x^n = \frac{1}{1-x}$$

得到

$$F(u) = \sum_{-\infty}^{+\infty} \exp(2\pi iuna) = \sum_{-\infty}^{+\infty} [\exp(2\pi iua)]^n$$

$$= \sum_{0}^{\infty} [\exp(2\pi iua)]^n + \sum_{0}^{\infty} [\exp(-2\pi iua)]^n - 1$$

$$= \frac{1}{1 - \exp(2\pi iua)} + \frac{1}{1 - \exp(-2\pi iua)} - 1$$

如果 $\exp(2\pi iua) = 1$，那么 $F(u) = \infty$。于是，$2\pi ua = 2\pi h$，即 $u = \dfrac{h}{a}$ 其中 h 为整数。

如果 $\exp(2\pi iua) \neq 1$，那么 $F(u) = 0$，推导过程如下：

$$\frac{1}{1 - \exp(2\pi iua)} + \frac{1}{1 - \exp(-2\pi iua)} - 1$$

$$= \frac{1}{\exp(\pi iua)\exp(-\pi iua) - \exp(\pi iua)\exp(\pi iua)} +$$

$$\frac{1}{\exp(\pi iua)\exp(-\pi iua) - \exp(-\pi iua)\exp(-\pi iua)} - 1$$

$$= \frac{1}{\exp(\pi iua)} \frac{1}{\exp(-\pi iua) - \exp(\pi iua)} +$$

$$\frac{1}{\exp(-\pi iua)} \frac{1}{\exp(\pi iua) - \exp(-\pi iua)} - 1$$

$$= \frac{1}{\exp(\pi iua) - \exp(-\pi iua)} \left[\frac{1}{\exp(-\pi iua)} - \frac{1}{\exp(\pi iua)} \right] - 1$$

$$= \frac{1}{\exp(\pi iua) - \exp(-\pi iua)} \frac{\exp(\pi iua) - \exp(-\pi iua)}{\exp(\pi iua)\exp(-\pi iua)} - 1$$

$$= 1 - 1$$

$$= 0$$

因此, $F(u)$ 是周期为 $\frac{1}{a}$ 的等间距 δ 函数的集合, 即

$$F(u) = \sum_{h=-\infty}^{\infty} \delta(u - h/a)$$

基于 Cowley（1995）的讨论, 因子 $\frac{1}{a}$ 被并入并作为正确的权重, 得到:

$$F(u) = \frac{1}{a} \sum_{h=-\infty}^{\infty} \delta(u - h/a)$$

方法 2:

步骤一: 将 $f(x) = \sum_{n=-\infty}^{\infty} \delta(x - na)$ 分解为傅里叶级数。

在附录 A1 中, 可以看到周期为 λ 的 $f(x)$ 的傅里叶级数可以写为

$$f(x) = \sum_{n=-\infty}^{\infty} c_n e^{inkx}$$

在 $\left[-\frac{\lambda}{2}, \frac{\lambda}{2} \right]$ 范围内,

$$c_n = \frac{1}{\lambda} \int_{-\frac{\lambda}{2}}^{\frac{\lambda}{2}} f(x) e^{-inkx} dx \quad \left(k = \frac{2\pi}{\lambda}, \ n = 0, \ \pm 1, \ \pm 2, \ \cdots \right)$$

考虑函数 $f(x)$ 的周期为 a, 用 $\frac{2\pi}{a}$ 代替 k, 则 $f(x)$ 可以表示为:

$$f(x) = \sum_{n=-\infty}^{n=\infty} C_n e^{2\pi inx/a}$$

其中 C_n 为：

$$C_n = \frac{1}{a}\int_{-a/2}^{a/2} f(x) e^{-2\pi inx/a} dx$$

当变量 x 在 $\left(-\dfrac{a}{2},\ +\dfrac{a}{2}\right)$ 的范围内时，函数 $\sum_{n=-\infty}^{\infty} \delta(x-na)$ 只剩下一项，即 $\delta(x-0)$ 或 $\delta(x)$。因此，

$$C_n = \frac{1}{a}\int_{-a/2}^{a/2} f(x) e^{-2\pi inx/a}dx = \frac{1}{a}\int_{-a/2}^{a/2}\delta(x) e^{-2\pi inx/a}dx = \frac{1}{a}$$

这是由于

$$\int_{-a/2}^{a/2}\delta(x) e^{-2\pi inx/a}dx = \int_{-a/2}^{a/2}\delta(x) e^{0}dx = \int_{-a/2}^{a/2}\delta(x)dx = \int_{-\infty}^{\infty}\delta(x)dx = 1$$

因此，$f(x) = \sum_{n=-\infty}^{\infty}\delta(x-na)$ 可以用傅里叶级数的形式表示为：

$$f(x) = \sum_{n=-\infty}^{n=\infty} C_n e^{2\pi inx/a} = \sum_{n=-\infty}^{n=\infty} \frac{1}{a}e^{2\pi inx/a}$$

步骤二：利用得到的傅里叶级数 $f(x) = \sum_{n=-\infty}^{n=\infty}\frac{1}{a}e^{2\pi inx/a}$ 计算 $f(x)$ 的傅里叶变换：

$$F(u) = FT[f(x)] = \int_{-\infty}^{+\infty}\left(\sum_{n=-\infty}^{n=\infty}\frac{1}{a}e^{2\pi inx/a}\right) e^{-2\pi iux}dx$$

$$= \frac{1}{a}\sum_{n=-\infty}^{n=\infty}\int_{-\infty}^{+\infty} e^{2\pi inx/a}e^{-2\pi iux}dx$$

$$= \frac{1}{a}\sum_{n=-\infty}^{n=\infty} FT(e^{2\pi inx/a})$$

知道 $\delta\left(u-\dfrac{n}{a}\right)$ 的傅里叶逆变换为：

$$FT^{-1}\left[\delta\left(u-\frac{n}{a}\right)\right] = \int_{-\infty}^{+\infty}\delta\left(u-\frac{n}{a}\right) e^{2\pi iux}du = e^{2\pi inx/a}$$

因此，$\delta\left(u-\dfrac{n}{a}\right)$ 和 $e^{2\pi inx/a}$ 是傅里叶变换对，即

$$FT(e^{2\pi inx/a}) = \delta\left(u-\frac{n}{a}\right)$$

$$FT^{-1}\left[\delta\left(u-\frac{n}{a}\right)\right] = e^{2\pi inx/a}$$

然后，重写 $f(x)$ 的傅里叶变换：

$$FT[f(x)] = \frac{1}{a} \sum_{n=-\infty}^{n=\infty} FT(e^{2\pi inx/a})$$

$$= \frac{1}{a} \sum_{n=-\infty}^{n=\infty} \delta\left(u - \frac{n}{a}\right)$$

这意味着，

$$F(u) = \frac{1}{a} \sum_{h=-\infty}^{\infty} \delta(u - h/a)$$

从而证明正空间点阵的傅里叶变换为倒易点阵。

例 3.6 证明倒格矢量 $\boldsymbol{g} = h\boldsymbol{a}^* + k\boldsymbol{b}^* + l\boldsymbol{c}^*$ 与正空间点阵的晶面 (hkl) 垂直，且大小为 $\dfrac{1}{d_{hkl}}$ 。

解：已知如果一条直线垂直于一个平面内两条不平行的直线，则该直线垂直于这个平面。

从图 3.2 中，很容易找到 (hkl) 晶面上的 3 个非平行矢量，分别是

$$\overline{AB} = \frac{\boldsymbol{b}}{k} - \frac{\boldsymbol{a}}{h}$$

$$\overline{BC} = \frac{\boldsymbol{c}}{l} - \frac{\boldsymbol{b}}{k}$$

$$\overline{CA} = \frac{\boldsymbol{a}}{h} - \frac{\boldsymbol{c}}{l}$$

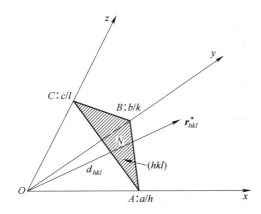

图 3.2 正空间点阵晶面与对应的倒格矢量之间的关系

现在只使用前两个非平行矢量，计算如下所示：

$$\boldsymbol{g}_{hkl} \cdot \overline{AB} = (h\boldsymbol{a}^* + k\boldsymbol{b}^* + l\boldsymbol{c}^*) \cdot \left(\frac{\boldsymbol{b}}{k} - \frac{\boldsymbol{a}}{h}\right) = 0$$

$$\boldsymbol{g}_{hkl} \cdot \overline{BC} = (h\boldsymbol{a}^* + k\boldsymbol{b}^* + l\boldsymbol{c}^*) \cdot \left(\frac{\boldsymbol{c}}{l} - \frac{\boldsymbol{b}}{k}\right) = 0$$

当两个矢量的点积为零时，它们之间的夹角为 90°。因此，倒格矢量 $\boldsymbol{g}_{hkl}$ 垂直于 AB 和 BC，即倒格矢量 $\boldsymbol{g}_{hkl}$ 垂直于正空间点阵中的晶面 (hkl)。

我们知道垂直于晶面 (hkl) 的单位矢量为 $\dfrac{\boldsymbol{g}_{hkl}}{|\boldsymbol{g}_{hkl}|}$，那么可以得到 d_{hkl} 如下：

$$d_{hkl} = ON = \frac{\boldsymbol{g}_{hkl}}{|\boldsymbol{g}_{hkl}|} \cdot \frac{\boldsymbol{a}}{h} = \frac{h\boldsymbol{a}^* + k\boldsymbol{b}^* + l\boldsymbol{c}^*}{|\boldsymbol{g}_{hkl}|} \cdot \frac{\boldsymbol{a}}{h} = \frac{1}{|\boldsymbol{g}_{hkl}|}$$

通过上述计算，我们知道倒格矢量 $\boldsymbol{g} = h\boldsymbol{a}^* + k\boldsymbol{b}^* + l\boldsymbol{c}^*$ 与正空间点阵晶面 (hkl) 垂直，且大小为 $\dfrac{1}{d_{hkl}}$。

为更好地理解上面的推导过程，建议学生查阅一些参考书，例如：*Elements of X-ray Diffraction*（Cullity 和 Stock，2001）和 *Fundamentals of Crystallography*（Giacovazzo，2011）。

基于例 3.6，晶面间距 d 和晶面夹角的计算方法如下：

$$|\boldsymbol{g}_{hkl}|^2 = \frac{1}{d_{hkl}^2} = (h\boldsymbol{a}^* + k\boldsymbol{b}^* + l\boldsymbol{c}^*) \cdot (h\boldsymbol{a}^* + k\boldsymbol{b}^* + l\boldsymbol{c}^*)$$

$$\cos\phi = \frac{\boldsymbol{g}_1 \cdot \boldsymbol{g}_2}{g_1 g_2} = \frac{1}{g_1 g_2}(h_1\boldsymbol{a}^* + k_1\boldsymbol{b}^* + l_1\boldsymbol{c}^*) \cdot (h_2\boldsymbol{a}^* + k_2\boldsymbol{b}^* + l_2\boldsymbol{c}^*)$$

例 3.7 证明正交晶系的晶面间距 d 和晶面夹角方程为：

$$\frac{1}{d_{hkl}^2} = \frac{h^2}{a^2} + \frac{k^2}{b^2} + \frac{l^2}{c^2}$$

$$\cos\varphi = \frac{\dfrac{h_1 h_2}{a^2} + \dfrac{k_1 k_2}{b^2} + \dfrac{l_1 l_2}{c^2}}{\sqrt{\dfrac{h_1^2}{a^2} + \dfrac{k_1^2}{b^2} + \dfrac{l_1^2}{c^2}}\sqrt{\dfrac{h_2^2}{a^2} + \dfrac{k_2^2}{b^2} + \dfrac{l_2^2}{c^2}}}$$

解：由于

$$|\boldsymbol{g}_{hkl}|^2 = \frac{1}{d_{hkl}^2} = (h\boldsymbol{a}^* + k\boldsymbol{b}^* + l\boldsymbol{c}^*) \cdot (h\boldsymbol{a}^* + k\boldsymbol{b}^* + l\boldsymbol{c}^*)$$

得到

$$\frac{1}{d_{hkl}^2} = h^2 a^{*2} + k^2 b^{*2} + l^2 c^{*2}$$

对于正交晶系, $a^* = \dfrac{1}{a}$、$b^* = \dfrac{1}{b}$ 和 $c^* = \dfrac{1}{c}$，因此，$\dfrac{1}{d_{hkl}^2} = \dfrac{h^2}{a^2} + \dfrac{k^2}{b^2} + \dfrac{l^2}{c^2}$，则可以通过以下公式计算得出 $\cos\phi$：

$$\cos\phi = \frac{\boldsymbol{g}_1 \cdot \boldsymbol{g}_2}{g_1 g_2} = \frac{1}{g_1 g_2}(h_1\boldsymbol{a}^* + k_1\boldsymbol{b}^* + l_1\boldsymbol{c}^*) \cdot (h_2\boldsymbol{a}^* + k_2\boldsymbol{b}^* + l_2\boldsymbol{c}^*)$$

由于 $(h_1\boldsymbol{a}^* + k_1\boldsymbol{b}^* + l_1\boldsymbol{c}^*) \cdot (h_2\boldsymbol{a}^* + k_2\boldsymbol{b}^* + l_2\boldsymbol{c}^*) = h_1 h_2 a^{*2} + k_1 k_2 b^{*2} + $

$l_1 l_2 c^{*2} = \dfrac{h_1 h_2}{a^2} + \dfrac{k_1 k_2}{b^2} + \dfrac{l_1 l_2}{c^2}$，$g_1 = \sqrt{\dfrac{h_1^2}{a^2} + \dfrac{k_1^2}{b^2} + \dfrac{l_1^2}{c^2}}$，且 $g_2 = \sqrt{\dfrac{h_2^2}{a^2} + \dfrac{k_2^2}{b^2} + \dfrac{l_2^2}{c^2}}$。因此，

$$\cos\varphi = \frac{\dfrac{h_1 h_2}{a^2} + \dfrac{k_1 k_2}{b^2} + \dfrac{l_1 l_2}{c^2}}{\sqrt{\dfrac{h_1^2}{a^2} + \dfrac{k_1^2}{b^2} + \dfrac{l_1^2}{c^2}}\sqrt{\dfrac{h_2^2}{a^2} + \dfrac{k_2^2}{b^2} + \dfrac{l_2^2}{c^2}}}$$

利用上述方法，可以得到七大晶系的晶面间距和晶面夹角的公式。其中，最普遍适用的是三斜晶系的面间距和晶面夹角的公式，如下：

$$\frac{1}{d_{hkl}^2} = \frac{a^2 b^2 c^2}{V^2}\left[\frac{h^2 \sin^2\alpha}{a^2} + \frac{k^2 \sin^2\beta}{b^2} + \frac{l^2 \sin^2\gamma}{c^2} + \right.$$

$$\frac{2hk}{ab}\ (\cos\alpha\cos\beta - \cos\gamma) +$$

$$\frac{2kl}{bc}\ (\cos\beta\cos\gamma - \cos\alpha) +$$

$$\left.\frac{2lh}{ca}\ (\cos\gamma\cos\alpha - \cos\beta)\right] \tag{3.12}$$

$$\cos\phi = \frac{d_1 d_2}{V^2}\left[h_1 h_2 (bc)^2 \sin^2\alpha + k_1 k_2 (ca)^2 \sin^2\beta + l_1 l_2 (ab)^2 \sin^2\gamma + \right.$$

$$(h_1 k_2 + h_2 k_1) abc^2 (\cos\alpha\cos\beta - \cos\gamma) +$$

$$(h_1 l_2 + h_2 l_1) ab^2 c (\cos\gamma\cos\alpha - \cos\beta) +$$

$$\left.(k_1 l_2 + k_2 l_1) a^2 bc (\cos\beta\cos\gamma - \cos\alpha)\right] \tag{3.13}$$

逐步推导出式 (3.12) 和式 (3.13)，并验证上述方程的正确性。

表 3.2 列出了 7 种晶系晶面间距和晶面夹角的计算式。

表 3.2 七大晶系的面间距和晶面夹角计算式

晶 系	晶面 (hkl) 间距	晶面 $(h_1k_1l_1)$ 和晶面 $(h_2k_2l_2)$ 夹角
立方晶系	$$\frac{1}{d_{hkl}^2} = \frac{h^2+k^2+l^2}{a^2} \quad \text{或} \quad d = \frac{a}{\sqrt{h^2+k^2+l^2}}$$	$$\cos\phi = \frac{h_1h_2+k_1k_2+l_1l_2}{\sqrt{h_1^2+k_1^2+l_1^2}\,\sqrt{h_2^2+k_2^2+l_2^2}}$$
四方晶系	$$\frac{1}{d_{hkl}^2} = \frac{h^2+k^2}{a^2} + \frac{l^2}{c^2}$$	$$\cos\phi = \frac{\dfrac{h_1h_2+k_1k_2}{a^2} + \dfrac{l_1l_2}{c^2}}{\sqrt{\dfrac{h_1^2+k_1^2}{a^2}+\dfrac{l_1^2}{c^2}}\,\sqrt{\dfrac{h_2^2+k_2^2}{a^2}+\dfrac{l_2^2}{c^2}}}$$
正交晶系	$$\frac{1}{d_{hkl}^2} = \frac{h^2}{a^2} + \frac{k^2}{b^2} + \frac{l^2}{c^2}$$	$$\cos\phi = \frac{\dfrac{h_1h_2}{a^2} + \dfrac{k_1k_2}{b^2} + \dfrac{l_1l_2}{c^2}}{\sqrt{\dfrac{h_1^2}{a^2}+\dfrac{k_1^2}{b^2}+\dfrac{l_1^2}{c^2}}\,\sqrt{\dfrac{h_2^2}{a^2}+\dfrac{k_2^2}{b^2}+\dfrac{l_2^2}{c^2}}}$$
六方晶系	$$\frac{1}{d_{hkl}^2} = \frac{4}{3}\left(\frac{h^2+hk+k^2}{a^2}\right) + \frac{l^2}{c^2}$$	$$\cos\phi = \frac{h_1h_2+k_1k_2+\dfrac{1}{2}(h_1k_2+h_2k_1)+\dfrac{3a^2}{4c^2}l_1l_2}{\sqrt{h_1^2+k_1^2+h_1k_1+\dfrac{3a^2}{4c^2}l_1^2}\,\sqrt{h_2^2+k_2^2+h_2k_2+\dfrac{3a^2}{4c^2}l_2^2}}$$

续表 3.2

晶　系	晶面（hkl）间距	晶面（$h_1k_1l_1$）和晶面（$h_2k_2l_2$）夹角
菱方晶系	$$\frac{1}{d_{hkl}^2} = \frac{1}{a^2}\cdot\frac{(h^2+k^2+l^2)\sin^2\alpha + 2(hk+kl+lh)(\cos^2\alpha-\cos\alpha)}{(1-3\cos^2\alpha+2\cos^3\alpha)}$$	$$\cos\phi = \frac{a^4 d_1 d_2}{V^2}\big[\sin^2\alpha(h_1h_2+k_1k_2+l_1l_2) + (\cos^2\alpha-\cos\alpha)(k_1l_2+k_2l_1+l_1h_2+l_2h_1+h_1k_2+h_2k_1)\big]$$
单斜晶系	$$\frac{1}{d_{hkl}^2} = \frac{h^2}{a^2\sin^2\beta} + \frac{k^2}{b^2} + \frac{l^2}{c^2\sin^2\beta} - \frac{2hl\cos\beta}{ac\sin^2\beta}$$	$$\cos\phi = d_1 d_2\left[\frac{h_1h_2}{a^2\sin^2\beta} + \frac{k_1k_2}{b^2} + \frac{l_1l_2}{c^2\sin^2\beta} - \frac{(l_1h_2+l_2h_1)\cos\beta}{ac\sin^2\beta}\right]$$
三斜晶系	$$\frac{1}{d_{hkl}^2} = \frac{a^2b^2c^2}{V^2}\left[\frac{h^2\sin^2\alpha}{a^2} + \frac{k^2\sin^2\beta}{b^2} + \frac{l^2\sin^2\gamma}{c^2} + \frac{2kl}{bc}(\cos\beta\cos\gamma-\cos\alpha) + \frac{2hk}{ab}(\cos\alpha\cos\beta-\cos\gamma) + \frac{2lh}{ca}(\cos\gamma\cos\alpha-\cos\beta)\right]$$ 其中，$$V = abc\sqrt{1-\cos^2\alpha-\cos^2\beta-\cos^2\gamma+2\cos\alpha\cos\beta\cos\gamma}$$ $$\frac{a^2b^2c^2}{V^2} = \frac{1}{1-\cos^2\alpha-\cos^2\beta-\cos^2\gamma+2\cos\alpha\cos\beta\cos\gamma}$$	$$\cos\phi = \frac{d_1 d_2}{V^2}\big[h_1h_2(bc)^2\sin^2\alpha + k_1k_2(ca)^2\sin^2\beta + l_1l_2(ab)^2\sin^2\gamma +$$ $$(k_1l_2+k_2l_1)a^2bc(\cos\beta\cos\gamma-\cos\alpha) +$$ $$(h_1l_2+h_2l_1)ab^2c(\cos\gamma\cos\alpha-\cos\beta) +$$ $$(h_1k_2+h_2k_1)abc^2(\cos\alpha\cos\beta-\cos\gamma)\big]$$

可以从性质（Ⅱ）中使用类似的概念得到以下的晶带定律。

（Ⅱ）* 正格矢量 $r_{uvw} = u\boldsymbol{a} + v\boldsymbol{b} + w\boldsymbol{c}$ 与倒易点阵晶面 $(uvw)^*$ 垂直，其大小为 $1/d_{uvw}^*$。

这里，需要计算 $r_{uvw} \cdot r_{hkl}^*$，其中 $r_{hkl}^* = h\boldsymbol{a}^* + k\boldsymbol{b}^* + l\boldsymbol{c}^*$ 是倒格矢量。假设倒易点阵阵点 h、k、l 位于从原点到第 n 个倒格晶面上，如图 3.3 所示，由此可知倒格矢量 r_{hkl}^* 在正格矢量 r_{uvw} 上的投影为 $n \cdot d_{uvw}^*$。

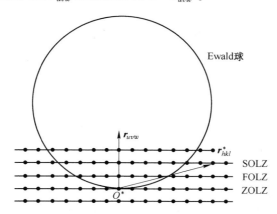

图 3.3 呈现零阶和高阶劳厄区的 Ewald 球和倒易点阵

因此，

$$r_{uvw} \cdot r_{hkl}^* = (u\boldsymbol{a} + v\boldsymbol{b} + w\boldsymbol{c}) \cdot (h\boldsymbol{a}^* + k\boldsymbol{b}^* + l\boldsymbol{c}^*) = hu + kv + lw = \frac{1}{d_{uvw}^*} \cdot nd_{uvw}^* = n$$

或

$$hu + kv + lw = n \tag{3.14}$$

式（3.14）即为晶带定律。每个终止于高阶劳厄区（higher-order Laue zone，HOLZ）的倒格矢量可以用式（3.14）来表示。

当对来自零阶劳厄区（zero-order Laue zone，ZOLZ）的电子衍射图谱进行标定时，只使用晶带定律的一个特例，即 Weiss 区域定律（Weiss zone law）。对于 ZOLZ，$hu + kv + lw = 0$。

已知两个晶格点在晶格中的坐标对计算它们之间的距离是非常有用的，尤其是对于键长和键角的计算。极端两个晶格点的距离，只需要在实空间进行矢量计算（Wahab，2009），而不涉及倒易点阵的定义及其相关性质。将晶格点坐标表示为 xyz，那么从原点至晶格点的矢量表示为：

$$\boldsymbol{r} = x\boldsymbol{a} + y\boldsymbol{b} + z\boldsymbol{c}$$

任意两个晶格点 $x_1y_1z_1$ 和 $x_2y_2z_2$ 对应的矢量为：

$$\boldsymbol{r}_1 = x_1\boldsymbol{a} + y_1\boldsymbol{b} + z_1\boldsymbol{c}$$

$$r_2 = x_2\boldsymbol{a} + y_2\boldsymbol{b} + z_2\boldsymbol{c}$$

因此，两个晶格点的间距为 $d_{12} = |r_2 - r_1|$。已知，

$$r_2 - r_1 = (x_2 - x_1)\boldsymbol{a} + (y_2 - y_1)\boldsymbol{b} + (z_2 - z_1)\boldsymbol{c}$$

且

$$(r_2 - r_1) \cdot (r_2 - r_1) = |r_2 - r_1|^2 = [(x_2 - x_1)\boldsymbol{a} + (y_2 - y_1)\boldsymbol{b} + (z_2 - z_1)\boldsymbol{c}] \cdot$$
$$[(x_2 - x_1)\boldsymbol{a} + (y_2 - y_1)\boldsymbol{b} + (z_2 - z_1)\boldsymbol{c}]$$

简化可得到

$$|r_2 - r_1|^2 = (x_2 - x_1)^2 a^2 + (y_2 - y_1)^2 b^2 +$$
$$(z_2 - z_1)^2 c^2 + 2ab(x_2 - x_1)(y_2 - y_1)\cos\gamma +$$
$$2bc(y_2 - y_1)(z_2 - z_1)\cos\alpha + 2ca(z_2 - z_1)(x_2 - x_1)\cos\beta$$

所以，

$$d_{12} = |r_2 - r_1| = [(x_2 - x_1)^2 a^2 + (y_2 - y_1)^2 b^2 +$$
$$(z_2 - z_1)^2 c^2 + 2ab(x_2 - x_1)(y_2 - y_1)\cos\gamma +$$
$$2bc(y_2 - y_1)(z_2 - z_1)\cos\alpha + 2ca(z_2 - z_1)(x_2 - x_1)\cos\beta]^{\frac{1}{2}} \quad (3.15)$$

这时键角的计算就变得简单（Wahab，2009）。分别计算出阳离子与 1、2 两个阴离子，以及两个阴离子之间的距离后，利用余弦定律即可求出键角：

$$\cos\phi = \frac{d_{C-A1}^2 + d_{C-A2}^2 - d_{A1-A12}^2}{2d_{C-A1}d_{C-A2}} \quad (3.16)$$

在通过 Rietveld 精修得到原子的坐标后，使用类似的方法，针对铅磷灰石类型 c 轴的投影结构，计算了其扭转角（White 和 ZhiLi，2003）。

可以进一步练习正空间点阵和倒易点阵的计算。例如，如果已知一个由正格矢量的矢量 r，那么如何通过计算 $r = r^*$ 求出倒易点阵的矢量 r^* 呢？

诀窍在于将正空间点阵或倒易点阵中的每个晶胞基矢左右两侧都进行乘法运算。这类计算一般在材料科学与工程中并不常用。然而，在对高阶劳厄区（HOLZ）进行标定时，这种计算是很有帮助的。我们建议学生们通过这个例子来训练计算技巧，以便更好地理解与正点阵和倒格点阵相关的各种计算。

本 章 小 结

倒易点阵是在正空间点阵的基础上用数学方法构建的，目的是方便计算和处理衍射问题。倒易点阵在物理上并不存在。正空间点阵和倒易点阵的方向和尺寸是刚性耦合的。倒易点阵可用于各种晶体学和衍射计算，但在处理立方晶系时，其作用并不明显。倒易点阵计算是分析低对称性晶体系统和电子衍射图谱的有力工具。

　　在量子力学和固体物理中，倒易点阵的定义引入了 2π 因子。学生在处理 X 射线和电子波的各种问题时，特别需要注意 2π 因子何时会出现或消失。

　　从晶体学倒易点阵的定义中，我们知道倒易点阵的倒易点阵为正空间点阵。然而，引入固体物理学中的 2π 因子时，严格来说，正空间点阵与倒易点阵之间的互易关系就被打破了。当从倒易点阵生成倒易点阵时，$(2\pi)^2$ 因子将乘以原始的正空间点阵矢量。

　　如本章所述，许多晶体学教材和 X 射线衍射教材都给出了倒易点阵的定义和相关的计算。本章仅选择性地介绍了一些倒易点阵的相关计算，这些计算对材料科学家研究晶体结构和进行相关计算非常有用。

参 考 文 献

Authier A，1981. The reciprocal lattice［M］. Cardiff：University College Cardiff Press.

Authier A（ed.），2010. International tables for crystallography［C］// Volume D, Physical properties of crystals/edited by A. Authier. 1st ed., Physical properties of crystals. 1st ed. Chichester, West Sussex, UK：John Wiley & Sons.

Cowley J M（John M.），1995. Diffraction physics［Z］. John M. Cowley. 3rd rev. ed Amsterdam：Elsevier Science B. V.（North-Holland personal library）.

Cullity B D，Stock S R，2001. Elements of X-ray diffraction［M］// B. D. Cullity, S. R. Stock. 3rd ed. Upper Saddle River, NJ：Prentice Hall.

Giacovazzo C，2011. Fundamentals of crystallography［M］// G. Giacovazzo...［et al.］. 3rd ed. Oxford：Oxford University Press（IUCr texts on crystallography；15）.

Wahab M A，2009. Essentials of crystallography［M］//M. A. Wahab. Oxford, UK：Alpha Science International.

White T J，Zhi L D，2003. Structural derivation and crystal chemistry of apatites［J］. Acta Crystallographica Section B：Structural Science，59（1）：1-16.

4　晶体结构表征举例

　　本章将以磷灰石类材料为例，说明晶体结构的特点。磷灰石类材料因其在生物医学、光学、清洁能源和环境方面的应用而受到广泛研究。通常情况下，天然磷灰石矿物属于磷酸钙类型，包括羟基磷灰石、氟磷灰石和氯磷灰石，内含 $Ca_{10}(PO_4)_6(OH)_2$、$Ca_{10}(PO_4)_6F_2$ 和 $Ca_{10}(PO_4)_6Cl_2$ 这些端点成分的相。一些博物馆将天然磷灰石矿物作为宝石展出。在月球样本中也发现了磷灰石矿物 $Ca_{10}(PO_4)_6(F,Cl,OH)_2$（Boyce et al., 2010; 2014 年）。磷灰石结构具有很强的耐受性，能够在不同的 Wyckoff 位点容纳各种元素。大多数磷灰石的通式为 $A_4^{I}A_6^{II}(BO_4)_6X_2$，对称性为 $P6_3/m$（空间群编号为 176），其中 A^{I} 和 A^{II} 是两个阳离子位点，Wyckoff 符号分别为 $4f$ 和 $6h$，包含一价、二价、三价或四价阳离子，通常为 Cs、Ca、Sr、Ba、Cd、Pb、Ln 或 Th。四面体中的 B 是类金属，通常为 P、As、V 和 Si。通道阴离子 X 是卤化物、氧或羟基。较小的阴离子（如 F）占据通道的 $2a$ 位，较大的阴离子（如 Cl）占据通道的 $2b$ 位。六方晶格常数为 $a \approx 1$ nm 和 $c \approx 0.7$ nm。

　　在磷灰石家族中，羟基磷灰石引起了材料科学家的特别关注，因为它是骨骼和牙齿中的主要无机成分。科学家们一直在研究用于骨替代物的羟基磷灰石复合材料或用于植入的羟基磷灰石涂层。环境技术研究所（ETI）实验室合成了羟基磷灰石晶须，分析结果将在本书的 X 射线衍射和高分辨透射电子显微镜部分介绍。由于羟基磷灰石沿通道存在 OH^- 有序排列（Elliott et al., 1973），因此羟基磷灰石的单胞是由 $b=2a$ 的两个六方晶胞组成的单斜晶胞；其空间群为 $P2_1/b$ 而不是 $P6_3/m$。正如杨课题组（Hitmi et al., 1988）所解释的，在单斜羟基磷灰石中，所有羟基离子的间距相等，且在列内的方向相同。此外，所有具有相同 y 坐标的列中 OH^- 的取向相似，而具有相同 x 坐标的列中 OH^- 的取向则随着 y 坐标的增大而交替出现"向上"和"向下"取向。

　　对于羟基磷灰石 $Ca_{10}(PO_4)_6(OH)_2$，从 $P2_1/b$ 对称的低温单斜相向 $P6/m$ 对称的高温六方相的转变，已经通过分子动力学模拟进行了研究（Hochrein et al., 2005）。

　　$P6_3/m$（Hahn, 2011）的空间群图表显示，各个 $4f$ 位点均存在一个三重旋转轴。磷灰石 $4f$ 或 4 个 A^{I} 阳离子位点的坐标分别为 1/3　2/3 z、2/3　1/3　$z+1/2$、2/3　1/3　$-z$、1/3　2/3　$-z+1/2$。我们对磷灰石类型材料的研究表明，扭曲三棱镜扭转角是监测对称偏差的工具（White 和 ZhiLi, 2003）。投影在 A(1)O6 扭曲三棱镜（0001）面上的 O(1)-A(1)-O(2) 扭转角随单位平均离子半径的增大而线性减小。

图 4.1 (a) 是合成的 $Nd_8Sr_2(SiO_4)_6O_2$ 磷灰石材料的高分辨率透射电子显微镜（HRTEM）图像（晶带轴［0001］），显示出沿 c 轴的六方对称性（Wang et al., 2016）。如前所述，A^I（或 A1）和 A^{II}（或 A2）阳离子分别占据 $4f$ 和 $6h$。在 SiO_4 四面体中，Si、O1 和 O2 均占据 $6h$。SiO_4 四面体中的 O3 和通道中的 O4 占据 $12i$ 和 $2a$。

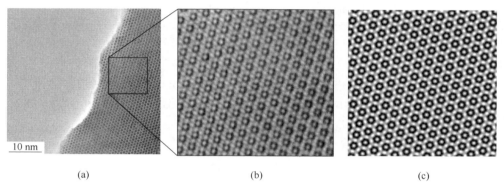

(a)   (b)   (c)

图 4.1   合成的 $Nd_8Sr_2(SiO_4)_6O_2$ 磷灰石沿［0001］晶带轴进行两次 FFT 处理前后的 HRTEM 照片
(a) HRTEM 图像；(b) 图(a)中所选区域的放大 HRTEM 图像；(c) 图(a)中所选区域经 FFT 处理后的图像
（资料来源：基于 Wang 等人（2016）的研究，经 John Wiley & Sons 出版社许可）

选定区域（见图 4.1 (b)）的图像经过快速傅里叶变换（FFT）处理后（见图 4.1 (c)）更加清晰。A1 位点配位数为 6 和 9 的多面体如图 4.2 所示。为了突出扭转角，我们需要显示如图 4.2 (a) 所示的 A(1)O6 扭曲三棱镜。

对磷灰石结构和对称性的深入了解有助于设计各种用途的新型磷灰石材料。

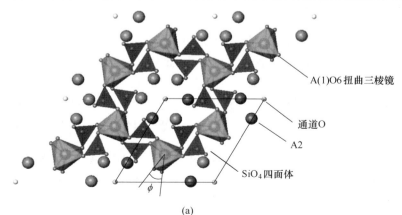

A(1)O6 扭曲三棱镜

通道O

A2

SiO_4四面体

ϕ

(a)

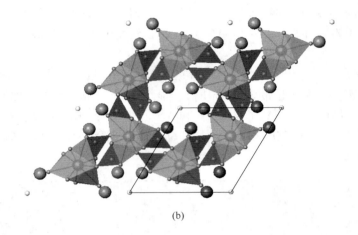

(b)

图 4.2 根据 XRD 数据绘制的 $Nd_8Sr_2(SiO_4)_6O_2$ 沿 [0001] 方向的晶体结构示意图

(a) 配位数为 6 的 A1 位点的多面体结构及扭转角示意图；(b) 配位数为 9 的 A1 位点的多面体示意图

本 章 小 结

许多有应用价值的合成材料都有类似的矿物结构类型。这些矿物类型的结构特征与它们的特性密切相关。具有这些矿物类型的合成材料被广泛应用于各种领域。其中，磷灰石、尖晶石、橄榄石、石榴石、透辉石、钙钛矿和纤锌矿等矿物类型研究较多。根据化学成分的不同，这些结构表现出一些独特的特性。通过理解并清晰地表征这些特性，材料科学家能够更好地解释其原因。

本章以磷灰石类型材料为例来展示晶体结构特征，在学生学习其他材料时，可以为他们提供一定的思路指导。

参 考 文 献

Boyce J W, et al. , 2010. Lunar apatite with terrestrial volatile abundances [J]. Nature, 466 (7305): 466-469.

Boyce J W, et al. , 2014. The lunar apatite paradox [J]. Science, 344 (6182): 400-402.

Elliott J C, Mackie P E, Young R A, 1973. Monoclinic hydroxyapatite [J]. Science, 180 (4090): 1055-1057.

Hahn T, 2011. International tables for crystallography [C]//Volume A, Space-group symmetry, edited by Theo Hahn. 5th ed. re, Space-group symmetry. 5th ed. re. Chichester, West Sussex: Published for the International Union of Crystallography by John Wiley & Sons.

Hitmi N, LaCabanne C, Young R A. 1988. Oh- reorientability in hydroxyapatites: effect of F^- and

Cl⁻ [J]. Journal of Physics and Chemistry of Solids, 49 (5): 541-550.

Hochrein O, Kniep R, Zahn D, 2005. Atomistic simulation study of the order/disorder (monoclinic to hexagonal) phase transition of hydroxyapatite [J]. Chemistry of Materials. 17 (8): 1978-1981.

Wang, J., et al., 2016. Synthesis and crystal structure characterization of oxysilicate apatites for stabilization of Sr and rare-earth elements [J]. Journal of the American Ceramic Society, 99 (5): 1761-1768.

White T J, Zhi L D, 2003. Structural derivation and crystal chemistry of apatites [J]. Acta Crystallographica Section B: Structural Science, 59 (1): 1-16.

第 2 部分　材料的 X 射线衍射

本书第 2 部分主要介绍用于分析多晶或粉末材料的 X 射线衍射理论。

X 射线是德国科学家威廉·康拉德·伦琴（Wilhelm Conrad Röntgen）于 1895 年发现的，他于 1901 年被授予第一个诺贝尔物理学奖，"以表彰他因发现后来以他的名字命名的非凡的射线而做出的卓越贡献"。1912 年，在 X 射线首次被发现 17 年后，德国科学家马克斯·冯·劳厄（Max von Laue）、瓦尔特·弗雷德里希（Walter Friedrich）和保罗·克尼平（Paul Knipping）合作的一项重要研究证明了硫酸铜晶体衍射出 X 射线，这不仅表明了 X 射线的波动特性，还直接证明了晶体中原子的基本顺序。随后劳厄因提出的劳厄方程利用倒易点阵来说明晶格的 X 射线衍射条件；劳厄因因发现晶体对 X 射线的衍射而获得 1914 年的诺贝尔物理学奖。1913 年，劳伦斯·布拉格（Lawrence Bragg）和他的父亲威廉·亨利·布拉格（William Henry Bragg）提出了著名的 X 射线衍射方程 $2d\sin\theta = n\lambda$，证明了能够用 X 射线来获取晶体结构的信息。这对父子因此被授予 1915 年的诺贝尔物理学奖，以表彰他们在利用 X 射线分析晶体结构方面的贡献。另一个重大贡献来自德国物理学家和晶体学家保罗·彼得·埃瓦尔德（Paul Peter Ewald），他提出"埃瓦尔德球（Ewald sphere）"以几何方式来表达布拉格定律，该定律被广泛用于解释材料研究中的 X 射线衍射和电子衍射条件。在关于 X 射线衍射课堂教学中，我首先介绍了布拉格方程（Bragg equation），然后解释如何推导出满足布拉格条件的 Ewald 球描述。实际上，布拉格方程是正空间的表达式，而 Ewald 球体构造是布拉格条件的倒易空间表达式。劳厄方程也被认为是倒易空间中的表达式。从数学上可以证明布拉格方程与劳厄方程的等价性（Wahab，2009；Glusker 和 Trueblood，2010）。在劳厄和布拉格对 X 射线衍射的初步研究之后，大约在 1915 年，德国科学家的德拜（Debye）和谢乐（Scherrer）独立提出多晶衍射或粉末衍射法，之后 1916 年美国科学家赫尔（Hull）也相继独立提出。在早期的 X 射线衍射实验中，使用胶片相机记录粉末衍射图谱，如赫尔/德拜-谢乐相机、塞曼-玻林相机和纪尼尔相机。在现代材料研究实验室中，粉末衍射数据通常由粉末衍射仪采集，然后通过计算机进一步处理。在对衍射强度的讨论中，我们将采取与 *Elements of X-ray Diffraction*（Cullity 和 Stock，2001）类似的思路，重点讨论 Bragg-Brentano 衍射几何，并在此基础上推导吸收因子。

X 射线是电磁辐射的光束，在 angstrom（埃，符号 Å，1 Å＝0.1 nm）尺度上具有高能量和短波长。X 射线辐射表现出与可见光类似的波粒二象性特征。如果用 X 射线的波动特性来表示，X 射线辐射以正弦形式在与磁场成直角的电场中振荡传播。

能量 E 与频率 ν、动量 p 与波矢 k 之间存在着联系。波矢方向为波的传播方向，其振幅为波长的倒数 $1/\lambda$（称为波数）。其关系表示为：

$$E = h\nu = \hbar\omega$$

$$p = \frac{h}{\lambda}S = \hbar k$$

$$\frac{2\pi}{\lambda}S = k$$

式中，S 为传播方向上的单位矢量，并且 h 为普朗克常数，其值为：

$$h = 6.6256 \times 10^{-34} \text{ J} \cdot \text{s}$$

$$\hbar = \frac{h}{2\pi} = 1.0545 \times 10^{-34} \text{ J} \cdot \text{s}$$

X 射线辐射可以通过同步加速器或实验室 X 射线管产生。X 射线管是 X 射线衍射仪的核心部件。

在典型的 X 射线管中，加速电子撞击金属靶，并从金属靶原子的内壳中发射出电子。这些内壳层的空位被从更高能级下落的电子快速填充，从而产生清晰的特征 X 射线。能量差与 X 射线波长的关系为：

$$\Delta E = h\nu = \frac{hc}{\lambda}$$

当高速电子在撞击金属靶的过程中被减速或"制动"时，也会产生轫致辐射。在经典物理学中，加速电荷产生电磁辐射，当电子的能量足够高时，该辐射处于电磁频谱的 X 射线区域。其特点是辐射的连续分布，当电子的能量增加时，辐射变得更加强烈，并向更高的频率变化（Cullity 和 Stock，2001）。在非相对论假设下，利用拉莫尔公式（Larmor formula）可以计算加速点电荷辐射的总功率。

参 考 文 献

Cullity B D（Bernard D.），Stock S R，2001. Elements of X-ray diffraction ［M］//B. D. Cullity, S. R. Stock. 3rd ed. Upper Saddle River, NJ: Prentice Hall.

Glusker J P, Trueblood K N, 2010. Crystal structure analysis: A primer ［C］//Jenny Pickworth Glusker, Kenneth N. Trueblood. 3rd ed. Oxford: Oxford University Press（International Union of Crystallography texts on crystallography; No. 14）.

Wahab M A（Mohammad A.），2009. Essentials of crystallography ［M］//M. A. Wahab. Oxford, U. K: Alpha Science International.

5 X 射线衍射的几何原理

5.1 布拉格方程

劳厄方程将晶格衍射过程中入射的 X 射线波与出射的 X 射线波联系起来，说明了入射波被晶格衍射的情形。劳厄条件是倒易空间中的矢量表达式，与实空间中的布拉格条件等价。本章将重点介绍布拉格公式，在此基础上进一步讨论了 Ewald 球的构造和矢量表达式。

当 X 射线入射到材料表面时，光束在被完全吸收之前会穿透到样品的一定深度，同时也会被样品中的原子散射。

图 5.1 为单色入射的 X 射线束入射晶体材料的情况。如果光束 1 和光束 2 的光程差等于 X 射线波长或者是 X 射线波长的 n 倍，就会发生相长干涉，产生强衍射光束。

在数学上，该关系表示为 $SQ + QT = d_{hkl}\sin\theta + d_{hkl}\sin\theta = 2d_{hkl}\sin\theta = n\lambda$ ，其中 $n = 1$，2，3，…指的是衍射级数。

$$2d_{hkl}\sin\theta = n\lambda$$

该式被称为布拉格定律，由英国物理学家布拉格父子在 1913 年首次提出。

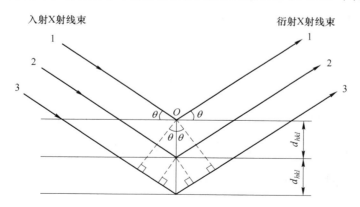

图 5.1 当满足 $2d_{hkl}\sin\theta = n\lambda$，X 射线束发生相长干涉

（d_{hkl} 为（hkl）的晶面间距，λ 为 X 射线的波长）

当衍射级数 n 被并入晶面间距 d 时，布拉格方程变为：

$$2d_{hkl}\sin\theta_B = \lambda \qquad (5.1)$$

对于具有晶面间距 d_{hkl} 的特定平面（hkl），我们利用一级（$n=1$）衍射、二级（$n=2$）衍射等，通过公式 $2d_{hkl}\sin\theta = n\lambda$ 计算同一晶面的不同衍射角。而衍射指标 h、k 和 l 没有公因子。在修正过的公式 $2d_{hkl}\sin\theta = \lambda$ 中，指标 h、k 和 l 是可以有公因子的整数。在这种情况下，（$h'k'l'$），（$2h'2k'2l'$），（$3h'3k'3l'$），$\cdots$，（$nh'\ nk'\ nl'$）被视为不同的衍射平面，而不是不同级数（例如，1，2，3，$\cdots$，n）的平面（$h'k'l'$）。例如，在原始表达式 $2d_{hkl}\sin\theta = n\lambda$ 中，如果（111）面衍射 X 射线，那么一级、二级、三级、$\cdots$、n 级被用来关联具有不同布拉格角的衍射光束。但在修正的公式 $2d_{hkl}\sin\theta_B = \lambda$ 中，不需要考虑不同的衍射级数，取而代之的是具有不同晶面间距的（111），（222），（333），$\cdots$，（nnn）晶面，它们以不同的布拉格角衍射 X 射线。晶面（222），（333），$\cdots$，（nnn）不能简化到（111）晶面。基于本书第 3 章中的晶面间距 d 计算式，可知 $d_{nhnknl} = \dfrac{d_{hkl}}{n}$。

5.2　Ewald 球的构造与布拉格定律的矢量形式

在 X 射线衍射中，布拉格定律可以通过 Ewald 球构造和矢量形式来表示。在 Ewald 球构造中，波数 $1/\lambda$ 为球体半径。矢量 k_0 的原点为 Ewald 球心，矢量 k_0 的尾部为倒易点阵 O^* 的原点。基于倒易点阵的定义，只要正空间点阵的晶格参数已知，就可以得到倒易点阵的晶格参数。当已知入射 X 射线束相对于样品的正空间点阵的方向时，由于正空间点阵和倒易点阵之间的方向是耦合的，因此入射 X 射线束相对于倒易点阵的方向是可以确定的。

假设入射和衍射波矢量分别为：

$$k_0 = \frac{S_0}{\lambda}$$

$$k = \frac{S}{\lambda}$$

S_0 和 S 分别为沿入射和衍射光束方向的单位矢量，如图 5.2 所示。因此，$|S_0| = |S| = 1$ 并且，$|k_0| = |k| = \dfrac{1}{\lambda}$，$\dfrac{1}{\lambda}$ 为 Ewald 球半径。

如果满足布拉格条件 $2d_{hkl}\sin\theta_B = \lambda$，那么矢量 O^*D 代表什么？假设，

$$2d_{hkl}\sin\theta_B = \lambda$$

那么，

$$\frac{BD}{CD} = \sin\theta_B = \frac{\lambda}{2d_{hkl}}$$

或者

$$BD = \frac{\lambda}{2d_{hkl}} \cdot CD = \frac{\lambda}{2d_{hkl}} \cdot |\boldsymbol{k}|$$

$$= \frac{\lambda}{2d_{hkl}} \cdot \frac{1}{\lambda} = \frac{1}{2d_{hkl}}$$

因此，

$$O^*D = 2BD = \frac{1}{d_{hkl}}$$

知道矢量 $\boldsymbol{O^*D}$ 垂直于反射晶面，或者 $\boldsymbol{O^*D} \parallel \boldsymbol{r}_{hkl}^*$

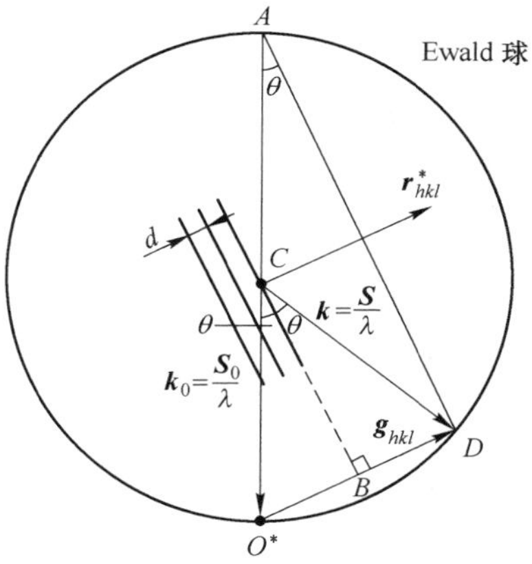

图 5.2　通过 Ewald 球构造和矢量表达式解释布拉格定律

从第 3 章中，可知倒格矢量 $\boldsymbol{g}_{hkl} = \boldsymbol{r}_{hkl}^* = h\boldsymbol{a}^* + k\boldsymbol{b}^* + l\boldsymbol{c}^*$ 与实晶格的（hkl）晶面垂直，且大小为 $1/d_{hkl}$。因此 $\boldsymbol{O^*D} = \boldsymbol{g}_{hkl}$，并且，

$$\boldsymbol{k} - \boldsymbol{k}_0 = \boldsymbol{g}_{hkl} \tag{5.2}$$

公式（5.2）为布拉格定律的矢量形式，图 5.2 给出了 Ewald 球表示法。在 X 射线和电子衍射方面，利用 Ewald 球构造和矢量表示来处理复杂的衍射问题更加便利。

布拉格定律（$2d_{hkl}\sin\theta_B = \lambda$）通过 d_{hkl} 提供了晶体结构的相关信息。粉末 X 射线衍射仪使用的是已知波长的特征 X 射线。一旦测量出衍射角，就可以计算出相应的晶面间距 d，而晶面间距则包含了晶格参数和密勒指数的信息。利用 Rietveld 精修的方法来确定粉末材料或多晶材料的晶体结构，既涉及衍射几何，也涉及强度计算。衍射束的强度将在下一章中介绍。

在教材 *Elements of X-ray Diffraction*（Cullity 和 Stock，2001）中，衍射几何章节有一些问题留给学生作答。作者在课堂上使用了其中的一些例子，接下来将通过一个类似的例子来解释布拉格方程的用法。早期，学生使用的是第二版的 *Elements of X-ray Diffraction* 教材。第三版从 2001 年开始发布，新版重点调整成以衍射学为主要技术手段。

例 5.1　假设在 X 射线衍射仪中使用的是 Cu $K\alpha$ X 射线（波长 $\lambda = 0.154$ nm）。测定具有简单四方晶格（$a = 0.4$ nm，$c = 0.3$ nm）的晶体粉末（XRD 衍射）图谱中前 3 条衍射线的 2θ 和（hkl）值，并按角度递增的顺序列出。

解： 基于四方晶系的晶面间距 d 的计算式 $\frac{1}{d_{hkl}^2} = \frac{h^2 + k^2}{a^2} + \frac{l^2}{c^2}$，可以计算得出不同晶面的晶面间距 d。

由于 $2d_{hkl}\sin\theta_B = \lambda$ ，得到 $\sin\theta_B = \dfrac{\lambda}{2d_{hkl}}$ ，然后就能够计算出 θ 和 2θ 的值。

在计算过程中，需要按照角度递增的顺序找到 2θ ，也就是说需要依次找到最大的、第二大和第三大的晶面间距 d 。结果见表 5.1。

表 5.1　不同晶面的晶面间距与衍射角 I

晶面	d/nm	θ/(°)	2θ/(°)
100	0. 4	11. 10	22. 20
001	0. 3	14. 87	29. 74
110	0. 283	15. 79	31. 58

本 章 小 结

布拉格定律可以通过布拉格方程 $2d_{hkl}\sin\theta_B = \lambda$ ，矢量形式 $\boldsymbol{k} - \boldsymbol{k}_0 = \boldsymbol{g}_{hkl}$ 和 Ewald 球体构造来解释。

在布拉格-布伦塔诺粉末 X 射线衍射研究中，入射 X 射线波长已知，通过采集的 X 射线衍射图谱得到 2θ 值，基于这些条件，可以得到晶面间距。

根据衍射图谱计算得出晶面间距 d 。晶面间距 d 包含了晶格参数和衍射面的密勒指数信息，基于此能够检索到晶体结构的几何信息。在下一章中，将研究衍射束的强度。峰强与晶胞含量、位点占有率、晶粒尺寸、择优取向等相关。

参 考 文 献

Cullity B D （Bernard D. ），Stock S R，2001. Elements of X-ray diffraction ［M］//B. D. Cullity, S. R. Stock. 3rd ed. Upper Saddle River, NJ：Prentice Hall.

6 X 射线的衍射强度

X 射线的衍射强度高度依赖于电子密度分布。在本章中，首先介绍电子对 X 射线的散射，然后讨论原子、晶胞和由许多晶胞组成的小晶体对 X 射线的散射。

6.1 电子对 X 射线的散射

如果一条偏振的单色入射 X 射线照射到静止的自由电子上，由于电子是带电粒子，入射 X 射线的振荡电场会对电子产生作用力，使电子以与入射波相同的频率振荡。根据物理学的经典理论，加速电荷会发出电磁辐射。因此，振荡电子成为向各个方向辐射且与入射 X 射线具有相同频率的新 X 射线源。根据经典理论，英国科学家 J. J. Thomson 首次证明了自由电子散射的 X 射线的强度。图 6.1 显示了以 2θ 角（也称为散射角 θ_S）散射的 X 射线光束。

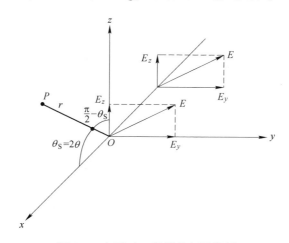

图 6.1 电子对 X 射线的相干散射

虽然 X 射线被电子散射到各个方向，但是散射光束的强度取决于散射角 θ_S。根据 J. J. Thomson 的理论，电子散射的偏振 X 射线束的强度表示为：

$$I_e = I_0 \cdot \left(\frac{\mu_0}{4\pi}\right)^2 \cdot \frac{e^4}{m_e^2 r^2} \cdot \sin^2\alpha \qquad (6.1)$$

式中，I_0 为入射束的强度；$\mu_0 = 4\pi \times 10^{-7} Tm/A$ 为自由空间的磁导率；α 为散射方向与电子加速方向的夹角；I_e 为距离电子 r 处的散射强度；m_e 为电子的质量；e 是电子携带的电荷。由于 $c = \dfrac{1}{\sqrt{\varepsilon_0 \mu_0}}$，$\dfrac{1}{4\pi\varepsilon_0 c^2}$ 可以用来代替 $\dfrac{\mu_0}{4\pi}$。

入射的非偏振 X 射线在 yz 平面上具有随机方向的电矢量 E，可以分解为 E_y 和 E_z。

对于非偏振入射的 X 射线：

$$E^2 = E_y^2 + E_z^2$$

因此，

$$E_y^2 = E_z^2 = \frac{1}{2}E^2$$

或

$$I_{Oy} = I_{Oz} = \frac{1}{2}I_0$$

散射束在 P 处的强度可以表示为：

$$
\begin{aligned}
I_P(2\theta) &= I_{Py} + I_{Pz} \\
&= I_{Oy} \cdot \left(\frac{\mu_0}{4\pi}\right)^2 \cdot \frac{e^4}{m_e^2 r^2} \cdot \sin^2 90° + I_{Oz} \cdot \left(\frac{\mu_0}{4\pi}\right)^2 \cdot \frac{e^4}{m_e^2 r^2} \cdot \sin^2(90° - \theta_S) \\
&= \frac{1}{2}I_0 \cdot \left(\frac{\mu_0}{4\pi}\right)^2 \cdot \frac{e^4}{m_e^2 r^2} + \frac{1}{2}I_0 \cdot \left(\frac{\mu_0}{4\pi}\right)^2 \cdot \frac{e^4}{m_e^2 r^2} \cdot \cos^2\theta_S \\
&= I_0 \cdot \left(\frac{\mu_0}{4\pi}\right)^2 \cdot \frac{e^4}{m_e^2 r^2} \cdot \frac{1 + \cos^2 2\theta}{2}
\end{aligned}
$$

或者

$$
\begin{aligned}
I_e(2\theta) &= \left(\frac{e^2}{4\pi\varepsilon_0 c^2 m_e r}\right)^2 \cdot \frac{1 + \cos^2 2\theta}{2} \cdot I_0 \\
&= \left(\frac{\mu_0}{4\pi}\right)^2 \cdot \frac{e^4}{m_e^2 r^2} \cdot \frac{1 + \cos^2 2\theta}{2} \cdot I_0
\end{aligned}
\tag{6.2}
$$

其中，$\dfrac{1 + \cos^2 2\theta}{2}$ 就是偏振因子。

$I_P(2\theta)$ 或 $I_e(2\theta)$ 是指在散射角 $\theta_S (= 2\theta)$ 处，X 射线在单位面积上传输的功率，或在距离电子 r 处单位时间内单位面积上传输的能量。对于散射问题，经常使用的单位是单位立体角的功率，或者单位时间单位立体角的能量。

单位立体角上距离电子 r 处的面积为 r^2。根据式（6.2），X 射线在距离 r 处通过面积 r^2 或通过单位立体角传输的功率为：

$$I_e(2\theta) = \left(\frac{e^2}{4\pi\varepsilon_0 c^2 m_e r}\right)^2 \cdot \frac{1 + \cos^2 2\theta}{2} \cdot I_0 \cdot r^2$$

$$= \left(\frac{\mu_0}{4\pi}\right)^2 \cdot \frac{e^4}{m_e^2} \cdot \frac{1 + \cos^2 2\theta}{2} \cdot I_0 \qquad (6.3)$$

因此，式（6.3）即为单位时间、单位立体角传输的 X 射线能量。当计算晶体贡献的综合强度时，就会用到这个方程。

6.2　原子对 X 射线的散射

为了更好地理解原子对 X 射线的散射，理论上需要同时考虑带正电的原子核和带负电的电子云的贡献。当用同样的原理计算核内带正电的质子对散射强度的贡献时，注意到 $\frac{1}{m_P^2}$ 远小于 $\frac{1}{m_e^2}$。因此，质子对散射强度的贡献可以忽略不计。

在 X 射线衍射中，原子对 X 射线的散射因子定义如下：

$$f_X = \frac{\text{原子散射波的振幅}}{\text{电子散射波的振幅}} = \frac{A_a}{A_e} \qquad (6.4)$$

因此，得到

$$f_X^2 = \frac{A_a^2}{A_e^2} = \frac{I_a}{I_e}$$

或者

$$I_a = f_X^2 I_e$$

f_X 的计算涉及对原子周围整个电子云范围的积分，f_X 值的表格可以从不同的来源找到（Doyle 和 Turner，1968）。事实上，只有当入射 X 射线辐射波长接近散射原子的一个吸收边缘时，反常色散的效应才会很强。当 X 射线辐射的频率与散射原子每条吸收边的频率相比非常大时，原子散射因子与 X 射线频率或波长无关（Barrett 和 Massalski，1980）。在 Rietveld 精修中，原子散射因子需要指定价态，因为与原子相关的电子数会影响原子散射因子的值。

在计算原子结构因子之前，需要找到当散射角 $\theta_S(= 2\theta)$ 给定时，来自两个散射中心的波的相位差（见图 6.2）。

如图 6.2 所示，光束的光程差可以表示为：

$$\delta_j = \boldsymbol{r}_j \cdot \boldsymbol{S}_0 - \boldsymbol{r}_j \cdot \boldsymbol{S} = -\boldsymbol{r}_j \cdot (\boldsymbol{S} - \boldsymbol{S}_0) = -\boldsymbol{r}_j \cdot (\boldsymbol{k} - \boldsymbol{k}_0)\lambda = -\boldsymbol{r}_j \cdot \boldsymbol{q}\lambda \qquad (6.5)$$

并且，相位差为：

$$\phi_j = -\boldsymbol{r} \cdot (\boldsymbol{S} - \boldsymbol{S}_0)\left(\frac{2\pi}{\lambda}\right) = -2\pi(\boldsymbol{k} - \boldsymbol{k}_0) \cdot \boldsymbol{r}_j = -2\pi \boldsymbol{q} \cdot \boldsymbol{r}_j \qquad (6.6)$$

式中，$\boldsymbol{r}_j = x_j\boldsymbol{a} + y_j\boldsymbol{b} + z_j\boldsymbol{c}$ 为正空间中的位置；$\boldsymbol{S}_0$ 和 $\boldsymbol{S}$ 为入射和散射光束的单位矢

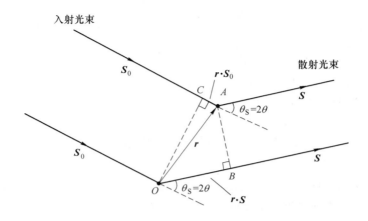

入射光束

散射光束

图 6.2　与原子相关的电子散射的两束光束之间的路径差

量；$k_0 = \dfrac{S_0}{\lambda}$ 和 $k = \dfrac{S}{\lambda}$ 为入射波和散射波的波矢；$|k_0| = \dfrac{1}{\lambda}$ 和 $|k| = \dfrac{1}{\lambda}$ 为入射波和散射波的波数；$q = k - k_0 = u a^* + v b^* + w c^*$ 为倒易空间中的散射矢量。对于一种化学元素，X 射线的原子散射因子的值随 s 变化而变化，其中 $s = \dfrac{\sin\theta}{\lambda}$ 和 $2s = \dfrac{2\sin\theta}{\lambda} = |q| = |k - k_0|$。

在图 6.2 中，O 为原点，A 为 r 处的散射中心；$2\theta (= \theta_S)$ 为散射角。材料科学专业的学生应该注意到许多物理教科书使用 $|k_0| = |k| = \dfrac{2\pi}{\lambda}$ 来表示波数，在这种情况下，是采用了 $|k - k_0| = |q| = \dfrac{4\pi \sin\theta}{\lambda}$。

假定 $\rho(r)$ 为一个原子的电子云的电子密度分布，原子散射因子 f_X 由积分表示：

$$f_X = \int e^{-i\phi} \rho \, dV \tag{6.7}$$

或者

$$f_X = \int e^{(2\pi i/\lambda)(S-S_0)\cdot r} \rho \, dV$$

$$= \int e^{2\pi i (k-k_0)\cdot r} \rho \, dV$$

$$= \int e^{2\pi i q \cdot r} \rho \, dV \tag{6.8}$$

为了计算积分，假设原子的电子云呈球形对称分布，并且具有径向密度分布

$\rho(r)$。当引入图 6.3 所示的球坐标系时，沿 z 方向固定 $(\boldsymbol{S}-\boldsymbol{S}_0)$ 或 $(\boldsymbol{k}-\boldsymbol{k}_0)$。

可以使用 $dV = r^2 \sin\alpha \cdot d\alpha \cdot d\varphi \cdot dr$，$(\boldsymbol{S}-\boldsymbol{S}_0) \cdot \boldsymbol{r} = (2\sin\theta) \cdot r \cdot \cos\alpha$ 和 $s = \dfrac{\sin\theta}{\lambda}$，然后得到：

$$f_X = \int_{r=0}^{\infty} \int_{\varphi=0}^{2\pi} \int_{\alpha=0}^{\pi} e^{i(4\pi s)r\cos\alpha} \rho(r) r^2 \sin\alpha \cdot d\alpha \cdot d\varphi \cdot dr \qquad (6.9)$$

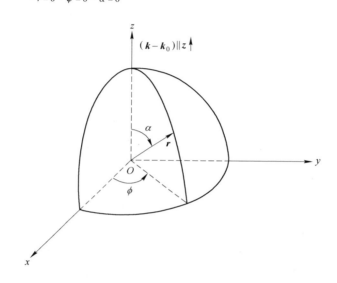

图 6.3　基于与原子相关的电子密度分布 $\rho(r)$ 计算原子散射因子的球坐标系

（沿 z 方向设置 $(\boldsymbol{k}-\boldsymbol{k}_0)$，为避免与半散射角混淆，在球坐标系中使用

角度 α 代替 θ。体积元素为 $dV = r^2 \sin\alpha \cdot d\alpha \cdot d\varphi \cdot dr$）

如果先对 α 和 φ 进行积分，则有：

$$
\begin{aligned}
f_X &= \int_{r=0}^{\infty} \int_{\varphi=0}^{2\pi} \int_{\alpha=0}^{\pi} e^{i(4\pi s)r\cos\alpha} \rho(r) r^2 \sin\alpha \cdot d\alpha \cdot d\varphi \cdot dr \\
&= \int_{r=0}^{\infty} \int_{\varphi=0}^{2\pi} \rho(r) r^2 \left[\frac{1}{-i(4\pi s)r} \int_{\alpha=0}^{\pi} e^{i(4\pi s)r\cos\alpha} d(i4\pi s r \cos\alpha) \right] \cdot d\varphi \cdot dr \\
&= \int_{r=0}^{\infty} \int_{\varphi=0}^{2\pi} \rho(r) r^2 \left[\frac{1}{-i(4\pi s)r} (e^{-i4\pi s r} - e^{i4\pi s r}) \right] \cdot d\varphi \cdot dr \\
&= \int_{r=0}^{\infty} \int_{\varphi=0}^{2\pi} \rho(r) r^2 \left(\frac{2\sin 4\pi s r}{4\pi s r} \right) \cdot d\varphi \cdot dr \\
&= 4\pi \int_{r=0}^{\infty} \rho(r) r^2 \frac{\sin 4\pi s r}{4\pi s r} \cdot dr
\end{aligned}
$$

在关于 X 射线衍射的各种教材中，还可以看到以下表达式：

$$f_{\mathrm{X}} = \int_0^\infty 4\pi r^2 \rho(r) \frac{\sin 4\pi sr}{4\pi sr} \cdot \mathrm{d}r \qquad (6.10)$$

或者

$$f_{\mathrm{X}} = \int_0^\infty 4\pi r^2 \rho(r) \frac{\sin 2\pi qr}{2\pi qr} \cdot \mathrm{d}r \qquad (6.11)$$

式中，$q = 2s$。

在一些物理教材中，式（6.10）或式（6.11）还可以写为：

$$f_{\mathrm{X}} = \int_0^\infty 4\pi r^2 \rho(r) \frac{\sin qr}{qr} \cdot \mathrm{d}r \qquad (6.12)$$

式中，$q = (2\pi)(2s) = \dfrac{4\pi \sin\theta}{\lambda}$。

例如，在教材 *X-ray Diffraction*（Warren，1990）中，可以看到以下表达式：

$$f_{\mathrm{X}} = \sum_n \int_0^\infty 4\pi r^2 \rho(r) \frac{\sin kr}{kr} \cdot \mathrm{d}r$$

在前向散射的情况下，$\theta = 0$ 且 $q = 0$，所以得到

$$f_{\mathrm{X}} = \int_0^\infty 4\pi r^2 \rho(r) \cdot \mathrm{d}r = Z$$

在这里，需要说明的是，对于一些小角度 X 射线散射的情况，也会采用类似的数学处理，而且电子密度的贡献不只来自上面所示的一个原子。相反，电子密度的贡献来自一个相对较大的粒子；形状因子与粒子产生的散射有关。

在结构因子的讨论中（6.3 节），积分是针对晶体单位晶胞内的电子密度进行的，由于只考虑满足布拉格条件的散射，$q = k - k_0 = u a^* + v b^* + w c^*$ 恰好是倒格矢量 $g = h a^* + k b^* + l c^*$，代表了实晶格中的晶面。通过这种数学处理，能够将电子密度图与结构因子关联起来：

$$\underset{\substack{\text{unit}\\\text{cell}}}{\int} \rho(x,\ y,\ z) \exp\left[2\pi i q \cdot r\right] \mathrm{d}v \xrightarrow{\ q\ =\ g\ } \underset{\substack{\text{unit}\\\text{cell}}}{\int} \rho(x,\ y,\ z) \exp\left[2\pi i g \cdot r\right] \mathrm{d}v = F_{hkl}$$

下面对上述积分讨论进行简要总结。（1）对于原子散射因子的计算，只考虑电子云在原子中的分布。（2）对于单晶 X 射线衍射分析中的结构因子计算，考虑晶体中一个晶胞内的电子密度贡献。散射发生在布拉格条件下，电子密度图可以与结构因子关联。（3）在小角度 X 射线散射中，考虑了粒子内部的电子密度贡献，而小角度 X 射线散射中的形状因子与单个粒子的形状和尺寸有关。在数学上，上述 3 种情况的积分形式看起来很相似。

此外，在小角度 X 射线散射中，形状因子和结构因子共同决定了 X 射线散射强度，而小角度 X 射线散射中的结构因子与 X 射线衍射中的结构因子采用不同的表达方式。在 X 射线衍射中，结构因子与晶体中的晶胞有关。在给材料科学

专业学生的课堂讲解中,关注的是广角粉末 X 射线衍射,而不是小角度 X 射线散射。对后者感兴趣的学生可以学习第三版的 *Elements of X-ray Diffraction*(Cullity 和 Stock,2001),其中一章专门讲到小角度散射。

当入射波频率接近散射原子的任何一个吸收边时,原子散射因子必须进行修正。事实上,只有当入射辐射的频率远大于散射原子的每个吸收边的频率时,原子散射因子 f_X 才与频率无关。如果入射辐射的波长接近散射原子的某个吸收边,则原子散射因子将发生剧烈变化(Barrett 和 Massalski,1980),此时散射过程出现反常现象,并且散射波的相位发生异常移位。如图 6.4 所示,该修正包括实部和虚部。

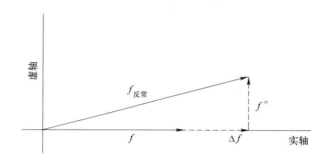

图 6.4 反常相移对原子散射因子影响的示意图

修正后的表达式为(Barrett 和 Massalski,1980):

$$f_{corr} = f_0 + \Delta f' + i\Delta f''$$
$$|f_{corr}| = \sqrt{(f_0 + \Delta f')^2 + (\Delta f'')^2} \tag{6.13}$$

利用解析近似的方法(Doyle 和 Turner,1968),f_X 可以表示为:

$$f_X(s) = f_X\left(\frac{\sin\theta}{\lambda}\right) = \sum_{i=1}^{N} a_i \exp(-b_i s^2) + c$$

式中,s 的定义在前面已经给出,$s = \dfrac{\sin\theta}{\lambda}$。当满足布拉格条件时,$s = \dfrac{\sin\theta_B}{\lambda} = \dfrac{1}{2d_{hkl}}$。更早的研究(Vand et al.,1957)也提出了类似的表达式。

6.3 晶胞对 X 射线的散射

为了计算晶胞散射后的 X 射线强度,需要获得单位晶胞内不同原子散射后的光程差和相位差。

由图 6.5 可知，经 O 点和 A 点处的原子散射后的两束光程差为 $\delta = CA - OB$ ，且

$$\delta = \boldsymbol{r} \cdot \boldsymbol{S}_0 - \boldsymbol{r} \cdot \boldsymbol{S} = \boldsymbol{r} \cdot (\lambda \boldsymbol{k}_0) - \boldsymbol{r} \cdot (\lambda \boldsymbol{k}) = -\lambda \boldsymbol{r} \cdot \boldsymbol{q}$$

所以，相位差为：

$$\phi = 2\pi\Delta/\lambda = -2\pi(\boldsymbol{k} - \boldsymbol{k}_0) \cdot \boldsymbol{r}_j = -2\pi\boldsymbol{q} \cdot \boldsymbol{r}_j$$

其中，$\boldsymbol{r}_j = x_j\boldsymbol{a} + y_j\boldsymbol{b} + z_j\boldsymbol{c}$ 为第 j 个原子的位置；$\boldsymbol{q} = \boldsymbol{k} - \boldsymbol{k}_0 = u\boldsymbol{a}^* + v\boldsymbol{b}^* + w\boldsymbol{c}^*$ 为倒易空间中的散射矢量；u、v 和 w 可以为非整数或者整数。上述相位差的数学处理与原子散射因子部分相同。

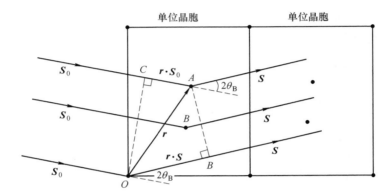

图 6.5　同一个单胞内满足布拉格条件经不同原子散射后的光束之间的光程差

当 $\theta = \theta_B$ 时，或者 $\boldsymbol{k} - \boldsymbol{k}_0 = \boldsymbol{g}_{hkl} = h\boldsymbol{a}^* + k\boldsymbol{b}^* + l\boldsymbol{c}^*$ ，即晶面 (hkl) 满足布拉格条件时，相位差为：

$$\phi = -2\pi(\boldsymbol{k} - \boldsymbol{k}_0) \cdot \boldsymbol{r}_j = -2\pi\boldsymbol{g}_{hkl} \cdot \boldsymbol{r}_j = -2\pi(hx_j + ky_j + lz_j) \quad (6.14)$$

在量子力学和晶体学中，结构因子计算有不同的惯例（Spence，2013）。在 X 射线衍射中，使用晶体学中的计算方法，在电子衍射中使用量子力学中的计算方法。在晶体学中，自由空间波表示为：

$$\exp\{-2\pi i(\boldsymbol{k} \cdot \boldsymbol{r} - \nu t)\}$$

同时，结构因子表示为：

$$\sum_j f_j \exp\{+2\pi i(\boldsymbol{g} \cdot \boldsymbol{r}_j)\}$$

然而，在量子力学中，自由空间波表示为：

$$\exp\{+2\pi i(\boldsymbol{k} \cdot \boldsymbol{r} - \nu t)\}$$

同时，结构因子表示为：

$$\sum_j f_j \exp\{-2\pi i(\boldsymbol{g} \cdot \boldsymbol{r}_j)\}$$

在量子力学中，有些教科书用 $\exp\{i(\boldsymbol{k} \cdot \boldsymbol{r} - \omega t)\}$ 而非 $\exp\{2\pi i(\boldsymbol{k} \cdot \boldsymbol{r} - \nu t)\}$

来表示光波。

如果使用 $\exp\{i(\boldsymbol{k}\cdot\boldsymbol{r}-\omega t)\}$ ，就意味着 $|\boldsymbol{k}_0|=|\boldsymbol{k}|=\dfrac{2\pi}{\lambda}$ ， $|\boldsymbol{k}-\boldsymbol{k}_0|=|\boldsymbol{q}|=$

$\dfrac{(2\pi)(2\sin\theta)}{\lambda}=4\pi s$ ，其中 $\theta=\dfrac{\theta_{\mathrm{S}}}{2}$ 。

如果使用 $\exp\{2\pi i(\boldsymbol{k}\cdot\boldsymbol{r}-\nu t)\}$ ，就意味着 $|\boldsymbol{k}_0|=|\boldsymbol{k}|=\dfrac{1}{\lambda}$ ，以及 $|\boldsymbol{k}-\boldsymbol{k}_0|=$

$|\boldsymbol{q}|=\dfrac{2\sin\theta}{\lambda}=2s$ 。

因此，在阅读晶体学、X 射线衍射和物理学等领域的教材时，需要格外注意教材中使用的是哪种计算方法。

按照晶体学的惯例，可以推导出 X 射线经单位晶胞散射后的振幅。

在 X 射线衍射中，结构因子被定义为在布拉格条件下，经单位晶胞散射的 X 射线的振幅与经电子散射的 X 射线的振幅之比：

$$F=\frac{A_{\mathrm{cell}}}{A_{\mathrm{e}}}$$

在布拉格条件下，晶胞散射的 X 射线的振幅为：

$$
\begin{aligned}
A_{\mathrm{cell}} &= A_{\mathrm{e}}\sum_{\substack{\mathrm{all\ atoms}\\\mathrm{per\ cell}}}f_j\exp(-i\phi_j)\\
&= A_{\mathrm{e}}\sum_{\substack{\mathrm{all\ atoms}\\\mathrm{per\ cell}}}f_j\exp(2\pi i g_{\mathrm{hkl}}\cdot\boldsymbol{r}_j)\\
&= A_{\mathrm{e}}\sum_{\substack{\mathrm{all\ atoms}\\\mathrm{per\ cell}}}f_j\exp[2\pi i(hx_j+ky_j+lz_j)]
\end{aligned}
$$

因此，结构因子 $F(=A_{\mathrm{cell}}/A_{\mathrm{e}})$ 可以表示为：

$$F_{hkl}=\sum_{\substack{\mathrm{all\ atoms}\\\mathrm{per\ cell}}}f_j\exp(2\pi i g_{\mathrm{hkl}}\cdot\boldsymbol{r}_j) \tag{6.15}$$

或

$$F_{hkl}=\sum_{\substack{\mathrm{all\ atoms}\\\mathrm{per\ cell}}}f_j\exp[2\pi i(hx_j+ky_j+lz_j)] \tag{6.16}$$

晶胞贡献的衍射束强度为：

$$I_{\mathrm{cell}}=|F_{hkl}|^2\cdot I_{\mathrm{e}} \tag{6.17}$$

对于满足布拉格条件的晶面 (hkl) ， $\boldsymbol{k}-\boldsymbol{k}_0=g_{hkl}$ ，当 $F_{hkl}=0$ 时，不会发生衍射。"允许"的反射晶面为 $F_{hkl}\neq 0$ 的晶面。

在 *Volume A of the International Tables for Crystallography* 中，可以找到每个空

间群的允许条件或反射条件。我们知道，面心晶格（不仅是立方晶格，还包括非立方晶格）的反射条件为 h、k、l 均为奇数或均为偶数，而体心晶格的反射条件为 $h+k+l$ 必须为偶数。

许多有关 X 射线衍射的教科书都介绍了一种将电子密度图与结构因子相关联的方法（Warren，1990；Stout 和 Jensen，1989）。首先，用三维傅里叶级数表示晶体中的三维周期性电子密度，如下：

$$\rho(x,\ y,\ z) = \sum_{h'=-\infty}^{+\infty} \sum_{k'=-\infty}^{+\infty} \sum_{l'=-\infty}^{+\infty} C_{h'k'l'} \exp[\,2\pi i(h'x + k'y + l'z)\,]$$

式中，h'、k'、l' 为 $-\infty \sim +\infty$ 的整数。

然后，通过对整个晶胞进行积分，将电子密度与结构因子关联起来。在这种情况下，跳过了围绕原子积分和获得原子散射因子的中间步骤。

结构因子为：

$$F_{hkl} = \int_{\substack{\text{unit}\\\text{cell}}} \rho(x,\ y,\ z) \exp[\,2\pi i(hx + ky + lz)\,] \mathrm{d}v$$

$$= \int_{\substack{\text{unit}\\\text{cell}}} \sum_{h'} \sum_{k'} \sum_{l'} C_{h'k'l'} \exp[\,2\pi i(h'x + k'y + l'z)\,] \exp[\,2\pi i(hx + ky + lz)\,] \mathrm{d}v$$

$$= \int_{\substack{\text{unit}\\\text{cell}}} \sum_{h'} \sum_{k'} \sum_{l'} C_{h'k'l'} \exp\{\,2\pi i[\,(h + h')x + (k + k')y + (l + l')z\,]\} \mathrm{d}v$$

除 $h' = -h$，$k' = -k$，$l' = -l$ 的情况以外，一个周期（晶胞）内的积分均为零。因此，

$$F_{hkl} = \int_{\substack{\text{unit}\\\text{cell}}} C_{\overline{hkl}} \mathrm{d}v = V_c C_{\overline{hkl}}$$

$$C_{\overline{hkl}} = (1/V_c) F_{hkl}$$

利用关系式 $C_{\overline{hkl}} = (1/V_c) F_{hkl}$ 或 $C_{hkl} = (1/V_c) F_{\overline{hkl}}$，去掉电子密度表达式 $\rho(x,\ y,\ z) = \sum_{h'} \sum_{k'} \sum_{l'} C_{h'k'l'} \exp[\,2\pi i(h'x + k'y + l'z)\,]$ 中的 $'$ 符号，正空间的晶胞电子密度可用倒易空间的结构因子表示，见式（6.18）（Luger，2014），这是单晶结构分析中的一个重要表达式。

$$\rho(x,\ y,\ z) = \frac{1}{V_c} \sum_h \sum_k \sum_l F_{\overline{hkl}} \exp[\,2\pi i(hx + ky + lz)\,]$$

$$= \frac{1}{V_c} \sum_h \sum_k \sum_l F_{hkl} \exp[\,-2\pi i(hx + ky + lz)\,] \quad (6.18)$$

结构因子 F_{hkl} 是一个复杂的数字（$F_{hkl} = |F_{hkl}| e^{i\alpha_{hkl}}$），相位问题是单晶分析的核心问题（Luger，2014）。对于相位问题的求解，有不同的方法。

如前所述，$I_{\text{cell}} = |F_{hkl}|^2 \cdot I_e$。对于满足布拉格条件 $k - k_0 = g_{hkl}$ 的晶面 (hkl)，存在"允许"和"禁阻"的衍射面。如果 $F_{hkl} = 0$，则 $I \propto |F_{hkl}|^2 = 0$；若 $F_{hkl} \neq 0$，则 $I \neq 0$。因此，"允许"衍射面为 $F_{hkl} \neq 0$ 的衍射面。

通过结构因子，我们知道在布拉格衍射条件下，由于原子在单位晶胞中的位置不同，哪些衍射斑点/峰是缺失的。对于以下 4 种晶格类型，禁阻反射条件为：

（1）简单晶胞，没有系统消光，对任意的 h、k、l，$F_{hkl} \neq 0$；

（2）底心晶胞，h 和 k 为奇偶数混合，$F_{hkl} = 0$；

（3）面心晶胞，h、k 和 l 为奇偶数混合，$F_{hkl} = 0$；

（4）体心晶胞，$h + k + l = $ 奇数，$F_{hkl} = 0$。

更普遍的解释是，只有具有平移元素的对称操作才会导致强度为零的反射类型，总结如下（Ladd 和 Palmer，2003）：

（1）螺旋对称操作可能影响轴向反射，$h00$、$0k0$ 和 $00l$；

（2）滑移对称操作可能影响纬向反射，$hk0$、$h0l$ 和 $0kl$；

（3）晶胞定心可能影响所有反射，所有 hkl。

如前所述，*Volume A of the International Tables for Crystallography* 提供了每个空间群的允许或禁阻反射条件。

将讨论如何计算 F_{hkl} 和 $|F_{hkl}|^2$。由于

$$F_{hkl} = \sum_{\substack{\text{all atoms} \\ \text{per cell}}} f_j \exp(2\pi i g_{hkl} \cdot r_j)$$

$$= \sum_{\substack{\text{all atoms} \\ \text{per cell}}} f_j \exp[2\pi i(hx_j + ky_j + lz_j)]$$

振幅和相位满足以下关系：

$$|F(hkl)| = |F(\overline{hkl})|$$

$$\alpha(hkl) = -\alpha(\overline{hkl})$$

(hkl) 晶面的衍射强度为：

$$I(hkl) = C|F(hkl)|^2$$

其中，C 取决于影响 X 射线实验测量强度的各种物理因素。因此，

$$I(hkl) = I(\overline{hkl})$$

无论晶体结构是否为中心对称，上式均成立。这就是弗里德定律（Friedel's law），即晶面 (hkl) 和晶面 $(\overline{hkl})$ 的衍射强度相等。

例 6.1　在如图 6.6 所示的面心结构中，一个晶胞包含 4 个原子，分别位于 000、½ ½ 0、½ 0 ½ 和 0 ½ ½。

基于以上，推导选择规则。

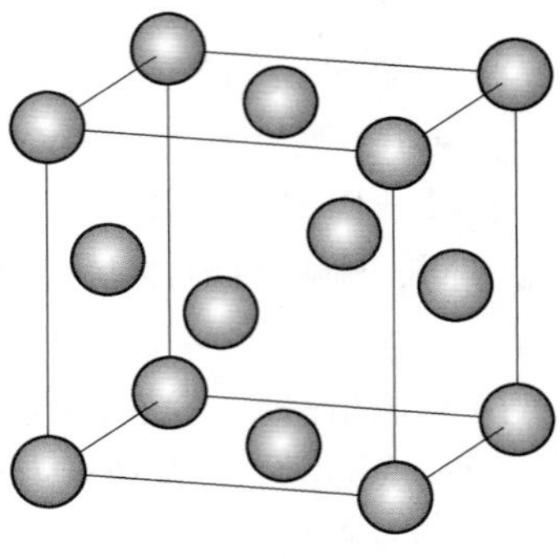

解： 基于提供的坐标位置，可以写出反射晶面 (hkl) 的结构因子：

$$F_{hkl} = f[\,e^0 + e^{\pi i(h+k)} + e^{\pi i(k+l)} + e^{\pi i(l+h)}\,]$$

$$e^{m\pi i} = (-1)^m = \begin{cases} +1 & \text{当 } m \text{ 为偶数} \\ -1 & \text{当 } m \text{ 为奇数} \end{cases}, \text{所以}$$

可以找到面心结构的选择规则，即

$$F_{hkl} = \begin{cases} 4f & \text{当 } h,\ k,\ l \text{ 均为偶数或均为奇数} \\ 0 & \text{当 } h,\ k,\ l \text{ 为奇数与偶数混合} \end{cases}$$

一些金属具有面心结构，例如 γ-Fe、Al、Ni、Cu、Ag 和 Au，允许的反射晶面均是 h、k、l 都是奇数或都是偶数。

图 6.6　面心晶体结构中原子位置

从这个例子中，注意到晶系的类型不影响计算。因此，上述选择规则适用于面心立方（FCC）结构和面心正交结构。计算过程中需要晶胞中的原子坐标，而不需要晶格常数。

例 6.2　推导 NaCl 结构因子的简化表达式，并给出选择规则。

NaCl 具有立方晶格，每个晶胞中含有 4 个 Na 原子和 4 个 Cl 原子（见图 6.7），坐标位置如下：

Na：0 0 0，½ ½ 0，½ 0 ½，0 ½ ½；

Cl：½ ½ ½，0 0 ½，0 ½ 0，½ 0 0。

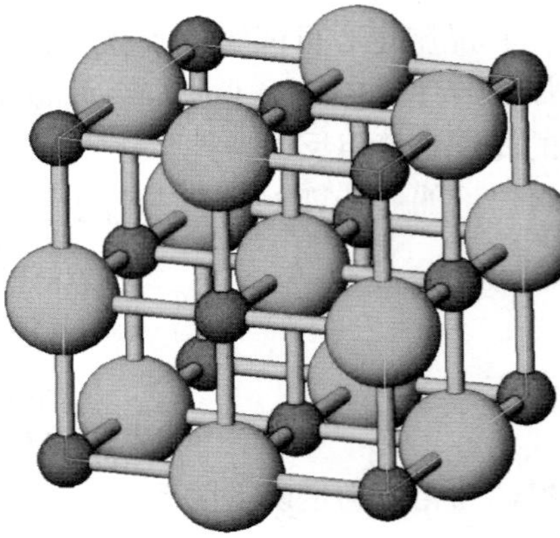

解： 将 x_j、y_j、z_j 值代入结构因子公式：

$$F_{hkl} = \sum_{\substack{\text{all atoms} \\ \text{per cell}}} f_j \exp[\,2\pi i(hx_j + ky_j + lz_j)\,]$$

图 6.7　氯化钠结构中 Na 和 Cl 原子的位置（Na 位于晶胞原点）

得到：

$$\begin{aligned}
F_{hkl} &= f_{Na}\{1 + \exp[\pi i(h+k)] + \exp[\pi i(h+l)] + \exp[\pi i(k+l)]\} + \\
&\quad f_{Cl}\{\exp[\pi ih] + \exp[\pi ik] + \exp[\pi il] + \exp[\pi i(h+k+l)]\} \\
&= f_{Na}\{1 + \exp[\pi i(h+k)] + \exp[\pi i(h+l)] + \exp[\pi i(k+l)]\} + \\
&\quad f_{Cl}\exp[\pi i(h+k+l)]\{1 + \exp[\pi i(-h-k)] + \exp[\pi i(-h-l)] + \\
&\quad \exp[\pi i(-k-l)]\} \\
&= \{f_{Na} + f_{Cl}\exp[\pi i(h+k+l)]\}\{1 + \exp[\pi i(h+k)] + \\
&\quad \exp[\pi i(h+l)] + \exp[\pi i(k+l)]\}
\end{aligned}$$

通过考虑 h、k 和 l 的不同组合，可以得到选择规则，即

$$F_{hkl} = \begin{cases} 4(f_{Na} + f_{Cl}) & \text{当 } h, k, l \text{ 均为偶指数} \\ 4(f_{Na} - f_{Cl}) & \text{当 } h, k, l \text{ 均为奇指数} \\ 0 & \text{混合指数} \end{cases}$$

事实上，基于晶体=晶格+基元的概念，可知 NaCl 晶格为面心型，基元包含 1 个 Na 原子和 1 个 Cl 原子。由于晶格是面心的，当 h、k 和 l 都是奇数或都是偶数时，就会发生反射。对于混合指数，$F_{hkl} = 0$。该基元包含多个坐标不同的原子；所有奇指数和所有偶指数的 F_{hkl} 表达式是不同的。对于这种特殊情况，$\{1 + \exp[\pi i(h + k)] + \exp[\pi i(h + l)] + \exp[\pi i(k + l)]\}$ 反映了晶格类型的影响，$\{f_{Na} + f_{Cl}\exp[\pi i(h + k + l)]\}$ 反映了基元的影响。因此，NaCl 的选择规则比简单的面心结构（如 Au、Ag 和 Cu）更具有限制性。

对于氯化钠，常用的晶体结构表示方法有两种，一种是将 Na 原子定位于晶胞的原点（见图 6.7），另一种是将 Cl 定位于晶胞原点（见图 6.8）。如果改变原点，会发生什么变化？

利用使用以上所示类似的计算方法，当 Cl 在晶胞原点时，NaCl 的选择规则为：

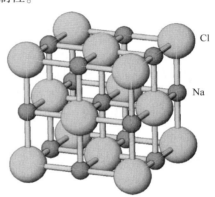

图 6.8 氯化钠结构中 Na 和 Cl 原子的位置（Cl 位于晶胞原点）

$$F_{hkl} = \begin{cases} 4(f_{Cl} + f_{Na}) & \text{当 } h, k, l \text{ 均为偶指数} \\ 4(f_{Cl} - f_{Na}) & \text{当 } h, k, l \text{ 均为奇指数} \\ 0 & \text{混合指数} \end{cases}$$

例 6.3 金刚石具有较高的对称性，空间群为 $Fd\bar{3}m$。晶胞的 000、¾ ¼ ¾ 位置被碳原子占据。存在面心结构转变：(0、0、0) +、(0、½、½) +、(½ 、0、½) +和 (½、½、0) +，已知 8 个碳原子位置 000、0 ½ ½、½ 0 ½、½ ½ 0、¾¼¾、¾¾¼、¼¼¼和¼¾¾（见图 6.9）。推导简化的金刚石结构因子表达式，并给出选择规则。

解：将 x_j、y_j、z_j 值代入结构因子公式：

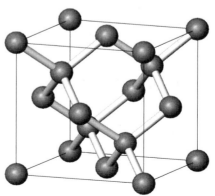

图 6.9 金刚石晶体结构中碳原子的位置

$$F_{hkl} = \sum_{\substack{\text{all atoms} \\ \text{per cell}}} f_j \exp\left[2\pi i(hx_j + ky_j + lz_j)\right]$$

$$F_{hkl} = f_C\left[\,e^0 + e^{\pi i(k+l)} + e^{\pi i(h+l)} + e^{\pi i(h+k)} + e^{\frac{\pi i}{2}(3h+k+3l)} + e^{\frac{\pi i}{2}(3h+3k+l)} + \right.$$

$$\left. e^{\frac{\pi i}{2}(h+k+l)} + e^{\frac{\pi i}{2}(h+3k+3l)}\,\right]$$

$$= F_{\text{FCC}} + f_C e^{\frac{\pi i}{2}(h+k+l)}\left[1 + e^{\pi i(h+l)} + e^{\pi i(h+k)} + e^{\pi i(k+l)}\right]$$

$$= F_{\text{FCC}} + F_{\text{FCC}} e^{\frac{\pi i}{2}(h+k+l)}$$

$$= F_{\text{FCC}}\left[1 + e^{\frac{\pi i}{2}(h+k+l)}\right]$$

考虑到 h、k 和 l 的不同组合，可以得到选择规则如下：

当 h、k、l 为混合奇数和偶数时，

$$F_{hkl} = 0$$

当 h、k、l 均为奇数，且 $h + k + l = 4n + 1$ 时，

$$F_{hkl} = F_{\text{FCC}}(1 + i) = 4(1 + i)f_C$$

当 h、k、l 均为奇数，且 $h + k + l = 4n + 3$ 时，

$$F_{hkl} = F_{\text{FCC}}(1 - i) = 4(1 - i)f_C$$

当 h、k、l 均为偶数，且 $h + k + l = 4n$ 时，

$$F_{hkl} = F_{\text{FCC}}(1 + 1) = 8f_C$$

当 h、k、l 均为偶数，且 $h + k + l = 4n + 2$ 时，

$$F_{hkl} = F_{\text{FCC}}(1 - 1) = 0$$

也可以使用 F_{hkl}^2 的值来表示选择规则，于是得到

$$F_{hkl}^2 = F_{\text{FCC}}^2\left[1 + e^{\frac{\pi i}{2}(h+k+l)}\right]\left[1 + e^{-\frac{\pi i}{2}(h+k+l)}\right] = F_{\text{FCC}}^2\left[2 + e^{\frac{\pi i}{2}(h+k+l)} + e^{-\frac{\pi i}{2}(h+k+l)}\right]$$

$$= F_{\text{FCC}}^2\left[2 + 2\cos\frac{\pi}{2}(h + k + l)\right] = 2F_{\text{FCC}}^2\left[1 + \cos\frac{\pi}{2}(h + k + l)\right]$$

那么，选择规则如下：

当 h、k、l 为混合奇数和偶数时，

$$F_{hkl} = 0$$

当 h、k、l 均为奇数时，

$$F_{hkl}^2 = 2F_{\text{FCC}}^2 = 32f^2$$

当 h、k、l 均为偶数，且 $h + k + l = 4n$ 时，

$$F_{hkl}^2 = 2F_{\text{FCC}}^2(1 + 1) = 64f^2$$

当 h、k、l 均为偶数，且 $h + k + l \neq 4n$ 时，

$$F_{hkl}^2 = 2F_{\text{FCC}}^2(1 - 1) = 0$$

从晶体=晶格+基元的概念来看，金刚石的布拉维点阵为面心立方（FCC），

基元含有两个碳原子，在沿体对角线方向的位置，相距为体对角线长度的¼。由于该基元有两个碳原子，因此对结构因子进行修正。金刚石立方结构的选择规则比简单的面心立方结构更具有限制性。当 h、k、l 均为偶数时，对于简单的面心立方结构，$F_{hkl} \neq 0$。然而，对于金刚石结构，即使 h、k、l 都是偶数，当 $h+k+l \neq 4n$ 时，F_{hkl} 也为 0。

读者可以练习 Cu_3Au 金属间化合物的选择规则，然后与简单的面心立方结构对比。关键在于当发生有序-无序变换时，晶格类型和基元都发生了变化。无序结构晶格类型为面心立方，基元为 1/4Au + 3/4Cu。有序结构具有以四原子团簇为基础的简单点格。

例 6.4 二氧化锆（ZrO_2）具有立方晶体结构（空间群 $Fm\bar{3}m$），每个晶胞中含有 4 个锆原子和 8 个氧原子（见图 6.10），分别位于以下位置：

Zr：0 0 0，½ ½ 0，½ 0 ½，0 ½ ½；

O：¼ ¼ ¼，¾ ¾ ¼，¾ ¼ ¾，¼ ¾ ¾，¼ ¼ ¾，¾ ¾ ¾，¾ ¼ ¼ 和 ¼ ¾ ¼。

根据原子散射因子（f_{Zr} 和 f_O）计算 002 反射的 $|F|^2$ 值，其中 F 为结构因子。

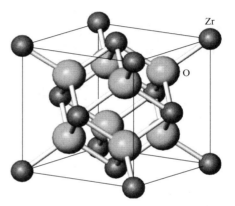

图 6.10 ZrO_2 晶体结构中锆原子和氧原子的位置

解： 根据氧原子和锆原子的坐标，得到氧化锆的结构因子如下：

$$F_{hkl} = f_{Zr}\left[e^0 + e^{\pi i(h+k)} + e^{\pi i(h+l)} + e^{\pi i(k+l)} \right] +$$
$$f_O\left[e^{\frac{\pi i}{2}(h+k+l)} + e^{\frac{\pi i}{2}(3h+3k+l)} + e^{\frac{\pi i}{2}(3h+3k+l)} + e^{\frac{\pi i}{2}(h+3k+3l)} + \right.$$
$$\left. e^{\frac{\pi i}{2}(h+k+3l)} + e^{\frac{\pi i}{2}(3h+3k+3l)} + e^{\frac{\pi i}{2}(3h+k+l)} + e^{\frac{\pi i}{2}(h+3k+l)} \right]$$

对于 002 反射

$$F_{002} = 4f_{Zr} - 8f_O$$

因此 $|F_{002}|^2 = 16(f_{Zr} - 2f_O)^2$。

综上所述，在计算 F_{hkl} 时，使用公式：

$$F_{hkl} = \sum_{\substack{\text{all atoms} \\ \text{per cell}}} f_j \exp\left[2\pi i g_{hkl} \cdot r_j \right] = \sum_{\substack{\text{all atoms} \\ \text{per cell}}} f_j \exp\left[2\pi i (hx_j + ky_j + lz_j) \right]$$

F_{hkl} 可以为复数：

$$F_{hkl} = A_{hkl} + iB_{hkl}$$

其中：

$$A_{hkl} = \sum_{\substack{\text{all atoms} \\ \text{per cell}}} f_j \cos[2\pi i(hx_j + ky_j + lz_j)]$$

$$B_{hkl} = \sum_{\substack{\text{all atoms} \\ \text{per cell}}} f_j \sin[2\pi i(hx_j + ky_j + lz_j)]$$

$$\tan\alpha_{hkl} = \frac{B_{hkl}}{A_{hkl}}$$

（1）如果晶体中存在对称中心，sin 项就会消去。

（2）如果改变晶胞的原点，那么结构因子 F_{hkl} 的相位 α 将会相应发生改变。在不同的晶体结构数据库或教材中，同一晶体结构的晶胞原点的选择可能不同，其结果就是，原点的移动导致坐标发生变化。如果 r_{dis} 代表由于晶胞原点的不同而引起的晶胞中所有原子坐标的变化，则 F_{hkl} 变为：

$$\begin{aligned} F_{hkl} &= \sum_{\substack{\text{all atoms} \\ \text{per cell}}} f_j \exp[2\pi i \boldsymbol{g}_{hkl} \cdot (\boldsymbol{r}_j + \boldsymbol{r}_{dis})] \\ &= \sum_{\substack{\text{all atoms} \\ \text{per cell}}} f_j \exp[2\pi i \boldsymbol{g}_{hkl} \cdot \boldsymbol{r}_j] \exp[2\pi i \boldsymbol{g}_{hkl} \cdot \boldsymbol{r}_{disp}] \\ &= \exp[2\pi i \boldsymbol{g}_{hkl} \cdot \boldsymbol{r}_{disp}] \sum_{\substack{\text{all atoms} \\ \text{per cell}}} f_j \exp[2\pi i \boldsymbol{g}_{hkl} \cdot \boldsymbol{r}_j] \end{aligned}$$

也就是说 $\Delta\alpha = 2\pi i \boldsymbol{g}_{hkl} \cdot \boldsymbol{r}_{disp}$。在例 6.2 氯化钠的例子中，如果 h、k 和 l 都是奇数，则 $\Delta\alpha$ 为 π。

在某些情况下，需要计算 $|F_{hkl}|^2$，因为衍射束的强度与 $|F_{hkl}|^2$ 成正比。

$$\begin{aligned} |F_{hkl}|^2 &= A_{hkl}^2 + B_{hkl}^2 \\ &= \left\{ \sum_{\substack{\text{all atoms} \\ \text{per cell}}} f_j \cos[2\pi i(hx_j + ky_j + lz_j)] \right\}^2 + \left\{ \sum_{\substack{\text{all atoms} \\ \text{per cell}}} f_j \sin[2\pi i(hx_j + ky_j + lz_j)] \right\}^2 \\ &= \sum_{i=1}^{N}\sum_{j=1}^{N} f_i f_j [\cos(2\pi\boldsymbol{g}_{hkl} \cdot \boldsymbol{r}_i)\cos(2\pi\boldsymbol{g}_{hkl} \cdot \boldsymbol{r}_j)] + \sum_{i=1}^{N}\sum_{j=1}^{N} f_i f_j [\sin(2\pi\boldsymbol{g}_{hkl} \cdot \boldsymbol{r}_i)\sin(2\pi\boldsymbol{g}_{hkl} \cdot \boldsymbol{r}_j)] \\ &= \sum_{i=1}^{N}\sum_{j=1}^{N} f_i f_j [\cos(2\pi\boldsymbol{g}_{hkl} \cdot \boldsymbol{r}_i)\cos(2\pi\boldsymbol{g}_{hkl} \cdot \boldsymbol{r}_j) + \sin(2\pi\boldsymbol{g}_{hkl} \cdot \boldsymbol{r}_i)\sin(2\pi\boldsymbol{g}_{hkl} \cdot \boldsymbol{r}_j)] \\ &= \sum_{i=1}^{N}\sum_{j=1}^{N} f_i f_j \cos[2\pi\boldsymbol{g}_{hkl} \cdot (\boldsymbol{r}_i - \boldsymbol{r}_j)] \\ &= \sum_{i=1}^{N}\sum_{j=1}^{N} f_i f_j \cos\{2\pi[h(x_i - x_j) + k(y_i - y_j) + l(z_i - z_j)]\} \end{aligned}$$

(6.19)

同样，这个结果说明。

（1）如果晶胞的原点改变，原子间的相对位置不会改变，或者说 $r_i - r_j$ 不会改变。结构因子的模和 $|F_{hkl}|^2$ 保持不变，见式（6.19）。

（2）由于余弦函数是偶函数，表明 $|F_{hkl}|^2 = |F_{\bar{h}\bar{k}\bar{l}}|^2$ 或 $I_{hkl} = I_{\bar{h}\bar{k}\bar{l}}$，这就是弗里德定律。

例 6.5　$A_5B_2O_{12}$ 结构的系列化合物具有特别有趣的低维结构，这是由于生物八面体 B_2O_{10} 二聚体沿着金属-金属键方向排列成一维共边链。这些化合物为相关物理属性的形成提供了可能性。例如，f 亚壳层中的电子可能表现出不同寻常行为，包括与这些 f 层电子相关的重费米子输运和超导性（Colabello et al.，2017）。美国科学家成功合成了 $La_5Mo_2O_{12}$ 化合物，并对其晶体结构进行了分析。该化合物具有体心正交晶格，晶格参数为 $a = 1.23$ nm，$b = 0.59$ nm，$c = 0.4$ nm。在 X 射线衍射仪中使用波长 λ 为 0.15418 nm 的 Cu $K\alpha$ 辐射对该粉末样品进行研究，测定衍射图谱中前 5 个衍射峰的 2θ 值和（hkl）值，并按角度递增顺序列出。

解：对于体心晶胞，当 $h + k + l =$ 奇数时，$F_{hkl} = 0$，衍射被禁阻；当 $h+k+l=$ 偶数时，$F_{hkl} \neq 0$。学生需要选择 $h + k + l =$ 偶数的晶面。

给定一个 F_{hkl} 为非零的晶面（hkl），那么晶面间距 d 和 2θ 可以用下面的公式计算：

$$\frac{1}{d_{hkl}^2} = \frac{h^2}{a^2} + \frac{k^2}{b^2} + \frac{l^2}{c^2}$$

且

$$2d \cdot \sin\theta = \lambda$$

由于 $\sin\theta \leqslant 1$，只考虑 $d \geqslant \dfrac{\lambda}{2}$。结果见表 6.1。

表 6.1　不同晶面的晶面间距与衍射角 II

序　号	晶　面	d/nm	$2\theta/(°)$
1	200	0.615	14.40
2	110	0.532	16.66
3	101	0.380	23.38
4	310	0.337	26.47
5	011	0.331	26.93

6.4　深入探讨结构因子

当考虑位点占据率和温度因素时，结构因子 F_{hkl} 公式如下：

$$F_{hkl} = \sum_{\substack{\text{all atoms} \\ \text{per cell}}} f_j Occ_j T_j \exp[\, 2\pi i(hx_j + ky_j + lz_j)\,]$$

式中，f_j 和 Occ_j 分别为原子散射因子和位点占据率；T_j 为温度因子，即德拜-沃勒因子（Debye-Waller factor）（Trueblood et al.，1996），它反映了热振动对散射 X 射线强度的影响。

对于各向同性的情况（Stout 和 Jensen，1989），Debye-Waller 因子为：

$$T_j = \exp\left[-B_j \left(\frac{\sin\theta}{\lambda} \right)^2 \right] = \exp\left[-\frac{B_j}{4} \left(\frac{2\sin\theta}{\lambda} \right)^2 \right] = \exp\left[-\frac{B_j}{4} \left(\frac{1}{d_{hkl}} \right)^2 \right] \quad (6.20)$$

式中，B_j 为维度（长度）^{2}，与均方位移 u_j^2 或 $\langle u_j^2 \rangle$ 之间的关系如下：

$$B_j = 8\pi^2 \, \overline{u_j^2} \quad\quad (6.21)$$

Castellano 提出了热概率椭球和 Debye-Waller 因子的经典解释（Castellano 和 Main，1985）。其中相关的讨论采用了玻耳兹曼分布函数（Boltzmann distribution function）来解释密度概率与原子位移振幅的函数关系。

如果假设晶体中每个原子的振动都是经典谐振子，即 $E = \frac{1}{2}ku^2$，其中 u 为原子位移的振幅，k 为与材料的成键行为有关的常数。基于能量的玻耳兹曼分布 $f(E) \propto \exp\left(-\dfrac{E}{k_B T} \right) \mathrm{d}E = \exp\left(-\dfrac{k}{2} \dfrac{u^2}{k_B T} \right) \mathrm{d}E$，原子位移的概率密度是一个高斯函数，可以归一化得到（Castellano 和 Main，1985）：

$$p(u) = \frac{1}{\sqrt{2\pi \, \overline{u^2}}} \exp\left(\frac{-u^2}{2 \, \overline{u^2}} \right) \quad\quad (6.22)$$

式中，$\overline{u^2}$ 为每个原子在整个能量范围内 u^2 的平均值，$\overline{u^2}$ 值取决于键合行为和相关材料的绝对温度。温度 T 越高，原子位移 u、均方位移 u^2 和参数 B 的值越大。

在 Castellano 讨论的基础上，采用简化结构或一维结构来表示同样的概念。因此，并不采用以下公式来显示热运动，

$$F_{hkl} = \sum_{\substack{\text{all atoms} \\ \text{per cell}}} f_j \exp\{\, 2\pi i[\, h(x_j + u_j/a) + k(y_j + v_j/b) + l(z_j + w_j/c)\,]\}$$

$$(6.23)$$

该公式是通过 u、v 和 w 从平衡位置沿 3 个边缘轴的位移来修改每个原子的位置。使用以下公式：

$$F(h) = \sum_{j=1}^{N} f_j \exp[\, 2\pi i h(x_j + u_j/a)\,] \quad\quad (6.24)$$

对于一维结构 $\dfrac{h}{a} = \dfrac{1}{d} = \dfrac{2\sin\theta}{\lambda}$，公式（6.24）变形为：

$$F(h) = \sum_{j=1}^{N} f_j \exp\left[4\pi i\left(\dfrac{\sin\theta}{\lambda}\right)u_j\right] \exp(2\pi i h x_j) \qquad (6.25)$$

利用简谐振动模型得到的原子位移概率密度方程，可以计算出指数因子 $\exp\left[4\pi i\left(\dfrac{\sin\theta}{\lambda}\right)u_j\right]$ 在所有 u_j 的指数因子 $\exp\left[4\pi i\left(\dfrac{\sin\theta}{\lambda}\right)u_j\right]$ 的平均值（Castellano 和 Main，1985），如下：

$$\left\langle \exp\left[4\pi i\left(\dfrac{\sin\theta}{\lambda}\right)u_j\right]\right\rangle$$

$$= \int_{-\infty}^{\infty} \exp\left[4\pi i\left(\dfrac{\sin\theta}{\lambda}\right)u_j\right] \dfrac{1}{\sqrt{2\pi\,\overline{u^2}}} \exp\left(\dfrac{-u_j^2}{2\,\overline{u^2}}\right) \mathrm{d}u_j$$

$$= \dfrac{1}{\sqrt{2\pi\,\overline{u^2}}} \int_{-\infty}^{\infty} \exp\left[4\pi i\left(\dfrac{\sin\theta}{\lambda}\right)u_j\right] \exp\left(\dfrac{-u_j^2}{2\,\overline{u^2}}\right) \mathrm{d}u_j$$

$$= \exp\left[-8\pi^2\left(\dfrac{\sin^2\theta}{\lambda^2}\right)\overline{u_j^2}\right] \qquad (6.26)$$

$\langle\ \rangle$ 表示均值或期望值。在上述计算中，我们使用了如下积分的结果：

让 $a = \dfrac{1}{2\,\overline{u^2}}$，以及 $b = 4\pi\left(\dfrac{\sin\theta}{\lambda}\right)$，那么

$$\int_{-\infty}^{\infty} \exp\left[4\pi i\left(\dfrac{\sin\theta}{\lambda}\right)u_j\right] \exp\left(\dfrac{-u_j^2}{2\,\overline{u^2}}\right) \mathrm{d}u_j$$

$$= \int_{-\infty}^{\infty} \exp[ibu_j] \exp(-au_j^2)\,\mathrm{d}u_j$$

$$= \int_{-\infty}^{\infty} [\cos(bu_j) + i\sin(bu_j)] \exp(-au_j^2)\,\mathrm{d}u_j$$

由于 $\sin(bu_j)$ 为奇函数，且 $\exp(-au_j^2)$ 是偶函数，积分为：

$$\int_{-\infty}^{\infty} [\cos(bu_j) + i\sin(bu_j)] \exp(-au_j^2)\,\mathrm{d}u_j = \int_{-\infty}^{\infty} \cos(bu_j) \exp(-au_j^2)\,\mathrm{d}u_j$$

由幂级数展开，得到

$$\cos x = 1 - \dfrac{x^2}{2!} + \dfrac{x^4}{4!} - \cdots$$

当 bu_j 数值较小时，得到：

$$\int_{-\infty}^{\infty} \cos(bu_j) \exp(-au_j^2)\,\mathrm{d}u_j$$

$$\approx \int_{-\infty}^{\infty} \left(1 - \frac{b^2}{2}u_j^2\right) \exp(-au_j^2)\,\mathrm{d}u_j$$

$$= \int_{-\infty}^{\infty} \exp(-au_j^2)\,\mathrm{d}u_j - \frac{b^2}{2}\int_{-\infty}^{\infty} u_j^{\,2} \exp(-au_j^2)\,\mathrm{d}u_j$$

$$= \sqrt{\frac{\pi}{a}} - \frac{b^2}{2}\cdot\frac{1}{2a}\sqrt{\frac{\pi}{a}}$$

$$= \sqrt{2\pi\,\overline{u^2}}\left(1 - 8\pi^2\cdot\frac{\sin^2\theta}{\lambda^2}\cdot\overline{u_j^{\,2}}\right)$$

当 $8\pi^2\cdot\dfrac{\sin^2\theta}{\lambda^2}\cdot\overline{u_j^2}$ 数值较小时，

$$\sqrt{2\pi\,\overline{u^2}}\left(1 - 8\pi^2\cdot\frac{\sin^2\theta}{\lambda^2}\cdot\overline{u_j^{\,2}}\right) \approx \sqrt{2\pi\,\overline{u^2}}\exp\left(-8\pi^2\cdot\frac{\sin^2\theta}{\lambda^2}\cdot\overline{u_j^{\,2}}\right)$$

于是，得到了式（6.26）的结果。也可以尝试计算出下面的积分：

$$\int_{-\infty}^{\infty} \exp(-ax^2 + bx)\,\mathrm{d}x$$

$$= \int_{-\infty}^{\infty} \exp\left[-a\left(x - \frac{b}{2a}\right)^2 + \frac{b^2}{4a}\right]\mathrm{d}x$$

$$= \exp\left(\frac{b^2}{4a}\right)\int_{-\infty}^{\infty} \exp\left[-a\left(x - \frac{b}{2a}\right)^2\right]\mathrm{d}x$$

通过比较式（6.20）和式（6.26），得到 $B_j = 8\pi^2\,\overline{u_j^{\,2}}$，见式（6.21），并且 Debye-Waller 因子表示为 $\exp\left[-\dfrac{B_j}{4}\left(\dfrac{2\sin\theta}{\lambda}\right)^2\right]$。虽然上述讨论只是简单地基于一维结构，但所采用的方法可以应用于三维晶体结构的计算。

在教材 *X-ray Diffraction*（Warren，1990）中，有关于温度振动影响的讨论，指出温度振动的贡献来自衍射平面法向位移分量。事实上，对于偏离其平衡位置 $\boldsymbol{r}_j$ 的值 $\boldsymbol{\delta}_j$：

$$F_{hkl} = \sum_{\substack{\text{all atoms}\\\text{per cell}}} f_j \exp[2\pi i g_{hkl}\cdot(\boldsymbol{r}_j + \boldsymbol{\delta}_j)] = \sum_{\substack{\text{all atoms}\\\text{per cell}}} f_j \exp[2\pi i g_{hkl}\cdot\boldsymbol{r}_j]\exp[2\pi i g_{hkl}\cdot\boldsymbol{\delta}_j]$$

因此，影响结构因子 F_{hkl} 的只有 $\boldsymbol{\delta}_j$ 沿 $\boldsymbol{g}_{hkl}$ 的分量，或垂直于（hkl）的分量。

前面对参数 B 的讨论只是基于各向同性位移。更多关于各向异性位移相关参数的相关内容，包括 B^{ij}、U^{ij} 和 β^{ij}，可以查阅教材 *X-ray Structure Determination*：*A*

Practical Guide（Stout 和 Jensen，1989）和 *Modern X-ray Analysis on Single Crystals*（Luger，2014）。在 X 射线单晶结构分析中，采用椭球体对原子各向异性振动行为进行了描述。

6.5　小晶体对 X 射线的衍射

在粉末 X 射线衍射中，X 射线光束会照射到含有许多粉末或许多晶粒的样品上。当分析由晶体衍射的 X 射线束的强度时，指的是晶体尺寸或晶粒尺寸非常小，通常在几纳米到几微米的范围内。在 Cullity 和 Stock（2001）的计算中，对于 Cu $K\alpha$ 辐射，镍粉样品中深度为 132 μm 的薄层的衍射束强度仅为样品表面薄层衍射束强度的 1/1000 左右，这表明 X 射线光束的穿透深度一般在几十微米到几百微米之间。当晶粒尺寸较小时，暴露在 X 射线束下的样品含有足够的晶体或晶粒；从统计学角度看，峰形可以用高斯函数、洛伦兹函数或其他函数来拟合。

现在讨论一个小晶体的衍射。根据 X 射线衍射中结构因子的定义，当晶面（hkl）满足布拉格条件时，才会使用 $F_{hkl} = \sum\limits_{\substack{\text{all atoms} \\ \text{per cell}}} f_j \exp[2\pi i \boldsymbol{g}_{hkl} \cdot \boldsymbol{r}_j] = \sum\limits_{\substack{\text{all atoms} \\ \text{per cell}}} f_j \exp[2\pi i(hx_j + ky_j + lz_j)]$。如果略微偏离布拉格条件，或者散射矢量 $\boldsymbol{q} = u\boldsymbol{a}^* + v\boldsymbol{b}^* + w\boldsymbol{c}^*$ 与倒易点阵 $\boldsymbol{g}_{hkl} = h\boldsymbol{a}^* + k\boldsymbol{b}^* + l\boldsymbol{c}^*$ 稍有不同，则 F_q 与 F_g 几乎相同。因此，作为近似值，当散射略微偏离布拉格条件时，仍然可以用 F_g 代替 F_q。下面的表达式显示了在布拉格条件下或非常接近布拉格条件时，对晶体中所有晶胞求和得到的小晶体衍射光束的振幅。在这种情况下，F_q 被 F_g 代替：

$$
\begin{aligned}
A_{\text{crystal}} &= \sum\limits_{\substack{\text{all} \\ \text{unit} \\ \text{cell}}} (A_e F_{hkl}) \exp[2\pi i(\boldsymbol{k} - \boldsymbol{k}_0) \cdot \boldsymbol{r}_{mnp}] \\
&= A_e F_{hkl} \sum\limits_{\substack{\text{all} \\ \text{unit} \\ \text{cell}}} \exp[2\pi i(mu + nv + pw)] \\
&= A_e F_{hkl} G
\end{aligned}
\tag{6.27}
$$

因此，

$$
I_{\text{crystal}} \propto A_e^2 F_{hkl}^2 G^2 \tag{6.28}
$$

式中，$\boldsymbol{r}_{mnp} = m\boldsymbol{a} + n\boldsymbol{b} + p\boldsymbol{c}$ 为单位晶胞在正空间中的位置，m、n、p 为整数；u、v 和 w 为散射矢量在倒易空间中的坐标。当 u、v 和 w 均为整数时，则用密勒指数 h、k 和 l 代替它们来表示晶体学平面。如果 u、v 和 w 非常接近整数 h、k 和 l，

则偏离布拉格条件的程度非常有限。在这种情况下，$\sum\limits_{\substack{\text{all atoms} \\ \text{per cell}}} f_j \exp[2\pi i \boldsymbol{q} \cdot \boldsymbol{r}_j]$ 的值

几乎与 $F_{hkl} = \sum\limits_{\substack{\text{all atoms} \\ \text{per cell}}} f_j \exp[2\pi i \boldsymbol{g} \cdot \boldsymbol{r}_j]$ 相同。

与 $|F_q|$ 相比，$|G(u, v, w)|$ 值对 u、v 和 w 更为敏感，当 u、v 和 w 偏离 h、k 和 l 时，特别是当晶体尺寸较大或 N_1、N_2 和 N_3 较大时，$|G(u, v, w)|$ 值下降得很快。N_1、N_2 和 N_3 是晶体沿 3 个晶胞边缘方向的晶胞数。

因子 $G = \sum\limits_{\substack{\text{all unit cell}}} \exp[2\pi i(mu + nv + pw)]$ 反映了晶体的形状效应，在晶体外部形状不复杂的情况下可以计算得到。与电子衍射的讨论非常相似（Williams，1996），在下面的计算中使用了一个理想化的平行六面体晶胞模型，它是由具有相同轴间角 α、β 和 γ 的三斜晶系平行六面体晶胞组成的。$\boldsymbol{a}_1$ 方向有 N_1 个晶胞，$\boldsymbol{a}_2$ 方向有 N_2 个晶胞，$\boldsymbol{a}_3$ 方向有 N_3 个晶胞。

$$
\begin{aligned}
G &= \sum_{\substack{\text{all} \\ \text{unit} \\ \text{cell}}} \exp[2\pi i(mu + nv + pw)] \\
&= \sum_{m=1}^{N_1-1} \exp[2\pi i(mu)] \sum_{n=1}^{N_2-1} \exp[2\pi i(nv)] \sum_{p=1}^{N_3-1} \exp[2\pi i(pw)] \\
&= G_1 G_2 G_3
\end{aligned}
\tag{6.29}
$$

已知：

$$
S = \sum_{n=0}^{n=N-1} a_1 r^n = a_1 + a_1 r + a_1 r^2 + \cdots + a_1 r^{N-1} = \frac{a_1(1 - r^N)}{1 - r}
$$

因此，

$$
G_1 = \sum_{0}^{N_1-1} e^{2\pi i mu} = \frac{1 - (e^{2\pi i u})^{N_1}}{1 - (e^{2\pi i u})} = \frac{1 - e^{2\pi i N_1 u}}{1 - e^{2\pi i u}}
$$

简化为：

$$
\begin{aligned}
G_1 &= \frac{e^{\pi i N_1 u} e^{-\pi i N_1 u} - e^{\pi i N_1 u} e^{\pi i N_1 u}}{e^{\pi i u} e^{-\pi i u} - e^{\pi i u} e^{\pi i u}} \\
&= \frac{e^{\pi i N_1 u}(e^{-\pi i N_1 u} - e^{\pi i N_1 u})}{e^{\pi i u}(e^{-\pi i u} - e^{\pi i u})} \\
&= e^{\pi i(N_1-1)u} \frac{\sin\pi N_1 u}{\sin\pi u}
\end{aligned}
\tag{6.30}
$$

因此,

$$|G_1| = \frac{\sin\pi N_1 u}{\sin\pi u}$$

$$|G_1|^2 = \frac{\sin^2\pi N_1 u}{\sin^2\pi u} \tag{6.31}$$

另一种计算 $|G_1|^2$ 的方法如下:

$$G_1 = \sum_0^{N_1-1} e^{2\pi i m u} = \frac{1 - e^{2\pi i N_1 u}}{1 - e^{2\pi i u}}$$

于是:

$$
\begin{aligned}
|G_1|^2 &= G_1 G_1^* \\
&= \frac{1 - e^{2\pi i N_1 u}}{1 - e^{2\pi i u}} \cdot \frac{1 - e^{-2\pi i N_1 u}}{1 - e^{-2\pi i u}} \\
&= \frac{2 - (e^{2\pi i N_1 u} + e^{-2\pi i N_1 u})}{2 - (e^{2\pi i u} + e^{-2\pi i u})} \\
&= \frac{2 - 2\cos2\pi N_1 u}{2 - 2\cos2\pi u} \\
&= \frac{\sin^2\pi N_1 u}{\sin^2\pi u}
\end{aligned}
$$

得到:

$$|G|^2 = \frac{\sin^2\pi N_1 u}{\sin^2\pi u} \cdot \frac{\sin^2\pi N_2 v}{\sin^2\pi v} \cdot \frac{\sin^2\pi N_3 w}{\sin^2\pi w} \tag{6.32}$$

中心峰的 $|G|$ 或 $|G|^2$ 函数在以下范围内取值:

$$u = h \pm \frac{1}{N_1}, \quad v = k \pm \frac{1}{N_2}, \quad w = l \pm \frac{1}{N_3}$$

式中, N_1、N_2 和 N_3 分别为沿 3 个晶胞边缘方向的晶胞个数。

由于 N_1、N_2 和 N_3 较大, $\frac{1}{N_1}$、$\frac{1}{N_2}$ 和 $\frac{1}{N_3}$ 非常小。因此,中心峰的 u、v 和 w 的值接近整数 h、k 和 l。

晶体特定衍射面 (hkl) 的衍射光强可通过以下方法计算:

$$I_{\text{crystal}} = I_e(\theta_S) \cdot |F_{hkl}|^2 \cdot |G|^2 \tag{6.33}$$

需要注意,衍射束只集中在倒易点阵周围。在远离晶格点的地方,衍射束强度会急剧下降,难以检测。在某些实验条件下,为了了解衍射强度,特别是最大值及其积分,需要计算 $|G|^2$,其结果为:

$$|G|^2_{\max} = N_1^2 N_2^2 N_3^2 = N^2$$

(6.34)

$$\iiint\limits_{\text{crystal}} |G|^2 \, \mathrm{d}u \mathrm{d}v \mathrm{d}w = N_1 N_2 N_2 = N$$

其中，$N(=N_1 N_2 N_2)$ 为小晶体中的晶胞总数。

在一些 X 射线衍射教科书中，对晶体尺寸或 $|G|^2$ 的影响有详细的数学处理过程，本节给出了一些推导的例子。

在讨论非常小的晶体的衍射时，Guinier 清楚地解释了当衍射角接近 $\dfrac{\pi}{2}$ 时，相同的晶畴如何产生越来越宽的谱线（Guinier，1994）。接下来，本节还将通过德拜-谢乐公式（Debye -Scherrer formula）进一步讨论这一概念。

例 6.6　计算 $|G|^2$ 的最大值。

解：已知 $|G|^2 = \dfrac{\sin^2 \pi N_1 u}{\sin^2 \pi u} \cdot \dfrac{\sin^2 \pi N_2 v}{\sin^2 \pi v} \cdot \dfrac{\sin^2 \pi N_3 w}{\sin^2 \pi w}$。如果绘制一条 $|G_1|^2$ 随 u 变化的曲线，就会发现 $|G_1|^2$ 仅在倒易点阵格点处或当 u 为整数时，有最高值。随着远离格点，$|G_1|^2$ 急剧减小。如果计算 u 趋近于零或其他整数时 $|G_1|^2$ 的最大值，则需要使用洛必达法则（L'Hôpital's rule）。

这就是说，如果有一个不确定的形式 $0/0$ 或 ∞/∞，所要做的就是对分子和分母求导然后求极限。使用根据洛必达法则，可以计算出 $\lim\limits_{u \to 0} |G_1|^2 = |G_1|^2_{\max}$ 的值：

$$|G_1|^2_{\max} = \lim\limits_{u \to 0} |G_1|^2 = \lim\limits_{u \to 0} \frac{\sin^2 \pi N_1 u}{\sin^2 \pi u}$$

$$= \lim\limits_{u \to 0} \frac{\dfrac{\mathrm{d}}{\mathrm{d}u}(\sin^2 \pi N_1 u)}{\dfrac{\mathrm{d}}{\mathrm{d}u}(\sin^2 \pi u)} = \lim\limits_{u \to 0} \frac{(2\sin \pi N_1 u)(\cos \pi N_1 u)(\pi N_1)}{(2\sin \pi u)(\cos \pi u)\pi} = N_1 \cdot \lim\limits_{u \to 0} \frac{\sin \pi N_1 u}{\sin \pi u}$$

$$= N_1 \cdot \lim\limits_{u \to 0} \frac{\dfrac{\mathrm{d}}{\mathrm{d}u}(\sin \pi N_1 u)}{\dfrac{\mathrm{d}}{\mathrm{d}u}(\sin \pi u)} = N_1 \cdot \lim\limits_{u \to 0} \frac{(\cos \pi N_1 u)\pi N_1}{(\cos \pi u)\pi}$$

$$= N_1^2$$

(6.35)

通过类似的方法，得到

$$|G_2|^2_{\max} = \lim\limits_{v \to 0} |G_2|^2 = N_2^2$$

$$|G_3|^2_{\max} = \lim\limits_{w \to 0} |G_3|^2 = N_3^2$$

因此，

$$|G|^2_{\max} = N_1^2 N_2^2 N_3^2 = N^2 \qquad (6.36)$$

$|G_1|^2$ 随 u 的变化曲线如图 6.11 所示。

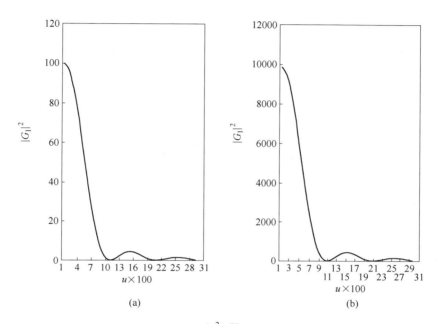

$$(a) \qquad (b)$$

图 6.11 通过关系式 $|G_1|^2 = \dfrac{\sin^2 \pi N_1 u}{\sin^2 \pi u}$，可得 $|G_1|^2$ 随 u 的变化曲线

（a）晶胞个数 $N_1 = 10$；（b）晶胞个数 $N_1 = 100$

例 6.7 积分 $\iiint\limits_{\text{crystal}} |G|^2 \mathrm{d}u\mathrm{d}v\mathrm{d}w$ 的值是多少？

解： 在任意倒易点阵周围，$|G|^2$ 的分布是相同的。因此，可以在倒易点阵原点 O^* 附近进行积分，并且选择 $-1/2 \leqslant u \leqslant 1/2$，$-1/2 \leqslant v \leqslant 1/2$，$-1/2 \leqslant w \leqslant 1/2$ 的范围进行积分。事实上，每个倒易点阵阵点周围的中心峰都在以下范围内：

$$(h - 1/2) \leqslant u \leqslant (h + 1/2), \ (k - 1/2) \leqslant v \leqslant (k + 1/2),$$
$$(l - 1/2) \leqslant w \leqslant (l + 1/2)$$

在计算 $\displaystyle\int_{-\frac{1}{2}}^{\frac{1}{2}}\int_{-\frac{1}{2}}^{\frac{1}{2}}\int_{-\frac{1}{2}}^{\frac{1}{2}} |G|^2 \mathrm{d}u\mathrm{d}v\mathrm{d}w$ 之前，重写 $|G|^2$：

$$G = \sum_{mnp} \exp[2\pi i(mu + nv + pw)]$$

$$= \sum_{m=1}^{N_1-1} \sum_{n=1}^{N_2-1} \sum_{p=1}^{N_3-1} \exp[2\pi i(mu + nv + pw)] \tag{6.37}$$

因此

$$|G|^2 = G \cdot G^*$$

$$= \left\{ \sum_{m=1}^{N_1-1} \sum_{n=1}^{N_2-1} \sum_{p=1}^{N_3-1} \exp[2\pi i(mu + nv + pw)] \right\} \left\{ \sum_{m=1}^{N_1-1} \sum_{n=1}^{N_2-1} \sum_{p=1}^{N_3-1} \exp[-2\pi i(mu + nv + pw)] \right\}$$

$$= \left\{ \sum_{m=1}^{N_1-1} \sum_{n=1}^{N_2-1} \sum_{p=1}^{N_3-1} \exp[2\pi i(mu + nv + pw)] \right\} \left\{ \sum_{m'=1}^{N_1-1} \sum_{n'=1}^{N_2-1} \sum_{p'=1}^{N_3-1} \exp[-2\pi i(m'u + n'v + p'w)] \right\}$$

$$= \sum_{m=1}^{N_1-1} \sum_{n=1}^{N_2-1} \sum_{p=1}^{N_3-1} \left\{ \sum_{m'=1}^{N_1-1} \sum_{n'=1}^{N_2-1} \sum_{p'=1}^{N_3-1} \exp[-2\pi i(m'u + n'v + p'w)] \right\} \exp[2\pi i(mu + nv + pw)]$$

$$= \sum_{m=1}^{N_1-1} \sum_{n=1}^{N_2-1} \sum_{p=1}^{N_3-1} \left\{ \sum_{m'=1}^{N_1-1} \sum_{n'=1}^{N_2-1} \sum_{p'=1}^{N_3-1} \exp 2\pi i[(m-m')u + (n-n')v + (p-p')w] \right\}$$

或者直接写为：

$$|G|^2 = G \cdot G^* = \sum_{mnp} \sum_{m'n'p'} \exp\{2\pi i[(m-m')u + (n-n')v + (p-p')w]\}$$

现在可以计算积分：

$$\int_{w=-\frac{1}{2}}^{\frac{1}{2}} \int_{v=-\frac{1}{2}}^{\frac{1}{2}} \int_{u=-\frac{1}{2}}^{\frac{1}{2}} |G|^2 \mathrm{d}u\mathrm{d}v\mathrm{d}w$$

$$= \int_{w=-\frac{1}{2}}^{\frac{1}{2}} \int_{v=-\frac{1}{2}}^{\frac{1}{2}} \int_{u=-\frac{1}{2}}^{\frac{1}{2}} \sum_{m=1}^{N_1-1} \sum_{n=1}^{N_2-1} \sum_{p=1}^{N_3-1} \left\{ \sum_{m'=1}^{N_1-1} \sum_{n'=1}^{N_2-1} \sum_{p'=1}^{N_3-1} \exp 2\pi i[(m-m')u + (n-n')v + (p-p')w] \right\} \mathrm{d}u\mathrm{d}v\mathrm{d}w$$

$$= \int_{w=-\frac{1}{2}}^{\frac{1}{2}} \int_{v=-\frac{1}{2}}^{\frac{1}{2}} \int_{u=-\frac{1}{2}}^{\frac{1}{2}} \sum_{m=1}^{N_1-1} \sum_{n=1}^{N_2-1} \sum_{p=1}^{N_3-1} \left\{ \sum_{m'=1}^{N_1-1} \sum_{n'=1}^{N_2-1} \sum_{p'=1}^{N_3-1} \exp 2\pi i(m-m')u \cdot \exp 2\pi i(n-n')v \cdot \exp 2\pi i(p-p')w \right\} \mathrm{d}u\mathrm{d}v\mathrm{d}w$$

$$= \int_{w=-\frac{1}{2}}^{\frac{1}{2}} \int_{v=-\frac{1}{2}}^{\frac{1}{2}} \int_{u=-\frac{1}{2}}^{\frac{1}{2}} \left[\sum_{m=0}^{N_1-1} \sum_{m'=0}^{N_1-1} \exp 2\pi i(m-m')u \right] \cdot \left[\sum_{n=0}^{N_2-1} \sum_{n'=0}^{N_2-1} \exp 2\pi i(n-n')v \right] \cdot$$

$$\left[\sum_{p=0}^{N_3-1}\sum_{p'=0}^{N_3-1}\exp 2\pi i(p-p')w\right]\cdot \mathrm{d}u\mathrm{d}v\mathrm{d}w$$

$$=\sum_{m=0}^{N_1-1}\sum_{m'=0}^{N_1-1}\int_{u=-1/2}^{1/2}\exp 2\pi i[(m-m')u]\mathrm{d}u\cdot\sum_{n=0}^{N_2-1}\sum_{n'=0}^{N_2-1}\int_{v=-1/2}^{1/2}\exp 2\pi i[(n-n')v]\mathrm{d}v\cdot$$

$$\sum_{p=0}^{N_3-1}\sum_{p'=0}^{N_3-1}\int_{w=-1/2}^{1/2}\exp 2\pi i[(p-p')w]\mathrm{d}w$$

知道当 $m\neq m'$,

$$\int_{u=-1/2}^{1/2}\exp 2\pi i[(m-m')u]\mathrm{d}u$$

$$=\frac{\exp 2\pi i\left[(m-m')\dfrac{1}{2}\right]-\exp 2\pi i\left[(m-m')\left(-\dfrac{1}{2}\right)\right]}{2\pi i(m-m')}$$

$$=\frac{\sin\pi(m-m')}{\pi(m-m')}=0$$

同时知道当 $m=m'$,

$$\int_{u=-1/2}^{1/2}\exp 2\pi i[(m-m')u]\mathrm{d}u=\int_{u=-1/2}^{1/2}1\mathrm{d}u=1$$

因此:

$$\sum_{m=0}^{N_1-1}\sum_{m'=0}^{N_1-1}\int_{u=-1/2}^{1/2}\exp 2\pi i[(m-m')u]\mathrm{d}u=\sum_{m=0}^{N_1-1}1=N_1 \qquad (6.38)$$

得到:

$$\sum_{n=0}^{N_2-1}\sum_{n'=0}^{N_2-1}\int_{v=-1/2}^{1/2}\exp 2\pi i[(n-n')v]\mathrm{d}v=N_2$$

以及

$$\sum_{p=0}^{N_3-1}\sum_{p'=0}^{N_3-1}\int_{w=-1/2}^{1/2}\exp 2\pi i[(p-p')w]\mathrm{d}w=N_3$$

因此,积分为:

$$\int_{w=-\frac{1}{2}}^{\frac{1}{2}}\int_{v=-\frac{1}{2}}^{\frac{1}{2}}\int_{u=-\frac{1}{2}}^{\frac{1}{2}}|G|^2\mathrm{d}u\mathrm{d}v\mathrm{d}w$$

$$=\sum_{m=0}^{N_1-1}\sum_{m'=0}^{N_1-1}\int_{u=-1/2}^{1/2}\exp 2\pi i[(m-m')u]\mathrm{d}u\cdot\sum_{n=0}^{N_2-1}\sum_{n'=0}^{N_2-1}\int_{v=-1/2}^{1/2}\exp 2\pi i[(n-n')v]\mathrm{d}v\cdot$$

$$\sum_{p=0}^{N_3-1}\sum_{p'=0}^{N_3-1}\int_{w=-1/2}^{1/2}\exp2\pi i\big[(p-p')w\big]\mathrm{d}w$$
$$= N_1 N_2 N_3$$
$$= N \tag{6.39}$$

　　在上述计算中，积分包括中心峰和每个倒易点阵周围的其他峰。由于中心峰远高于其他波峰，因此对中心峰的积分与 N 值非常接近。

　　图 6.12 为球形晶体尺寸和形状对倒易点阵节点的影响。将倒易点阵阵点延伸到一个有限大小的节点，该节点是垂直于衍射平面的衍射晶体尺寸的倒数。这意味着当晶粒尺寸较小时，每个倒易点阵阵点成为一个具有体积的域。

正空间中的球状晶体尺寸

与倒格点阵阵点相关的
晶畴的形状与体积

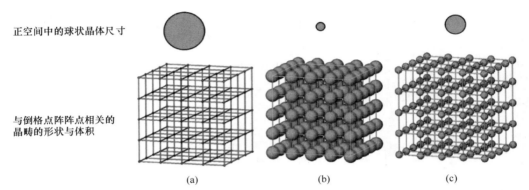

(a)　　　　　　　　(b)　　　　　　　　(c)

图 6.12　衍射晶体的尺寸和形状对与倒易点阵阵点相关的
晶畴形状和体积的影响示意图
（a）大球状晶体；（b）小球状晶体；（c）介于两者之间的晶体

　　以上讨论表明，晶粒尺寸对衍射峰宽度有影响。测量峰宽可以对材料的晶粒尺寸在百纳米级或更小尺寸内进行量化。Debye-Scherrer 公式（或 Scherrer 公式）如下，可用于计算晶粒尺寸：

$$t = \frac{k\lambda}{B\cos\theta_B} \tag{6.40}$$

其中，t 为晶粒尺寸；常数 $k = 0.8 \sim 1.39$（通常接近单位值 1，如 0.9）；B 为半高宽（FWHM）。

　　Cullity 和 Stock 在他们的教科书中，给出了公式 $t = \dfrac{\lambda}{B\cos\theta_B}$ 的推导过程（Cullity 和 Stock，2001），Guinier 用 Ewald 球构造提供了峰展宽的示意图（Guinier，1994），得知 θ 角越高，展宽越高，因为它正比于 $\dfrac{1}{\cos\theta}$。

本 章 小 结

X射线衍射的强度高度依赖于电子密度分布。本章讨论了电子、原子、晶胞和具有多个晶胞的小晶粒对X射线的散射。

对于满足布拉格条件的晶面（hkl），存在"允许"和"禁阻"衍射面。结构因子F_{hkl}得知由于原子在单位晶胞中的位置不同，哪些衍射点/峰会缺失。若$F_{hkl} = 0$，则禁阻衍射；若$F_{hkl} \neq 0$，则允许衍射。只有具有平移元素的对称操作才会产生强度为零的反射。在 *Volume A of the International Tables for Crystallography* 中，可以找到每个空间群允许或禁阻的反射条件。

结构因子取决于反射晶面的密勒指数、晶胞中的占位原子和空位、晶胞中每个原子的坐标及晶格振动。

晶粒的形状和尺寸影响每个倒易点阵阵点的反射域，以及衍射光束的峰宽和强度。晶粒尺寸可以采用谢乐公式（Scherrer formula）计算得出。

参 考 文 献

Barrett C S（Charles S.），Massalski T B，1980. Structure of metals：Crystallographic methods，principles and data ［C］//C.S. Barrett，T.B. Massalski. 3rd rev. e. Oxford：Pergamon（International series on materials science and technology：v. 35）.

Castellano E E，Main P，1985. On the classical interpretation of thermal probability ellipsoids and the Debye ｛--｝ Waller factor ［J］. Acta Crystallographica Section A，41（2）：156-157.

Colabello D M，et al.，2017. Observation of vacancies，faults，and superstructures in $Ln_5Mo_2O_{12}$（Ln = La，Y，and Lu）compounds with direct Mo—Mo bonding ［J］. Inorganic Chemistry. American Chemical Society，56（21）：12866-12880.

Cullity B D（Bernard D.），Stock S R，2001. Elements of X-ray diffraction ［M］//B.D. Cullity，S.R. Stock. 3rd ed. Upper Saddle River，NJ：Prentice Hall.

Doyle P A，Turner P S，1968. Relativistic Hartree-Fock X-ray and electron scattering factors ［J］. Acta Crystallographica Section A. International Union of Crystallography（IUCr），24（3）：390-397.

Guinier A，1994. X-ray diffraction in crystals，imperfec tcrystals，and amorphous bodies/A. Guinier；translated by Paul Lorrain and Dorothée Sainte-Marie Lorrain. New York：Dover.

Ladd M F C（Marcus F. C.），Palmer R A（Rex A.），2003. Structure determination by X-ray crystallography ［M］. Mark Ladd and Rex Palmer. 4th ed. New York：Kluwer Academic/Plenum Publishers.

Li S T，1990. Fundamentals of X-ray diffraction of crystals ［M］. Li，S. T. Beijing：Chinese Metallurgical Industry Publisher.

Luger P，2014. Modern X-ray analysis on single crystals：A practical guide/by Peter Luger. 2nd ed.

Berlin: Walter de Gruyter GmbH & Co. KG.

Spence J C H, 2013. High-resolution electron microscopy [C] //John C. H. Spence, Department of Physics and Astronomy, Arizona State University/LBNL California. 4th ed. Oxford: Oxford University Press.

Stout G H, Jensen L H, 1989. X-rays tructure determination: Apractical guide [M]. George H. Stout, Lyle H. Jensen. 2nd ed. New York: Wiley.

Trueblood K N, et al. , 1996. Atomic displacement parameter nomenclature report of a subcommittee on atomic displacement parameter nomenclature [J]. Acta Crystallographica Section A: Foundations of Crystallography, 52 (5): 770-781.

Vand V, Eiland P F, Pepinsky R, 1957. Analytical representation of atomic scattering factors [J]. Acta Crystallographica. International Union of Crystallography (IUCr), 10 (4): 303-306.

Warren B E (Bertram E.), 1990. X-ray diffraction [M] . Dover ed. New York: Dover Publications.

Williams D B, 1996. Transmission Electron Microscopy [Z] //A Textbook for Materials Science/by David B. Williams, C. Barry Carter. Edited by C. B. Carter. Boston, MA: Springer US.

7 实验方法与粉末 X 射线衍射仪

从 X 射线衍射的几何结构可以看出，如果使用单色 X 射线源照射单晶，倒易点阵与 Ewald 球相交的概率很低，那么可能就不会发生衍射。为了让更多的晶面满足布拉格条件，或者使更多的倒易点阵接触到 Ewald 球，用于粉末、多晶和单晶样品的检测至少有 3 种可行方法（Cullity 和 Stock，2001）（见图 7.1）。

（1）利用单波长 X 射线照射旋转的单晶。一些旋转的倒易点阵会切穿 Ewald 球体，产生衍射，如图 7.1 所示。如果倒格矢的长度大于 Ewald 球的直径，将永远接触不到球体，也就不会发生衍射。因此，需要 $|r_{hkl}^*| \leqslant 2\dfrac{1}{\lambda}$ 或 $\dfrac{1}{d_{hkl}} \leqslant 2\dfrac{1}{\lambda}$。对于 $d_{hkl} < \dfrac{\lambda}{2}$ 的晶面，无论样品取向如何，都不能满足布拉格条件。

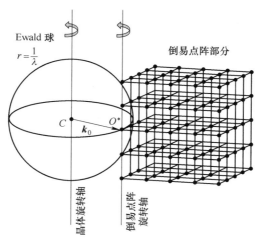

图 7.1 旋转晶体法用单波长 X 射线照射旋转的单晶
（部分旋转的倒易点阵阵点可以穿过 Ewald 球，发生衍射。如果晶体相对于
X 射线束方向以任意方向固定，那么倒易点阵也是固定的，
因为它与正空间点阵耦合，在这种情况下衍射随机发生）

（2）劳厄法，使用白色（多色）的 X 射线照射单晶。在这种情况下，Ewald

球体在一个范围内具有连续的半径，每个球体具有不同的球心。所有的 Ewald 球都穿过倒易点阵的原点。从图 7.2 可以看出，这些 Ewald 球面上可能有许多互易的格点，满足布拉格条件。对于 $d_{hkl} < \dfrac{\lambda_{min}}{2}$ 的晶面，布拉格条件不能满足。

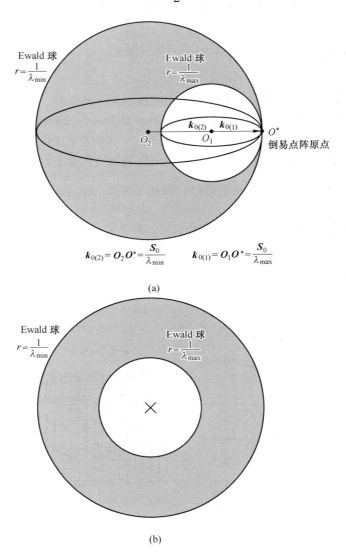

(a)

(b)

图 7.2　劳厄法用多色 X 射线照射固定的单晶，在这种情况下，许多倒易点阵阵点可以接触到 Ewald 球，并且满足布拉格条件（图中只显示出最大和最小的 Ewald 球。其他 Ewald 球介于两者之间，波数 $1/\lambda$ 连续变化。所有的入射光矢量都以固定倒易点阵的原点 O^* 为终点）（a）；沿入射 X 射线的方向的视图（b）

（3）使用单一波长的 X 射线照射多晶样品或粉末样品。有许多小晶粒取向不同，其中一些小晶粒满足 $\boldsymbol{k} - \boldsymbol{k}_0 = \boldsymbol{g}$，如图 7.3 所示。对于 $d_{hkl} < \dfrac{\lambda}{2}$ 的晶面，布拉格条件不能满足。

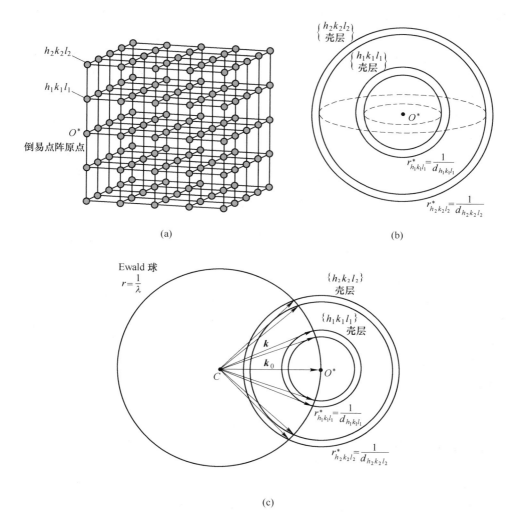

(a)

(b)

(c)

图 7.3　使用单波长 X 射线照射多晶样品或粉末样品

（a）样品中小晶粒的倒易点阵示意图（由于晶粒尺寸较小，形成了倒易格点域）；

（b）倒易空间中形成的壳层（这是由于存在大量随机取向的晶粒。尽管其他允许的反射也会在倒易空间中形成壳层，图中只显示了倒易空间中的两个壳）；

（c）衍射锥的截面（显示出经过 Ewald 球和（b）中的两个倒易点阵壳层交点的衍射光束的方向）

第三种方法应用于各种规格不一的粉末衍射仪，材料科学与工程专业的学生需要掌握这种方法。然而，当样品高度织构化时，某些晶面可能不满足布拉格条件。

在第三种方法的粉末 X 射线衍射实验中，使用玻璃、铝、聚合物或其他材料制成圆形或矩形的样品架。例如，一种典型的样品架是由厚度为 2 mm 的铝板制作，其中心有边长 20 mm 方孔。一般来说，X 射线衍射实验用的样品，制备工艺简单。在研究多晶块体材料时，只需将小块状样品装入样品架并用胶带或黏土固定，胶带或黏土避免暴露在 X 射线束下。有时，样品可以直接安装在相应的位置，不需要样品架来固定。样品的表面应平整，且与样品架的高度相同。

在研究粉末样品时，当颗粒尺寸为纳米级时，会发生峰展宽。通过测量峰展宽，可以对晶粒尺寸小于 0.1 μm 的材料进行晶粒尺寸的定量分析。有些实验会使用机械研磨，有些则不允许，这就确保了实验结果完全来自所收到的样本。

对于 Rietveld 精修等定量相分析，优选随机取向的细粉末。在玛瑙研钵中手工研磨粉末是很好的做法，将粉末装入样品架时，建议使用载玻片轻压。如果用力过大，粉末样品就会产生择优取向，特别是板状和纤维状的粉末颗粒，会造成衍射峰强度的变化，进而影响定量相分析的结果。理想的样品包含随机取向的小的多晶体，但不能太小，以免造成不利的峰展宽。在数据采集过程中，样品可绕垂直于样品架的轴旋转。

在一个研究项目中，将粉末研磨成细颗粒，填充到圆形聚合物样品架中，在 X 射线衍射仪的常规设置下，扫描 2θ 角度为 $10° \sim 140°$，步长为 $0.01°$，计数时间为每步 5 s，在此条件下收集实验数据。在数据采集过程中，样品以 30 r/min 的转速绕轴旋转。在此条件下最强峰的总强度为 $2000 \sim 3000$ 个计数（Dong 和 White，2004）。

对于粉末衍射，可以推导出峰的强度，下面将进一步讨论。在一些 X 射线衍射教材中，对峰强度的计算有不同的数学计算方法，在本章中也介绍一下作者对峰强度运算的理解。有些计算可能与其他人相似，而有一些计算是基于教学过程中的总结。在我的理解中，衍射峰强度的计算分为几个步骤。

步骤一：基于一个晶粒和晶面（hkl），计算衍射 X 射线束的功率。根据式（6.33），晶体沿 $F_{hkl} \neq 0$ 且 $G(u, v, w) \neq 0$ 方向的衍射强度为：

$$I_{\text{crystal}} = F_{hkl}^2 \cdot G(u, v, w)^2 \cdot I_e(2\theta)$$

这里用 $F_g(= F_{hkl})$ 代替 F_q。即使散射矢量 $q(= ua^* + vb^* + wc^*)$ 略微偏离倒格矢 $g(= ha^* + kb^* + lc^*)$，F_g 和 F_q 的差异很小。本书第 6 章中提到过这种近似情况的相关讨论。

由于晶体尺寸效应，倒易点阵点成为一个域（见图 7.4）。由于 $G(u, v, w)$ 的值在实体角 Ω 范围内，因此在小实体角 Ω 范围内的 X 射线强度的积分表达式为：

$$P_\Omega = \int\limits_\Omega [\,F_{hkl}^2 \cdot G\,(u,\ v,\ w)^2 \cdot I_e(2\theta)\,]\,\mathrm{d}\Omega$$

$$= I_e(2\theta) \cdot F_{hkl}{}^2 \cdot \int\limits_\Omega [\,G\,(u,\ v,\ w)^2\,]\,\mathrm{d}\Omega \qquad (7.1)$$

式中，$\mathrm{d}\Omega$ 为立体角单元。

在图 7.4 中，给出了 $\mathrm{d}\Omega$ 的截面图。

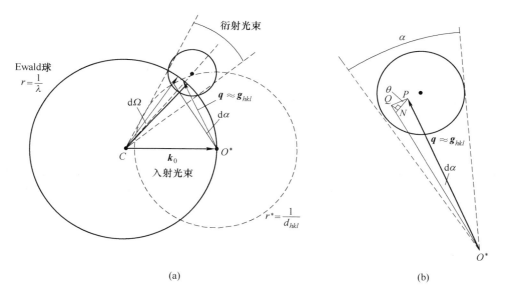

图 7.4　倒易格点域和穿过它的 Ewald 球（a）和（a）中倒易格点的域（b）
（PQ 垂直于散射矢量，PN 沿衍射光束方向）

步骤二：从晶面 (hkl) 和晶面族 $\{hkl\}$ 计算对衍射有贡献的晶粒数。在多晶材料或粉末样品中，存在大量的晶粒。为了让更多的晶粒产生衍射，且让每个符合布拉格条件的晶粒对衍射的贡献更大，实验设置允许样品沿垂直于入射光束的轴旋转，如图 7.5 所示。

实际上，无论样品旋转速度是快还是慢，在任何时刻，那些倒易点阵阵点（$g(hkl)$）位于 Ewald 球内外 $\alpha/2$ 角度范围内的晶粒都会产生衍射，因为 Ewald 球会穿过与每个倒易点阵阵点相关的区域 G（见图 7.5）。因此，只考虑这些方向上的晶粒。

进一步假设样品中的晶粒是随机取向的，而 q 表示暴露在 X 射线束中的晶粒数量，在这种情况下，对衍射有贡献的晶粒数 $\mathrm{d}q$ 可以从表面积为 S 的球体表面上的面积元素 $\mathrm{d}S$ 获得（见图 7.6）。$\mathrm{d}S$ 可以与角度元素 $\mathrm{d}\alpha$ 相关联（见图 7.4），

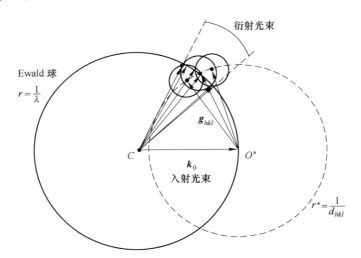

图 7.5　衍射光束展宽示意图

（对于小的球形晶体，倒易点阵阵点延伸到球形，其中一些与 Ewald 球相交）

该元素位于角度范围 α 内（见图 7.5）。这意味着位于 Ewald 球内外的角范围 α/2 内的倒易点阵阵点（$g(hkl)$）都要被考虑在内。积分将在整个角度范围 α 内进行。

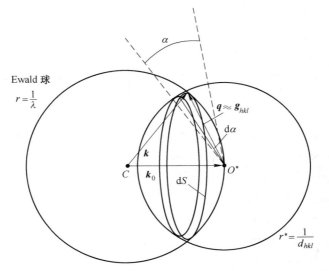

图 7.6　在环带 dS 或角度 dα 范围内从 $\{hkl\}$ 晶面族衍射的晶体数量

已知，

$$\frac{\mathrm{d}q}{q} = \frac{\mathrm{d}S}{S}$$

其中,

$$dS \approx 2\pi[r^* \sin(\pi/2 - \theta)](r^* d\alpha)$$
$$S = 4\pi r^{*2}$$

同时,

$$r^* = |g_{hkl}| = \frac{1}{d_{hkl}}$$

因此,

$$dq = q \frac{dS}{S} \approx q \frac{\cos\theta}{2} \cdot d\alpha \qquad (7.2)$$

上述讨论是针对特定的晶面（hkl）。由于需要考虑所有晶体学上等价的晶面或来自具有相同晶面间距 d 的晶面族 {hkl} 的晶面, 在相应晶体体系中, 晶面族 {hkl} 的多重性因子 M 应该包括在内。因此, 晶面族 {hkl} 中的一个晶面对衍射起贡献的晶粒数为:

$$dQ = Mdq = Mq \frac{\cos\theta}{2} \cdot d\alpha \qquad (7.3)$$

式中, q 为多晶样品中暴露在 X 射线束中的晶粒数目。

来自晶面族 {hkl} 中任何一个满足布拉格条件晶粒的单个晶面的强度为:

$$P_\Omega = I_e(2\theta) \cdot F_{hkl}^2 \cdot \int_\Omega [G(u, v, w)^2] d\Omega$$

将 P_Ω 乘以 dQ, dQ 是 dα 范围内 {hkl} 晶面族对平面衍射有贡献的晶粒数, {hkl} 晶面族的衍射功率可以表示为:

$$P_{ring \ (within \ d\alpha)} = I_e(2\theta) \cdot F_{hkl}^2 \cdot \left(\frac{\cos\theta}{2} Mq d\alpha\right) \cdot \int_\Omega [G(u, v, w)^2] d\Omega \quad (7.4)$$

那么整个 Ω 和 α 的范围内的功率积分为:

$$P_{ring} = \int_\alpha P_{ring \ (within \ d\alpha)} d\alpha = I_e(2\theta) \cdot F_{hkl}^2 \cdot \frac{\cos\theta}{2} Mq \iint_{\alpha\Omega} [G(u, v, w)^2] d\Omega d\alpha$$

$$(7.5)$$

步骤三: 在倒易空间中获取 dΩdα 和 dudvdw 之间的相关性, 并进行积分计算。

由于样品绕垂直于入射和衍射束的轴旋转, 倒易点阵绕其自身原点 O^* 旋转, 倒易点阵周围由 G 定义的域将在埃瓦尔德球上扫描。因此, 在整个 Ω 和 α 范围内的粉末积分为: $P_{ring} = I_e(2\theta) \cdot F_{hkl}^2 \cdot \frac{\cos\theta}{2} Mq \iint_{\alpha\Omega} [G(u, v, w)^2] d\Omega d\alpha$, 见式 (7.5)。

正如 Li (1990) 所述, 可以将 dΩdα 与 dudvdw 进行关联。如图 7.4 和图 7.5

所示的 Ewald 球的构造，可知道与 $\mathrm{d}\Omega$ 相关的 Ewald 球表面上的面积元素是：

$$\mathrm{d}S_{\mathrm{Ewald}} = k^2\mathrm{d}\Omega = \frac{\mathrm{d}\Omega}{\lambda^2}$$

由倒格点区域（NP = 小）可知，

$$\mathrm{NP} = PQ\cos\theta \approx (O^*P\mathrm{d}\alpha)\cos\theta = \frac{2\sin\theta}{\lambda}\mathrm{d}\alpha \cdot \cos\theta$$

因此，倒易空间中的体积微元为：

$$\mathrm{d}V^* = \mathrm{NP} \cdot \mathrm{d}S = \frac{2\sin\theta\cos\theta}{\lambda}\mathrm{d}\alpha\mathrm{d}S = \frac{\sin2\theta}{\lambda^3}\mathrm{d}\alpha\mathrm{d}\Omega \tag{7.6}$$

根据倒易点阵的定义，可知：

$$\mathrm{d}V^* = (\boldsymbol{a}^*\mathrm{d}u) \cdot (\boldsymbol{b}^*\mathrm{d}v) \times (\boldsymbol{c}^*\mathrm{d}w) = V_{\mathrm{cell}}^*\mathrm{d}u\mathrm{d}v\mathrm{d}w = \frac{1}{V_{\mathrm{cell}}}\mathrm{d}u\mathrm{d}v\mathrm{d}w \tag{7.7}$$

因此得到：

$$\mathrm{d}\alpha\mathrm{d}\Omega = \frac{\lambda^3}{V_{\mathrm{cell}}\sin2\theta}\mathrm{d}u\mathrm{d}v\mathrm{d}w \tag{7.8}$$

将式（7.8）代入式（7.5），得到：

$$P_{\mathrm{ring}} = I_e(2\theta) \cdot F_{hkl}^2 \cdot \frac{\cos\theta}{2}Mq\iint_{\alpha\Omega}[G(u,\ v,\ w)^2]\mathrm{d}\Omega\mathrm{d}\alpha$$

$$= I_e(2\theta) \cdot F_{hkl}^2 \cdot \frac{\cos\theta}{2}Mq \cdot \frac{\lambda^3}{V_{\mathrm{cell}}\sin2\theta}\iiint_{uvw}[G(u,\ v,\ w)^2]\mathrm{d}u\mathrm{d}v\mathrm{d}w \tag{7.9}$$

假设样品以角速度 ω 旋转，扫描角度范围 α 所用的时间为 Δt，$\Delta t = \alpha/\omega$。在上述时间间隔内，由 $\{hkl\}$ 晶面族衍射而发出的能量为 $E = P_{\mathrm{ring}}\Delta t$。因此，总功率为 $E/\Delta t = P_{\mathrm{ring}}$，表明角速度不影响衍射束的功率，但是它会改变收集时间及来自该衍射平面的总体光子计数（衍射峰面积）。

由一个电子散射产生的 X 射线束强度为：

$$I_e(2\theta) = \left(\frac{\mu_0}{4\pi}\right)^2 \cdot \frac{e^4}{m_e^2} \cdot \frac{1+\cos^22\theta}{2} \cdot I_0 = \left(\frac{1}{4\pi\varepsilon_0}\right)^2 \cdot \frac{1}{c^4} \cdot \frac{e^4}{m_e^2} \cdot \frac{1+\cos^22\theta}{2} \cdot I_0$$

积分为：

$$\iiint_{\mathrm{crystal}}|G|^2\mathrm{d}u\mathrm{d}v\mathrm{d}w = N$$

其中，N 为晶粒中晶胞的数量。因此，可得到：

$$P_{ring} = I_e(2\theta) \cdot F_{hkl}^2 \cdot \frac{\cos\theta}{2} Mq \cdot \frac{\lambda^3}{V_{cell}\sin2\theta} \iiint_{uvw} [G(u, v, w)^2] dudvdw$$

$$= I_0 \left(\frac{\mu_0}{4\pi}\right)^2 \cdot \frac{e^4}{m_e^2} \cdot \frac{1+\cos^2 2\theta}{2} \cdot F_{hkl}^2 \cdot \frac{\cos\theta}{2} Mq \cdot \frac{\lambda^3}{V_{cell}\sin2\theta} N$$

$$(7.10)$$

在晶粒尺寸均匀的多晶样品中，已知晶粒的体积 V_{grain}，则晶粒中的晶胞个数为 $N = \dfrac{V_{grain}}{V_{cell}}$。

暴露在 X 射线束下的晶粒数量为 q，则暴露在 X 射线束下的多晶样品体积为 $V_{exposure} = qV_{grain}$，同时

$$N = \frac{V_{grain}}{V_{cell}} = \frac{V_{exposure}}{q V_{cell}} \qquad (7.11)$$

因此，

$$P_{ring} = I_0 \left(\frac{\mu_0}{4\pi}\right)^2 \cdot \frac{e^4}{m_e^2} \cdot \frac{1+\cos^2 2\theta}{2} \cdot F_{hkl}^2 \cdot \frac{\cos\theta}{2} Mq \cdot \frac{\lambda^3}{V_{cell}\sin2\theta} N$$

$$= I_0 \left(\frac{\mu_0}{4\pi}\right)^2 \cdot \frac{e^4}{m_e^2} \cdot \frac{1+\cos^2 2\theta}{2} \cdot F_{hkl}^2 \cdot \frac{\cos\theta}{2} M \cdot \frac{\lambda^3}{V_{cell}^2\sin2\theta} V_{exposure}$$

$$= I_0 \lambda^3 \left(\frac{\mu_0}{4\pi}\right)^2 \cdot \frac{e^4}{m_e^2} \cdot \frac{1+\cos^2 2\theta}{8\sin\theta} \cdot \left(\frac{F_{hkl}}{V_{cell}}\right)^2 \cdot M \cdot V_{exposure} \qquad (7.12)$$

步骤四：根据衍射光圆锥体上每单位长度的功率计算衍射强度。如果衍射仪圆的半径为 R，则衍射仪接收狭缝处的衍射环周长为 $2\pi(R\sin2\theta)$（见图 7.7）。

因此，强度或单位长度的功率可以计算如下：

$$\frac{P_{ring}}{2\pi(R\sin2\theta)}$$

$$= \frac{I_0}{2\pi(R\sin2\theta)} \lambda^3 \left(\frac{\mu_0}{4\pi}\right)^2 \cdot \frac{e^4}{m_e^2} \cdot \frac{1+\cos^2 2\theta}{8\sin\theta} \cdot \left(\frac{F_{hkl}}{V_{cell}}\right)^2 \cdot M \cdot V_{exposure} \cdot$$

$$\frac{I_0 \lambda^3}{32\pi R} \cdot \left(\frac{\mu_0}{4\pi}\right)^2 \cdot \frac{e^4}{m_e^2} \cdot \left(\frac{F_{hkl}}{V_{cell}}\right)^2 \cdot M \cdot \left(\frac{1+\cos^2 2\theta}{\sin^2\theta\cos\theta}\right) \cdot V_{exposure} \qquad (7.13)$$

步骤五：考虑吸收效应。

使用布拉格-布伦塔诺（Bragg-Brentano）几何或 θ-2θ 扫描模式来考虑吸收效应。在布拉格-布伦塔诺几何中，计算过程添加吸收项 $e^{-2\mu z/\sin\theta}$。如果在式

（7.13）中将 $V_{exposure}$ 替换为曝光体积元素 $dV_{exposure} = \dfrac{A_0 dz}{\sin\theta}$（见图 7.8）。其中，$dz$

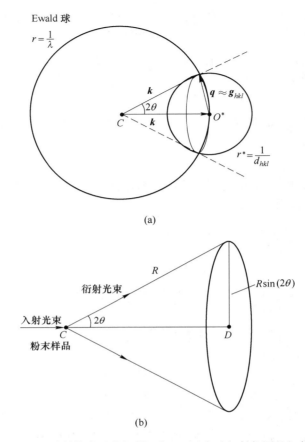

(a)

(b)

图 7.7　通过 Ewald 球结构表示的衍射几何(a)及穿过衍射仪圆的衍射线圆锥(b)

表示厚度元素，如图 7.8 所示，通过对样品深度进行积分得到强度 （Cullity 和 Stock，2001；Warren，1990）。

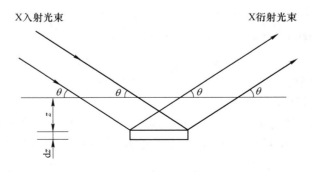

图 7.8　θ-2θ 扫描模式下平板样品的吸收效应

$$I_{hkl} = \int_{z=0}^{\infty} \frac{I_0 \lambda^3}{32\pi R} \cdot \left(\frac{\mu_0}{4\pi}\right)^2 \cdot \frac{e^4}{m_e^2} \cdot \left(\frac{F_{hkl}}{V_{\text{cell}}}\right)^2 \cdot M \cdot \frac{1 + \cos^2 2\theta}{\sin^2 \theta \cos \theta} \cdot e^{-2\mu z/\sin\theta} \cdot \frac{A_0 \mathrm{d}z}{\sin\theta}$$

$$= \frac{I_0 \lambda^3}{32\pi R} \cdot \left(\frac{\mu_0}{4\pi}\right)^2 \cdot \frac{e^4}{m_e^2} \cdot \left(\frac{F_{hkl}}{V_{\text{cell}}}\right)^2 \cdot M \cdot \frac{1 + \cos^2 2\theta}{\sin^2 \theta \cos \theta} \cdot \frac{A_0}{-2\mu} \int_{z=0}^{\infty} e^{-2\mu z/\sin\theta} \mathrm{d}(-2\mu z/\sin\theta)$$

$$= \frac{I_0 \lambda^3}{32\pi R} \cdot \left(\frac{\mu_0}{4\pi}\right)^2 \cdot \frac{e^4}{m_e^2} \cdot \left(\frac{F_{hkl}}{V_{\text{cell}}}\right)^2 \cdot M \cdot \frac{1 + \cos^2 2\theta}{\sin^2 \theta \cos \theta} \cdot \frac{A_0}{-2\mu} \cdot (-1)$$

$$= \frac{I_0 A_0 \lambda^3}{32\pi R} \cdot \left(\frac{\mu_0}{4\pi}\right)^2 \cdot \frac{e^4}{m_e^2} \cdot \left(\frac{F_{hkl}}{V_{\text{cell}}}\right)^2 \cdot M \cdot \frac{1 + \cos^2 2\theta}{\sin^2 \theta \cos \theta} \cdot \frac{1}{2\mu}$$

公式中的常数可以用两种方法表示:

$$I_{hkl} = \frac{I_0 A_0 \lambda^3}{32\pi R} \cdot \left(\frac{\mu_0}{4\pi}\right)^2 \cdot \frac{e^4}{m_e^2} \cdot \left(\frac{F_{hkl}}{V_{\text{cell}}}\right)^2 \cdot M \cdot \frac{1 + \cos^2 2\theta}{\sin^2 \theta \cos \theta} \cdot \frac{1}{2\mu}$$

$$= \frac{I_0 A_0 \lambda^3}{32\pi R} \cdot \left(\frac{1}{4\pi \varepsilon_0 c^2}\right)^2 \cdot \frac{e^4}{m_e^2} \cdot \left(\frac{F_{hkl}}{V_{\text{cell}}}\right)^2 \cdot M \cdot \frac{1 + \cos^2 2\theta}{\sin^2 \theta \cos \theta} \cdot \frac{1}{2\mu} \tag{7.14}$$

上述方程中的吸收系数项 $\frac{1}{2\mu}$ 是根据布拉格-布伦塔诺几何设置的几何关系导出的。对于其他几何结构,吸收因子 $A(\theta)$ 不是 $\frac{1}{2\mu}$。

在分析式 (7.14) 中不同因素对强度影响时,为了简便,可以使用:

$$I_{hkl} = \frac{I_0 A_0 \lambda^3}{32\pi R} \cdot \left(\frac{\mu_0}{4\pi}\right)^2 \cdot \frac{e^4}{m_e^2} \cdot \left(\frac{F_{hkl}}{V_{\text{cell}}}\right)^2 \cdot M \cdot \frac{1 + \cos^2 2\theta}{\sin^2 \theta \cos \theta} \cdot A(\theta)$$

$$\propto \left(\frac{F_{hkl}}{V_{\text{cell}}}\right)^2 \cdot M \cdot \frac{1 + \cos^2 2\theta}{\sin^2 \theta \cos \theta} \cdot A(\theta) \tag{7.15}$$

式中,I_{hkl} 为距离 R 处,衍射圆单位长度的衍射束功率;I_0 为入射 X 射线的强度;A_0 为入射束的横截面积;$I_0 A_0 = P_0$ 为照射到样品表面的入射束功率;λ 为 X 射线的波长;R 为衍射圆的半径;$\frac{\mu_0}{4\pi} = \frac{1}{4\pi \varepsilon_0 c^2}$,$\varepsilon_0$ 为介电常数,c 为光速;μ_0 为磁导率;m_e 为电子的质量;e 为电子的电荷;V_{cell} 为晶胞体积;M 为多重度因子;$\frac{1 + \cos^2 2\theta}{\sin^2 \theta \cos \theta} = L$(洛伦兹-极化因子);$A(\theta)$ 为吸收因子。

对于使用布拉格-布伦塔诺几何结构分析的厚平板样品,吸收因子 $A(\theta) = \frac{1}{2\mu}$,其中 μ 表示线性吸收系数。如采用其他粉末衍射几何结构而不是布拉格-布伦塔诺结构,吸收项 $A(\theta)$ 的表达方式将不同。布拉格-布伦塔诺衍射仪的示意图如图 7.9 所示。

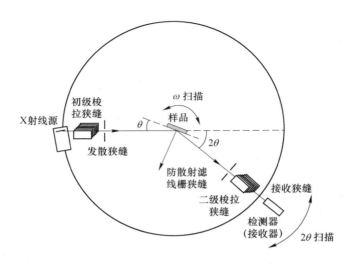

图 7.9　布拉格-布伦塔诺衍射仪示意图

（样品旋转角度为 θ，探测器旋转角度为 2θ，探测器以两倍于样品的角速度旋转）

式（7.14）仅适用于单相样品。当样品中存在多个晶相时，α 相的强度可以通过将方程乘以体积分数 c_α，并用 μ_{mixture} 替换线性吸收系数 μ 来计算。例如，对于包含 α 相和 β 相的样品：

$$I_\alpha = \frac{I_0 A_0 \lambda^3}{32\pi R} \cdot \left(\frac{\mu_0}{4\pi}\right)^2 \cdot \frac{e^4}{m_e^2} \cdot \left(\frac{F_{hkl}}{V_{\text{cell}}}\right)^2 \cdot M \cdot \frac{1 + \cos^2 2\theta}{\sin^2\theta\cos\theta} \cdot \frac{1}{2\mu_{\text{mixture}}} \cdot c_\alpha \quad (7.16)$$

或

$$I_\alpha = \frac{K_1 c_\alpha}{\mu_{\text{mixture}}}$$

其中，将 K_1 定义为：

$$\frac{I_0 A_0 \lambda^3}{32\pi R} \cdot \left(\frac{\mu_0}{4\pi}\right)^2 \cdot \frac{e^4}{m_e^2} \cdot \left(\frac{F_{hkl}}{V_{\text{cell}}}\right)^2 \cdot M \cdot \frac{1 + \cos^2 2\theta}{\sin^2\theta\cos\theta} \cdot \frac{1}{2}$$

按照 Cullity 和 Stock（2001）的介绍，以包含 α 相和 β 相的材料为例来解释衍射束强度的计算。已知：

$$\frac{\mu_{\text{mixture}}}{\rho_{\text{mixture}}} = w_\alpha \cdot \frac{\mu_\alpha}{\rho_\alpha} + w_\beta \cdot \frac{\mu_\beta}{\rho_\beta} \quad (7.17)$$

式中，w 为质量分数；ρ 为密度。因此，

$$\mu_{\text{mixture}} = w_\alpha \cdot \frac{\mu_\alpha}{\rho_\alpha} \cdot \rho_{\text{mixture}} + w_\beta \cdot \frac{\mu_\beta}{\rho_\beta} \cdot \rho_{\text{mixture}}$$

考虑单位体积的混合物，其质量为 ρ_{mixture}，α 相的质量为 $w_\alpha\rho_{\text{mixture}}$，则 α 相

的体积为 $w_\alpha \rho_{\text{mixture}}/\rho_\alpha$。由于该计算是基于单位体积，$w_\alpha \rho_{\text{mixture}}/\rho_\alpha$ 表示 c_α。因此，

$$\begin{aligned} \mu_{\text{mixture}} &= w_\alpha \cdot \frac{\mu_\alpha}{\rho_\alpha} \cdot \rho_{\text{mixture}} + w_\beta \cdot \frac{\mu_\beta}{\rho_\beta} \cdot \rho_{\text{mixture}} \\ &= c_\alpha \mu_\alpha + c_\beta \mu_\beta \\ &= c_\alpha \mu_\alpha + (1 - c_\alpha) \mu_\beta \\ &= c_\alpha (\mu_\alpha - \mu_\beta) + \mu_\beta \end{aligned} \tag{7.18}$$

那么，α 相的强度为：

$$I_\alpha = K_1 \cdot \frac{c_\alpha}{c_\alpha (\mu_\alpha - \mu_\beta) + \mu_\beta} \tag{7.19}$$

体积分数 c_α 可以与质量分数 w_α 相关联（Cullity 和 Stock，2001）：

$$c_\alpha = \frac{\dfrac{w_\alpha}{\rho_\alpha}}{\dfrac{w_\alpha}{\rho_\alpha} + \dfrac{w_\beta}{\rho_\beta}} = \frac{\dfrac{w_\alpha}{\rho_\alpha}}{w_\alpha \left(\dfrac{1}{\rho_\alpha} - \dfrac{1}{\rho_\beta} \right) + \dfrac{1}{\rho_\beta}} \tag{7.20}$$

然后，可以使用体积分数或质量分数来表达 α 相的强度，见式（7.21）。这些关系对于定量相分析非常有用。

$$\begin{aligned} I_\alpha &= K_1 \cdot \frac{c_\alpha}{c_\alpha (\mu_\alpha - \mu_\beta) + \mu_\beta} \\ &= K_1 \cdot \frac{w_\alpha}{\rho_\alpha \{ w_\alpha [(\mu/\rho_\alpha) - (\mu/\rho_\beta)] + (\mu/\rho_\beta) \}} \end{aligned} \tag{7.21}$$

综上所述，计算了基于布拉格-布伦塔诺粉末 X 射线衍射仪的强度，它对应于具有非零结构因子 F_{hkl} 的特定倒易点阵阵点（或实空间晶面）。如果 Ewald 球无限靠近倒易点阵阵点，且 G 非零时，会产生衍射束。图 7.5 展示了满足衍射条件的 3 个不同晶粒，显示了从特定倒格矢量处的衍射束，其方向略微变化导致了峰展宽。当测量无应变样品的峰宽时，通常使用谢乐公式来计算平均晶粒尺寸。在布拉格-布伦塔诺 X 射线衍射仪中，关于单相粉末样品衍射强度的详细介绍可以参见 Cullity 和 Stock（2001）的著作。

由于峰值强度较低，布拉格-布伦塔诺几何结构在高于 2θ 的角度范围内研究多晶薄膜效果不佳。为了提高多晶薄膜的峰强度，可以设置一个具有非常小倾斜角的入射束方向，从而增加沿表面层的光束路径。然而，在某些实验中，衍射束可能无法聚焦，角度大于 2θ 的分辨率可能较低。为了提高分辨率，可以采用

Seemann-Bohlin 等聚焦几何结构
（Tao et al.，1985）。

　　与粉末 X 射线衍射相比，薄
外延膜的分析通常涉及倒易空间
面扫描。图 7.10 介绍了 3 种基本
的扫描模式。

　　这 3 种基本的操作模式包括
ω-2θ 扫描、ω 扫描和 2θ 扫描，可
以通过 Ewald 球构建来理解。课
堂教学并不专注于薄膜研究。因
此，如果学生的研究项目涉及 X
射线衍射的薄膜分析，要鼓励学
生自行深入研究。

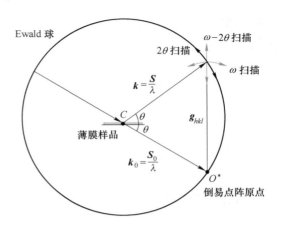

图 7.10　薄膜 X 射线衍射分析中的
3 种典型扫描模式

本 章 小 结

　　根据布拉格定律，只有当一个倒格点位于 Ewald 球上时，布拉格衍射才会发
生。对于粉末和多晶材料，晶粒尺寸较小，每个倒格点变成一个具有一定体积的
域。由于这种效应，如果一个倒格点靠近 Ewald 球，并且域与球面接触，就会发
生衍射。Ewald 球构造有助于更好地理解倒易空间中的布拉格条件和不同的衍射
方法。在本章中，提出了 3 种 X 射线衍射方法。

　　（1）通过使用"白色"辐射来照射单晶样品，可以收集到斑点状的 X 射线
衍射图谱，这就是劳厄方法。

　　（2）通过使用单色辐射来照射旋转的单晶样品，旋转的倒格点有机会穿过
Ewald 球并产生衍射。收集到的衍射图谱取决于旋转轴的排列方式。

　　（3）使用单色辐射和多晶样品或包含不同取向晶粒的粉末样品称为粉末法。

　　在粉末法中，每个倒格点 g_{hkl} 没有固定的位置，而是存在许多不同取向的点
集。如果晶粒或颗粒的数量足够大，来自同一晶族 $\{hkl\}$ 的倒格点会形成一个
半径为 $r = \dfrac{1}{d_{hkl}}$ 的球体。如果考虑形状因子 G，将呈现为一个非常薄的球壳。布拉
格-布伦塔诺粉末法常应用于材料分析。

　　如果存在择优取向，则每个峰的强度与随机取向样品的强度不同。与布拉格-
布伦塔诺方法不同，多晶薄膜分析可以固定入射光线方向，使倾斜角非常小，以
增强表层的衍射峰强度。

　　对于外延生长的薄膜，X 射线衍射分析通常使用 $\omega - 2\theta$、ω 和 2θ 扫描模式

进行倒易空间映射。

　　关键是根据 Ewald 球构造巧妙地将几何关系应用到实验设置中，以便产生衍射，获得晶体结构信息。

参 考 文 献

Cullity B D（Bernard D.），Stock S R，2001. Elements of X-ray diffraction［M］. B. D. Cullity, S. R. Stock. 3rd ed. Upper Saddle River, NJ：Prentice Hall.

Dong Z L，White T J，2004. Calcium-lead fluoro-vanadinite apatites. I. Disequilibrium structures ［J］. Acta Crystallographica Section B：Structural Science, 60（2）：138-145.

Li S T，1990. Fundamentals of X-ray diffraction of crystals［M］. Li S T. Beijing：Chinese Metallurgical Industry Publisher.

Tao K, et al.，1985. An X-ray diffraction attachment tor thin filam analysis of high sensitivity［C］. MRSProceedings. 2011/02/26. Cambridge University Press, 54：687.

Warren B E（Bertram E.），1990. X-ray diffraction［M］. Dover ed. New York：Dover Publications.

8　粉末 X 射线衍射图谱的 Rietveld 精修

　　材料科学和工程专业的学生要特别注意，在进行 X 射线衍射分析时，如果样品的成分未知，建议在进行 X 射线衍射分析之前，先进行 X 射线能量色散光谱分析（EDX 分析），获取样品的元素成分信息。这一步骤在定性分析进行相搜索时非常有用。在接下来的定量相分析中，将假设成分分析和定性相分析已经完成，且已知材料中存在的相。

　　如果多晶样品或粉末样品中存在多个相，那么来自任何相的晶面族 $\{hkl\}$ 的衍射强度就可以计算出来，例如来自 α 相的衍射强度为：

$$I_\alpha = \frac{I_0 A_0 \lambda^3}{32\pi R} \cdot \left(\frac{\mu_0}{4\pi}\right)^2 \cdot \frac{e^4}{m_e^2} \cdot \left(\frac{F_{hkl}}{V_{\text{cell}}}\right)^2 \cdot M \cdot \frac{1 + \cos^2 2\theta}{\sin^2\theta\cos\theta} \cdot A(\theta) \cdot c_\alpha$$

如果在一个样品中只存在两个相，即 α 相和 β 相，那么

$$I_\alpha = K_1 \cdot \frac{c_\alpha}{c_\alpha(\mu_\alpha - \mu_\beta) + \mu_\beta} = K_1 \cdot \frac{w_\alpha}{\rho_\alpha\{w_\alpha[(\mu/\rho_\alpha) - (\mu/\rho_\beta)] + (\mu/\rho_\beta)\}}$$

其中，K_1 定义为 $\dfrac{I_0 A_0 \lambda^3}{32\pi R} \cdot \left(\dfrac{\mu_0}{4\pi}\right)^2 \cdot \dfrac{e^4}{m_e^2} \cdot \left(\dfrac{F_{hkl}}{V_{\text{cell}}}\right)^2 \cdot M \cdot \dfrac{1 + \cos^2 2\theta}{\sin^2\theta\cos\theta} \cdot \dfrac{1}{2}$。

　　上述表达式中，假设了样品中不存在择优取向。如果样品存在无定形相，则可以将已知的晶体标准相（例如质量分数为 10% 的二氧化硅或质量分数为 10% 的氧化铝）与粉末样品混合以进行标定。在某些版本的 Rietveld 精修软件中，还可以计算出无定形相的占比。

　　Zevin 等人在 1995 年发表的文章中对定量 X 射线衍射分析进行了详细讨论。在本章中，将简要介绍用于定量分析的 Rietveld 精修方法（Rietveld，1969）。这种 X 射线衍射图谱的精修考虑了衍射几何和衍射强度。R. A. Young（1995）根据式（8.1）总结了考虑背底贡献的强度：

$$y_{ci} = s \sum L_K |F_K|^2 \phi(2\theta_i - 2\theta_K) P_K A + y_{bi} \tag{8.1}$$

式中，s 为缩放因子；K 为布拉格反射的米勒指数 h、k、l；L_K 包含洛仑兹（Lorentz）因子、偏振因子和多重性因子；ϕ 为衍射函数；P_K 为择优取向函数；A 为吸收因子；F_K 为第 K 次布拉格反射的结构因子；y_{bi} 为第 i 步骤的背底强度。

　　针对特定的 X 射线衍射图谱，可以选择不同的峰形函数来拟合峰值。本书不会讨论 Rietveld 精修中的剖面函数和择优取向。相反，我们更感兴趣的是"基本参数方法"（Cheary 和 Coelho，1992）。在这种方法中，观测到的峰值剖面形状是

以下几个部分的卷积：（1）X 射线的发射剖面；（2）仪器部件；（3）样品的贡献。仪器部件包括主 Soller 狭缝、散射狭缝、次级 Soller 狭缝和接收狭缝。样品的贡献包括式（7.16）中给出的参数，以及晶体尺寸展宽和应变展宽。在精修过程中，需要考虑背底贡献和无定形组分（如果存在）。

　　从峰位和反射指数中，可以计算出晶格参数 a、b、c 及 α、β、γ。一旦考虑到强度，可以获取更多的信息，如原子类型、位置、位点占据和位移参数。这些影响结构因子 F_{hkl} 的关键因素如下：

$$F_{hkl} = \sum_{\substack{\text{all atoms} \\ \text{per cell}}} f_j Occ_j T_j \exp\left[2\pi i(hx_j + ky_j + lz_j)\right]$$

　　在整个衍射图谱拟合过程中，将计算得到的图谱与实验结果进行比较，并计算 R 布拉格因子（R-Bragg），其反映了布拉格反射的观测强度与计算强度之间的差异。R 布拉格因子的定义如下：

$$R_{\mathrm{B}} = \frac{\sum_i \left| I_{K(\mathrm{obs})} - I_{K(\mathrm{calc})} \right|}{\sum_i I_{K(\mathrm{obs})}} \tag{8.2}$$

式中，I_K 为在精修周期结束时分配给第 K 个布拉格反射的强度（Young，1995）。

　　除了 R 布拉格因子之外，在 Rietveld 精修过程中通常还会使用其他一些因子，例如期望 R 因子（R_{exp}）和加权峰形 R 因子（R_{wp}）（Toby，2006）。

　　加权峰形 R 因子（R_{wp}）的表达式为：

$$R_{\mathrm{wp}} = \sqrt{\frac{\sum_i w_i \left(y_{C,i} - y_{O,i}\right)^2}{\sum_i w_i \left(y_{O,i}\right)^2}} \tag{8.3}$$

式中，$y_{O,i}$ 表示第 i 步的观测强度；$y_{C,i}$ 表示第 i 步的计算强度；$w_i = \dfrac{1}{\sigma^2\lfloor y_{O,i} \rfloor} = \dfrac{1}{\langle (y_{O,i} - \langle y_{O,i} \rangle)^2 \rangle}$，$\langle\ \rangle$ 表示期望值。

　　期望 R 因子的表达式为：

$$R_{\mathrm{exp}} = \sqrt{\frac{N}{\sum_i w_i \left(y_{O,i}\right)^2}} \tag{8.4}$$

式中，N（或 N-P）代表数据点的数量，减去了变化参数的个数（Toby，2006）。部分研究学者更倾向于在式（8.4）中使用 N-P。

　　在精修过程中，可以释放不同的晶体结构参数并改变其数值，以减小计算结果和观测结果之间的差异，直到其收敛到最小值。应逐步细化参数，而不是同时释放所有参数。

在精修过程中，通过期望 R 因子（R_{exp}）和加权峰形 R 因子（R_{wp}）计算拟合度指标 S 和卡方 χ^2。拟合度指标 $S = R_{\text{wp}}/R_{\text{exp}}$，卡方 $\chi^2 = [R_{\text{wp}}/R_{\text{exp}}]^2$。值得注意的是，$\chi^2$ 不应低于 1，或者说 R_{wp} 的最小值应为 R_{exp}（Toby，2006）。

R_{B} 和 χ^2 可用于评估所得结果的可靠性。在 *Fundamentals of Powder Diffraction and Structural Characterization of Materials*（Pecharsky 和 Zavalij，2003）中，给出了许多示例来解释粉末 X 射线衍射图谱精修的方法。下面以环境技术研究所（ETI）合成的磷灰石材料为例，说明如何用 Rietveld 精修方法进行晶体结构分析。

研究示例：用 Rietveld 精修方法分析合成羟基磷灰石材料。

羟基磷灰石可以通过多种不同的方法合成，如溶胶凝胶法和水热法（Liu et al.，1997）。在实验中，使用 AR 级别的 $CaCO_3$ 和 H_3PO_4 作为原料，将 $CaCO_3$ 在 900 ℃下分解 2 h 后混合，从而制备了一种前驱体。在前驱体的制备过程中，将 0.30 mol 的 H_3PO_4 溶液缓慢稀释至 100 mL 的蒸馏水中，稀释过程中不断进行磁力搅拌。然后，依次向溶液中加入 0.15 mol 和 0.35 mol 分解后的 $CaCO_3$。在加入 0.35 mol 分解后的 $CaCO_3$ 之前，先加入蒸馏水使溶液总量达到 150 mL。将混合液在烘箱中进行干燥，得到的粉末样品存放在密封瓶中。前驱体和蒸馏水按照质量比 1 : 10 放入聚四氟乙烯衬套中，然后放入不锈钢高压釜。将高压釜放置在炉中，在不同温度（175～250 ℃）和保温时间（1～96 h）条件下进行处理。每个反应得到的产物都用蒸馏水洗涤 3 次以去除残留离子，然后在烘箱中以大约 95°C 的温度进行干燥。制备的粉末样品通过 XRD 和 HRTEM 进行晶体结构分析。

采用 Siemens D5005 铜靶 X 射线衍射仪采集粉末的 X 射线衍射图谱，实验电压 40 kV，电流 40 mA。发散狭缝、抗散射狭缝、接收狭缝和探测器缝隙分别固定为 0.5°、0.5°、0.1 mm 和 0.6 mm。在入射路径中使用主 Soller 缝隙和在衍射路径中使用次级 Soller 缝隙，用于将沿上述狭缝经度方向的光束发散限制在 2.3° 以内。2θ 从 10°～140°进行扫描，步长 0.01°、每步计数时间 5 s。采集到的 XRD 图谱通过 Rietveld 法（使用 Topas 软件）进行精修。修正了四系数背底多项式及由零点偏移和样品位移引起的峰值偏移。空间群设置为 $P6_3/m$，而不是 $P2_1/b$，尽管由于羟基有序，$P2_1/b$ 被认为能够更准确地反映晶体结构（Elliott et al.，1973；Hitmi et al.，1988）。

使用电子显微镜（操作电压为 300 kV）JEM-3010（$C_s = 1.4$ mm）观察了水热产物的形貌。TEM 样品是通过超声将粉末分散在乙醇溶液中，然后将悬浮液滴加到覆有孔状碳涂层的铜网上制备的。和预期的一样，较长的保温时间生成的羟基磷灰石晶须更长。图 8.1 为在 225 ℃下，分别水热保温 3 h 和 96 h 合成的材料。

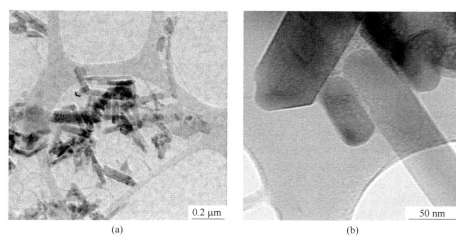

(a) (b)

图 8.1　前驱体经过 225 ℃水热处理后得到的羟基磷灰石晶须的透射电子显微镜观察结果
（a）处理时间 3 h；（b）处理时间 96 h

　　X 射线衍射分析表明，纯羟基磷灰石材料可在 200 ℃或更高温度下从所制备的前驱体中获得。研究结果在 2003 年的布鲁姆国际晶体学会议上进行了报告（Tseng 和 Nalwa，2009）。对于在 225 ℃水热处理 12 h 后得到的羟基磷灰石样品，其 X 射线衍射图谱如图 8.2 所示。相关的晶体结构数据请见表 8.1 和表 8.2。

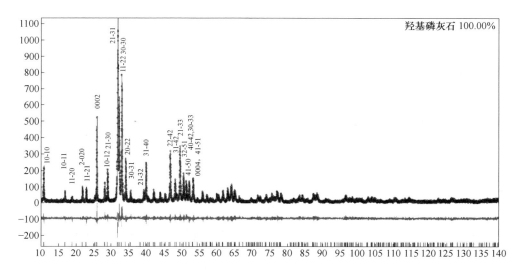

图 8.2　前驱体经 225 ℃水热处理 12 h 后得到的羟基磷灰石的 X 射线衍射图谱
（部分强峰已标识）

表 8.1　前驱体在 225 ℃水热处理 12 h 后得到的羟基磷灰石的晶体结构数据和精修参数

参　　　数		羟磷灰石
R-Bragg		4.517
R_{exp}		19.89
R_{wp}		21.88
GOF		1.10
点群		$P6_3/m$
晶胞质量		1004.620
晶胞体积/nm³		0.53006（18）
晶体密度/g·cm⁻³		3.1472（11）
扭转角		24.0°
晶格参数	a/nm	0.94280（15）
	c/nm	0.68857（11）

表 8.2　前驱体在 225 ℃水热处理 12 h 后得到的羟基磷灰石结构中的原子坐标

原子	位置	x	y	z	占有率	Beq
Ca1	$4f$（A^I）	1/3	2/3	0.00216（44）	1	0.31（17）
Ca2	$6h$（A^{II}）	0.24644（25）	0.99173（28）	1/4	1	0.37（17）
P	$6h$	0.39867（34）	0.36868（32）	1/4	1	0.56（18）
O1	$6h$	0.32648（65）	0.48660（60）	1/4	1	0.87（22）
O2	$6h$	0.58752（70）	0.46271（70）	1/4	1	0.92（23）
O3	$12i$	0.34056（43）	0.25681（45）	0.06680（50）	1	0.85（19）
O4	$4e$	0	0	0.1952（21）	0.5	0.59（38）
H	$4e$	0	0	0.046（38）	0.5	0.2（59）

　　根据表 8.1 和表 8.2 中的晶体结构数据，原子沿不同方向的投影排列如图 8.3 所示。在这种羟基磷灰石结构中，P—O 键长在 0.1542～0.1567 nm。根据表 8.1 和表 8.2 中列出的晶格常数和原子坐标，还可以得到 A（Ⅰ）—O$_{1,2,3}$ 和 A（Ⅱ）—O$_{1,2,3,4}$ 键长，而且可以使用第 4 章介绍的方法绘制 A（Ⅰ）—O 和A（Ⅱ）—O 多面体。

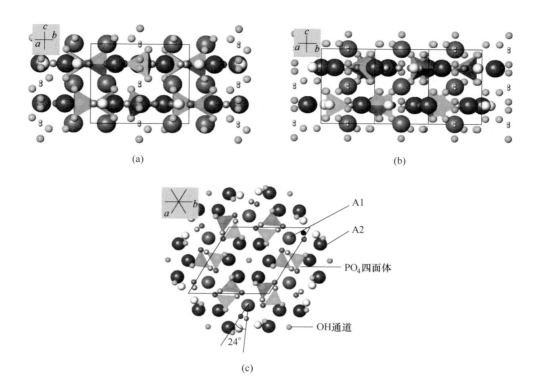

(a)

(b)

(c)

图 8.3　前驱体经过 225 ℃水热处理 6 h 后得到的羟基磷灰石的晶体结构投影

（为简化起见，使用六方晶胞或单斜晶胞的一半来表示羟基磷灰石结构。晶体结构数据来自基于空间群
$P6_3/m$ 的 Rietveld 精修，无法通过 X 射线衍射分析获得（OH）基团的有序信息）

（a）沿 $[2\bar{1}\bar{1}0]$ 方向；（b）沿 $[1\bar{0}\bar{1}0]$ 方向；（c）沿 $[0001]$ 方向

本 章 小 结

在本章中介绍了多晶样品的衍射强度。在存在两个或两个以上相的情况下，还可以计算每个相的峰值强度。Rietveld 精修是一种整体模式拟合的最小二乘技术，通过整个衍射图样而不是几个选定的反射来提取晶体学信息。

X 射线粉末衍射图样的 Rietveld 精修可见：

（1）解析未知的晶体结构，特别是在导入相似的结构文件时；

（2）计算当两个或更多元素位于同一个 Wyckoff 位点时位点占有率；

（3）确定多相样品中每个相的质量分数，最近开发的软件还能分析非晶相；

（4）通过衍射峰的展宽确定晶体的晶粒尺寸。

参 考 文 献

Cheary R W, Coelho A, 1992. A fundamental parameters approach to X-ray line-profile fitting [J]. Journal of Applied Crystallography. International Union of Crystallography (IUCr), 25 (2): 109-121.

Elliott J C, Mackie P E, Young R A, 1973. Monoclinic hydroxyapatite [J]. Science, 180 (4090): 1055-1057.

Hitmi N, LaCabanne C, Young R A, 1988 Oh-reorientability in hydroxyapatites: effect of F⁻ and Cl⁻ [J]. Journal of Physics and Chemistry of Solids, 49 (5): 541-550.

Liu H S, et al., 1997. Hydroxyapatite synthesized by a simplified hydrothermal method [J]. Ceramics International, 23 (1): 19-25.

Pecharsky V, Zavalij P, 2003. Fundamentals of Powder Diffraction and Structural Characterization of Materials [Z]. Vitalij Pecharsky, Peter Zavalij. 1st ed. 20. New York, NY: Springer US.

Rietveld H M, 1969. A profile refinement method for nuclear and magnetic structures [J]. Journal of Applied Crystallography. International Union of Crystallography (IUCr), 2 (2): 65-71.

Toby B H, 2006. R factors in Rietveld analysis: How good is good enough? [J]. Powder Diffraction, 21: 67-70.

Tseng T Y, Nalwa H S (eds), 2009. Handbook of nanoceramics and their based nanodevices [M]. Stevenson Ranch, CA: American Scientific Pub. (Nanotechnology Book Series; 24).

Young R A (Robert A.), 1995. The Rietveld method [M]//edited by R. A. Young. Chester, England: International Union of Crystallograhy (International Union of Crystallography monographs on crystallography; 5).

Zevin L S, Kimmel G, Mureinik I, 1995. Quantitative X-ray diffractometry [Z] //by LevS. Zevin, Giora Kimmel; edited by Inez Mureinik. New York, NY: Springer US.

第3部分　材料透射电子显微学

第3部分旨在对透射电子显微镜在材料分析中的用途作理论解释。这部分主要介绍了：（1）电子衍射理论；（2）衍射衬度理论；（3）相位衬度理论，将有助于理解如何将电子显微术应用于材料研究。本部分未涵盖一些其他理论，如质厚衬度、扫描透射电子显微镜（STEM）中的 Z 衬度和电子能量损失谱等。

在 TEM 相关课堂教学中，学生经常会问为什么要用电子束作为显微镜的光源。因此，在教授 TEM 理论之前，我用电子束的优点作一些简要说明。

可见光的波长范围为 390~760 nm。根据衍射理论，光学显微镜的分辨率只能达到 200 nm 左右，或者说是 $\lambda/2$ 左右。这种分辨率不足以研究生物样本的微小结构，如染色体甚至更小的生物分子。20 世纪初，在研究不同类型样品的微小物质时，为获得更高的分辨能力而寻找波长更短的照明光源，由此催生了电子显微镜的出现，通过高加速电压产生波长更短的电子束。

透射电子显微镜对镜筒的真空度要求很高。为了避免电子与镜筒内空气分子的碰撞，高分辨显微镜必须在非常高的真空或低压（10^{-5} Pa 或更高）条件下使用。

由于电子束是带电粒子，只能穿透极薄的样品（约 1000 nm），因此应制备几纳米甚至更薄的样品，以更好地显示电子衍射花样或图像。薄的 TEM 样品可以通过手工或聚焦离子束（focused ion beam，FIB）制备。在半导体行业中，使用 FIB 制 TEM 样品非常普遍。

对于各种用途的金属合金和陶瓷，材料以粉末、纤维、涂层或块状的形式使用。然而，电子束只能穿透放置在样品杆上的薄样品。因此，除非样品为粉末样，否则就需要进行样品制备。

对于块体金属，可以采用切割、机械研磨、机械抛光和电化学抛光等方法制备直径约为 3 mm 的薄试样，以很好地适应不同的样品杆。若能完好地固定在样品杆上，小于 3 mm 也可以。更小尺寸的样品也可以粘接到直径 3 mm 左右、特殊设计的载体上，载体可以完美地放置于样品台上。

如果陶瓷粉末是细颗粒，可以先将其分散到乙醇或丙酮中，然后将少量溶液滴到碳微栅或碳膜上。若颗粒尺寸较大，可将其混入树脂中，固化后，便可用机械手段制备薄片。纤维材料也可以用同样的方法制样。对于块状陶瓷 TEM 样品的制备，可以使用类似金属材料 TEM 制样的方法。然而，由于陶瓷是绝缘材料，在最后一步不适合进行电化学抛光。先磨凹坑，再用离子减薄，可实现电子透光。在进行离子减薄之前，可磨到约 25 μm 厚的凹痕。如果不选择电化学抛光，也可以通过磨凹坑和离子减薄的方法制备金属材料 TEM 样品。

对金属试样进行机械研磨和抛光时需采取保护措施。由于变形可以改变显微组织，在金属试样的中心部分发生机械变形之前，需要进行最后一步的离子减薄或电化学抛光。这样，最终抛光后得到的薄片来自未变形的中心部分。

制备涂层-基体界面处 TEM 横截面样品具有一定的挑战性。一些工程材料表面涂有功能层，一些微电子器件在硅基体上也有几层涂层。利用 HRTEM 观察界面的横截面是了解界面微观结构的有效方法。为了制备这类 TEM 样品，面贴面的三明治法（face-to-face sandwich method）是行之有效的。有关该方法的描述见诸 Williams（1996）编写的教材及许多其他科技论文中，也可查阅我的一些研究项目（Nutting、Guilemany 和 Dong，1995；Li et al.，2012）。

第 8 章提醒了材料科学与工程专业的学生在进行定性和定量的 X 射线衍射分析之前要先进行成分分析。在 TEM 分析中，如果电镜配备有 EDX 和 EELS，在观察过程中可以在样品的同一区域进行成分分析、相结构和缺陷分析。在进行 TEM 结构分析之前，建议先进行 X 射线衍射分析以获得物相信息，因为 X 射线衍射可以提供整体的结构信息，在使用 TEM 进行局部结构分析时可以起到很好的指导作用。

从电子的发现到第一台透射电子显微镜的构建，仅仅用了 35 年左右的时间。1897 年，英国物理学家约瑟夫·约翰·汤姆逊（J. J. Thomson）发现了电子。他在卡文迪什实验室研究阴极射线的性质时发现，阴极射线是由未知的带负电荷的粒子组成的，后来这些粒子被称为电子。汤姆逊因在气体放电的理论和实验研究中作出的杰出贡献，获得了 1906 年度诺贝尔物理学奖。1909 年，美国实验物理学家罗伯特·安德鲁·密立根（R. Millikan）利用带负电的油滴测量了电子的电荷。因对基本电荷和光电效应的研究，密立根获得了 1923 年度的诺贝尔物理学奖。1923—1924 年，法国科学家路易·维克多·德布罗意（Prince Louis de Broglie）对物质提出了类似于波的性质，其波长 λ 与动量 p 的关系与光或电磁波相同。1929 年，他因发现电子的波动性质而被授予诺贝尔物理学奖。1927 年，汤姆逊之子 G. P. 汤姆逊（G. P. Thomson）及美国科学家克林顿·戴维森（Davisson）与雷斯特·革末（Germer）独立演示了这些电子衍射实验。1937 年，汤姆逊和戴维森因在实验上发现晶体对电子的衍射而获得诺贝尔物理学奖。

1926—1927 年，德国科学家汉斯·布施（Hans Busch）从理论上论证了同轴磁场或电场可以聚焦电子束，为构造电子显微镜的关键部件——电磁透镜提供了理论支持。大约在 1931 年，诺尔（Knoll）和恩斯特·鲁斯卡（Ernst Ruska）完成了第一台透射电子显微镜的搭建。1986 年，恩斯特·鲁斯卡获得诺贝尔物理学奖，"以表彰他在电子光学领域的基础性工作，并设计了第一台电子显微镜"。高分辨率的现代透射电镜在获取电子衍射花样、振幅衬度和相位衬度图像方面更加先进和计算机化。由于开发了高质量的 STEM 图像采集系统和电子能量损失谱，透射电镜的分析能力得到了提高。随着球差校正器的引入，点分辨率已达到亚埃级。事实上，许多科学家一直致力于球差校正器的设计，德国的一个研究小组基于哈拉尔德·罗泽（Harald Rose）的一项建议为球差校正提供了一种解决方案，推动 TEM 技术的发展，进入亚埃级点分辨率的新时代。

第 3 部分主要阐述了电子衍射、衍射衬度和 TEM 相位衬度理论，不涉及 STEM、EELS、全息摄影等相关理论。众所周知，TEM 工作模式使用宽的固定电子束透过样品，而 STEM 使用聚焦电子束扫描样品，通过探测器从样品下方收集各种电子束信号。STEM 也不同于 SEM，因为 SEM 可以研究块状样品，并收集样品上方的各种信号。图Ⅲ.1 分别展示了 TEM、STEM 和 SEM 模式下电子束和样品的示意图。对于现代透射电子显微镜来说，在 TEM 和 STEM 工作模式之间切换是很容易的。

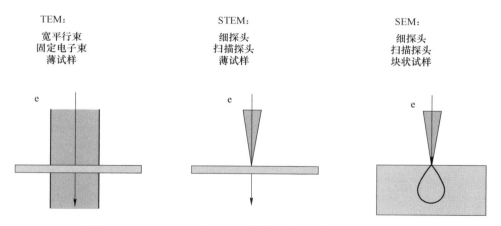

图Ⅲ.1 TEM、STEM 和 SEM 工作模式下电子束和样品的示意图

综上所述，与可见光相比，电子束的波长要短得多。当电子束的加速电压已知时，根据狭义相对论和德布罗意关系可以计算出电子束的波长。

基于狭义相对论，电子总能量 E、动量 p 和电子的静止质量 m_0 可以表示为（Ⅲ.1）：

$$E^2 = c^2 p^2 + m_0^2 c^4 \qquad (Ⅲ.1)$$

电子总能量也可以用动能 E_k 加上静止能量 $m_0 c^2$ 来表示：

$$E = E_k + m_0 c^2 \qquad (\text{III}.2)$$

考虑到电子被高压 V 加速时 $E_k = eV$，我们将式（III.2）改写为

$$E = eV + m_0 c^2 \qquad (\text{III}.3)$$

以及

$$E^2 = (eV + m_0 c^2)^2 = (eV)^2 + 2eVm_0 c^2 + m_0^2 c^4 \qquad (\text{III}.4)$$

比较方程（III.1）和方程（III.4），得到：

$$c^2 p^2 = (eV)^2 + 2eVm_0 c^2$$

因此，得到动量表达式并表示为：

$$p = \left[2m_0 eV \left(1 + \frac{eV}{2m_0 c^2} \right) \right]^{1/2} \qquad (\text{III}.5)$$

利用德布罗意关系，被电压 V 加速后的电子波长为：

$$\lambda = \frac{h}{p} = \frac{h}{\left[2m_0 eV \left(1 + \dfrac{eV}{2m_0 c^2} \right) \right]^{1/2}} \qquad (\text{III}.6)$$

非相对论波长为：

$$\lambda = \frac{h}{p} = \frac{h}{[2m_0 eV]^{1/2}} \qquad (\text{III}.7)$$

下面给出计算相对论波长的另一种方法。

基于狭义相对论，将动能写为：

$$E_k = eV = mc^2 - m_0 c^2$$

而相对论质量为：

$$m = \frac{m_0}{\sqrt{1 - \left(\dfrac{v}{c} \right)^2}}$$

从第一个方程可以得到相对论质量 m，然后从第二个方程可以得到相对论速度 v，分别为：

$$m = m_0 + \frac{eV}{c^2}$$

$$v = c \sqrt{1 - \left(\frac{m_0 c^2}{eV + m_0 c^2} \right)^2}$$

利用德布罗意关系，可以得到与方程（III.6）相同的相对论波长：

$$\lambda = \frac{h}{p} = \frac{h}{mv} = \frac{h}{[2m_0 eV(1 + eV/2m_0 c^2)]^{1/2}}$$

表 III.1 列出了经过相对论修正和未经过相对论修正的电子束波长。计算中

采用的基本物理常数为（ Young et al. , 2012）：电子的静止质量 m_0 = 9. 10938 × 10^{-31} kg ；电子的变化量 e = 1. 60217 × 10^{-19} C ；真空中的光速 c = 2. 99792 × 10^8 m/s 。

表Ⅲ.1   电子束波长随电压的变化

电 压	质量 （ m/m_0 ）	速度 （ v/c ）	相对论波长 （ Å ）	非相对论波长 （ Å ）
80 kV （也适用于 聚合物的研究）	1. 16	0. 502	0. 0417	0. 0433
100 kV	1. 20	0. 548	0. 0370	0. 0388
200 kV	1. 39	0. 695	0. 0251	0. 0274
300 kV	1. 59	0. 777	0. 0197	0. 0224
1000 kV（超高压 TEM）	2. 96	0. 941	0. 0087	0. 0123
3000 kV（超高压 TEM）	6. 87	0. 989	0. 0036	0. 0071

注：1 Å = 0.1 nm。

为了解释透射电子显微镜的工作原理和理论，需要向具有材料科学与工程背景的学生介绍衍射光学中的阿贝成像原理。

TEM 中物镜成像的示意图如图Ⅲ.2 所示。傅里叶变换是一种有效的解释电子衍射和成像的数学工具。

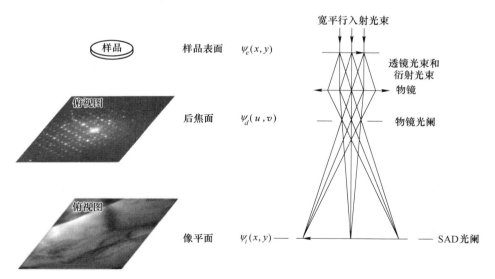

图Ⅲ.2   物镜后焦面和像平面上形成的电子衍射花样和图像

在图Ⅲ.2 中，在后焦面形成的衍射花样可以被中间镜和投影镜放大并在屏幕上观看。同样，在像平面形成的图像可以被中间透镜和投影透镜放大并在屏幕上观看。上述两种模式下的中间镜电流和焦距是不同的，一种是放大衍射花样，另一种是为了放大图像。

　　根据阿贝成像原理，透镜成像可以解释如下：若用 $\psi_e(x, y)$ 表示离开样品下表面的电子波，则以相同角度离开试样的射线在透镜后焦平面的一点汇聚成一个焦点。这相当于在无穷远处的一点发生干涉，即夫琅禾费衍射（Cowley，1995）。在数学上，这个过程是通过傅里叶变换来表示的：

$$\Psi_d(u, v) = FT[\psi_e(x, y)] = \iint \psi_e(x, y) \exp[-i2\pi(ux + vy)] \mathrm{d}x\mathrm{d}y$$

（Ⅲ.8）

其中，(u, v) 为后焦面上的坐标，或者是倒易空间中的坐标。

　　来自后焦面的辐射在透镜的像平面上再次形成干涉图样。在后焦面与像平面距离足够大的情况下，该过程可被近似地视为夫琅禾费衍射，并再次通过傅里叶变换表示：

$$\psi_i(x, y) = FT[\Psi_d(u, v)] = \iint \Psi_d(u, v) \exp[-i2\pi(ux + vy)] \mathrm{d}u\mathrm{d}v$$

$$= \iint \Psi_d(u, v) \exp\{i2\pi[u(-x) + v(-y)]\} \mathrm{d}u\mathrm{d}v = \psi_e(-x, -y)$$

（Ⅲ.9）

　　由图Ⅲ.2 和式（Ⅲ.9）可知，来自物体同一点的光线会聚在成像平面的共同一点上。波函数中的负号表示图像是反转的。透镜的放大倍数 M 在傅里叶变换中是缺失的。散射角相对较小，且后焦面到像平面的距离相对较大，因此最好通过夫琅禾费衍射来看待这个过程，可通过傅里叶变换进行数学处理。

　　有些教科书只是用傅里叶逆变换来表示第二步，在这种情况下没有对图像进行反演，一般情况下不会引起成像问题。

　　为了通过电子衍射分析材料的结构，需要从物镜的后焦面收集电子衍射花样。在透射电子显微镜中，可以通过调节中间镜，收集经过中间镜和投影镜放大后在后焦面上形成的电子衍射花样。

　　为了获得图像并显示衍射衬度或相位衬度，可以通过调节中间镜电流来放大成像平面上的图像，从而实现中间镜和投影镜对图像的放大。

　　在研究电子衍射理论之前，需要讨论电子束的原子散射因子。使用了物理教科书中的一些理论，在一些讨论中忽略了高阶项的影响，只保留一阶项作为近似。

　　强烈建议学生阅读教材 *Electron Microscopy of Thin Crystals*（Hirsch et al.，1977）和 *Transmission Electron Microscopy：A Textbook for Materials Science*（Williams，1996）。对衍射衬度中双光束动力学理论的讨论是基于 *Electron*

Microscopy of Thin Crystal 一书中提出的方法。

参 考 文 献

Cowley J M（John M.），1995. Diffraction physics ［Z］//John M. Cowley. 3rd rev. e. Amsterdam：Elsevier Science B. V.（North-Holland personal library）.

Haider M，et al.，1998. Electron microscopy image enhanced ［7］［J］. Nature，392（6678）：768-769.

Hirsch P B，Howrie A，Nicholason R B，et al.，1977. Electron microscopy of thin crystals ［M］. Malaber，FL：Krieger.

Li Z，et al.，2012. Interface and surface cation stoichiometry modified by oxygen vacancies in epitaxial manganite films ［J］. Advanced Functional Materials，22（20）：4312-4321.

Nutting J，Guilemany J M，Dong Z，1995. Substrate/coating interface structure of we-co high velocity oxygen fuel sprayed coating on low alloy steel ［J］. Materials Science and Technology. Taylor & Francis，11（9）：961-966.

Williams D B，1996. Transmission Electron Microscopy ［Z］//A Textbook for Materials Science/by David B. Williams，C. Barry Carter. Edited by C. B. Carter. Boston，MA：Springer US.

Young H D（Hugh D.），et al.，2012. University physics：with modern physics ［M］. Hugh D. Young，Roger A. Freedman；contributing author，A. Lewis Ford. 13th ed.，Sears and Zemansky's University physics. 13th ed. San Francisco：Addison-Wesley.

9　电子和 X 射线的原子散射因子

本章讨论电子的原子散射因子及其与 X 射线原子散射因子的关系。

9.1　电子的原子散射因子

原子对电子波的散射可以表示为：

$$\psi_{tot} = \psi + i\psi_{SC} = \psi_0 \left[e^{2\pi i k \cdot r} + i f(\theta) \frac{e^{2\pi i k \cdot r}}{r} \right]$$

其中，$f(\theta)$ 被定义为电子的原子散射因子，i 来自散射波 $\frac{\pi}{2}$ 的差（Williams，1996）。原子散射因子 $f(\theta)$ 取决于原子的原子序数和散射角 θ_S。当满足布拉格条件时，$\theta_S = 2\theta_B$。在其他情况下，取 $\theta_S = 2\theta$。

通过平行入射束的面积单元 $d\sigma$ 的电子将被散射到一个立体角单元 $d\Omega$ 锥形中，如图 9.1 所示。它们的比值 $d\sigma/d\Omega$ 称为微分散射截面，是散射角 θ_S 的函数。j_0 和 j_{SC} 是电子通量密度。j_0 是入射束的单位面积通量，j_{SC} 是散射束的单位面积通量。由于粒子为电子束，$-ej_0$ 表示电流密度。

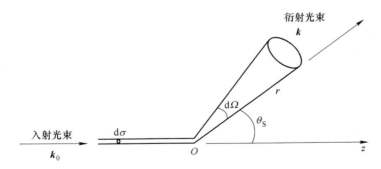

图 9.1　入射电子束被原子散射到立体角为 $d\Omega$ 的单元中

当这些电子击中 $d\sigma$ 时，可以观察到电子散射到实体角 $d\Omega$，所以穿过面积元 dS 或 $r^2 d\Omega$ 的散射通量为：

$$dn = j_{SC} r^2 d\Omega = j_0 d\sigma$$

这意味着：

$$j_{SC} = \frac{j_0}{r^2}\left(\frac{\mathrm{d}\sigma}{\mathrm{d}\Omega}\right) \tag{9.1}$$

因此，在距离 r 处通过面积元 $\mathrm{d}S$ 或 $r^2\mathrm{d}\Omega$ 的散射通量为：

$$\mathrm{d}n = j_{SC}r^2\mathrm{d}\Omega = \frac{j_0}{r^2}\left(\frac{\mathrm{d}\sigma}{\mathrm{d}\Omega}\right)r^2\mathrm{d}\Omega = j_0\left(\frac{\mathrm{d}\sigma}{\mathrm{d}\Omega}\right)\mathrm{d}\Omega$$

式中，$\frac{\mathrm{d}\sigma}{\mathrm{d}\Omega}$ 为微分散射截面。对于单位体积内有 N 个电子、速度为 v 的平行电子束，其通量密度可以表示为 $j_0 = Nv$，即单位时间内通过单位面积的电子数。

当把入射平面波 $\psi_0\mathrm{e}^{2\pi ik\cdot r}$ 代入量子力学公式时，得到粒子通量：

$$j = \frac{i\hbar}{2m}(\psi\,\nabla\psi^* - \psi^*\,\nabla\psi)$$

得到：

$$j_0 = \frac{\hbar}{m}2\pi k\,|\psi_0|^2 = v\,|\psi_0|^2 \tag{9.2}$$

因为 $\frac{\hbar}{m}2\pi k = \frac{h}{2\pi m}2\pi k = \frac{p}{m} = v$，将散射波振幅 $\psi_{SC} = \psi_0 f(\theta)\dfrac{\mathrm{e}^{2\pi ik\cdot r}}{r}$ 代入通量密度的量子力学表达式，得到

$$j_{SC} = v\,|\psi_0|^2\frac{|f(\theta)|^2}{r^2} \tag{9.3}$$

比较方程（9.2）和方程（9.3），得到

$$j_{SC} = j_0\frac{|f(\theta)|^2}{r^2} \tag{9.4}$$

由式（9.1）可知

$$j_{SC} = \frac{j_0}{r^2}\left(\frac{\mathrm{d}\sigma}{\mathrm{d}\Omega}\right)$$

因此，得到

$$\frac{\mathrm{d}\sigma}{\mathrm{d}\Omega} = |f(\theta)|^2 \tag{9.5}$$

这就是电子的微分截面与原子散射因子之间的关系。因此，可以通过微分散射截面计算得到电子的原子散射因子，如下所述。

在量子力学中，含时扰动理论中的费米黄金法则给出了从初态 $h\boldsymbol{k}_0$ 到末态 $h\boldsymbol{k}$ 的跃迁概率，即单位时间内跃迁的比率。通常需要考虑向末态的连续跃迁，而非到某一特定态的跃迁。跃迁概率，或者说跃迁 $w_{\boldsymbol{k}_0\boldsymbol{k}}$ 的概率，告诉我们初始能级被

填充的概率（Liboff，2003）：

$$w_{k_0k} = \frac{dP_{k_0k}}{dt} = \frac{2\pi}{\hbar} |H'_{kk_0}|^2 g(E_k) \tag{9.6}$$

式中，H'_{kk_0} 为初态和末态之间微扰的矩阵元素；P_{k_0k} 为跃迁发生的概率；$g(E_k)$ 为末态的密度。

假设电子位于边长为 L 的立方盒子中，那么归一化的波函数为：

$$\phi_k(r) = L^{-\frac{3}{2}} \exp\left(\frac{i}{\hbar} p \cdot r\right)$$

通过施加周期性边界条件，发现动量沿 3 个轴的分量由 $p_x = \dfrac{2\pi\hbar n_x}{L}$ 和 $p_y = \dfrac{2\pi\hbar n_y}{L}$ 给出，其中 n_x、n_y 和 n_z 为整数。

注意到一个状态在动量空间中占据 $\left(\dfrac{2\pi\hbar}{L}\right)^3$ 的体积，该空间中单位体积的状态数为：

$$\frac{L^3}{(2\pi\hbar)^3}$$

在上述情况下，只考虑立方体盒子 L^3 中的一个粒子。

因此，在动量空间中用球坐标表示的态密度为：

$$\left(\frac{L}{2\pi\hbar}\right)^3 p^2 d\Omega dp = \left(\frac{L}{2\pi\hbar}\right)^3 p^2 dp\sin\theta d\theta d\phi$$

已知在动量空间中球坐标下的体积元为 $(dp)(pd\theta)(p\sin\theta d\phi)$。令

$$\left(\frac{L}{2\pi\hbar}\right)^3 p^2 d\Omega dp = \left(\frac{L}{2\pi\hbar}\right)^3 p^2 dp\sin\theta d\theta d\phi = g(E_k) dE_k$$

式中，$g(E_k)$ 为关于 E_k 的态密度。

由于 $E_k = \dfrac{p^2}{2m_e}$，得到 $dE_k = \dfrac{p}{m_e} dp$，或者 $dp = \dfrac{m_e}{p} dE_k$。区间 $E_k \sim (E_k + dE_k)$ 内的能态数可表示为（S. X. Zhou，1979）：

$$g(E_k) dE_k = \left(\frac{L}{2\pi\hbar}\right)^3 m_e p\sin\theta d\theta d\phi dE_k$$

或者

$$g(E_k) = \left(\frac{L}{2\pi\hbar}\right)^3 m_e p\sin\theta d\theta d\phi = \left(\frac{L}{2\pi\hbar}\right)^3 m_e p d\Omega$$

通常，材料学家使用高加速电压的透射电子显微镜，如 200 kV 和 300 kV。在这种情况下，原子附近的静电势 $V(r)$ 可以被认为是一种扰动。

基于量子力学中的第一玻恩近似，哈密顿量为：

$$H = H_0 + H' = H_0 + U(r)$$

其中，$U(r)$ 为扰动，是电子的相互作用势能 $-eV(r)$。

当入射电子束处于相关原子的势场范围内时，相互作用势能 $U(r) = -eV(r)$ 被认为是"打开"的（Liboff，2003）。在扰动下，电子从 $h\mathbf{k}_0$ 态跃迁到 $h\mathbf{k}$ 态。也就是说，入射粒子刚进入作用范围时，粒子的动量为 $h\mathbf{k}_0$；离开作用范围时，动量为 $h\mathbf{k}$。

学生可能会发现很多物理教材用 $\mathbf{p} = \hbar\mathbf{k}$，而不是 $h\mathbf{k}$ 来表示动量。在这种情况下，$\hbar = \dfrac{h}{2\pi}$ 且 $|k| = \dfrac{2\pi}{\lambda}$，而不是 $\dfrac{1}{\lambda}$。在下面的讨论中，使用 $|k| = |k_0| = \dfrac{1}{\lambda}$。

只考虑体积为 L^3 的立方体样品中的一个电子时，其能态密度表示为 $g(E_k) = \left(\dfrac{L}{2\pi\hbar}\right)^3 m_e(hk)\mathrm{d}\Omega$。因此，电子在单位时间内从 $h\mathbf{k}_0$ 态跃迁到 $h\mathbf{k}$ 态的概率为：

$$
\begin{aligned}
w_{\mathbf{k}_0\mathbf{k}} = \mathrm{d}n &= \frac{2\pi}{\hbar}\,|H'_{\mathbf{k}\mathbf{k}_0}|^2 g(E_k) \\[2mm]
&= \frac{2\pi}{\hbar}\,\left|-L^{-3}\int U(\mathbf{r})\,\mathrm{e}^{-i2\pi(\mathbf{k}-\mathbf{k}_0)\cdot\mathbf{r}}\,\mathrm{d}\mathbf{r}\right|^2 \frac{L^3 m_e hk}{8\pi^3\hbar^3}\,\mathrm{d}\Omega \\[2mm]
&= (vL^{-3})\,\frac{m_e k}{2\pi\hbar^3 v}\,\left|-\int U(\mathbf{r})\,\mathrm{e}^{-i2\pi(\mathbf{k}-\mathbf{k}_0)\cdot\mathbf{r}}\,\mathrm{d}\mathbf{r}\right|^2\,\mathrm{d}\Omega
\end{aligned} \tag{9.7}
$$

再来看原子对电子束的散射。在这种情况下，只考虑体积为 L^3 的立方体内部的一个电子，这意味着对时间相关扰动采用与上述讨论中相同的立方体样品假设；此时粒子的密度为 $\dfrac{1}{L^3}$，入射束的通量为 $j_0 = vL^{-3}$。因此，单位时间内通过 $\mathrm{d}\sigma$ 散射到立体角单元 $\mathrm{d}\Omega$ 的粒子数为：

$$\mathrm{d}n = j_{SC} r^2 \mathrm{d}\Omega = \frac{j_0}{r^2}\left(\frac{\mathrm{d}\sigma}{\mathrm{d}\Omega}\right) r^2 \mathrm{d}\Omega$$

或者

$$\mathrm{d}n = (vL^{-3})\left(\frac{\mathrm{d}\sigma}{\mathrm{d}\Omega}\right)\mathrm{d}\Omega \tag{9.8}$$

比较方程（9.7）和方程（9.8），注意到

$$\frac{\mathrm{d}\sigma}{\mathrm{d}\Omega} = \frac{m_e k}{2\pi\hbar^3 v}\,\left|-\int U(\mathbf{r})\,\mathrm{e}^{-i2\pi(\mathbf{k}-\mathbf{k}_0)\cdot\mathbf{r}}\,\mathrm{d}\mathbf{r}\right|^2 \tag{9.9}$$

使用关系式 $v = \dfrac{hk}{m_e}$，有

$$\frac{\mathrm{d}\sigma}{\mathrm{d}\Omega} = \frac{m_e^2}{4\pi^2\hbar^4}\left| -\int U(\boldsymbol{r})\,\mathrm{e}^{-i2\pi(\boldsymbol{k}-\boldsymbol{k}_0)\cdot\boldsymbol{r}}\mathrm{d}\boldsymbol{r}\right|^2$$

或者

$$f(\theta)^2 = \frac{m_e^2}{4\pi^2\hbar^4}\left| -\int U(\boldsymbol{r})\,\mathrm{e}^{-i2\pi(\boldsymbol{k}-\boldsymbol{k}_0)\cdot\boldsymbol{r}}\mathrm{d}\boldsymbol{r}\right|^2$$

因此,

$$f(\theta) = \frac{m_e}{2\pi\hbar^2}\left(-\int U(\boldsymbol{r})\,\mathrm{e}^{-2\pi i(\boldsymbol{k}-\boldsymbol{k}_0)\cdot\boldsymbol{r}}\mathrm{d}\boldsymbol{r}\right) \tag{9.10}$$

因为

$$-eV(r) = U(r)$$

其中,$V(r)$ 为原子的电势;$U(r)$ 为与原子相关的电子的势能。

可以将方程 (9.10) 改写为:

$$f(\theta) = \frac{m_e e}{2\pi\hbar^2}\int V(\boldsymbol{r})\,\mathrm{e}^{-2\pi i(\boldsymbol{k}-\boldsymbol{k}_0)\cdot\boldsymbol{r}}\mathrm{d}\boldsymbol{r} \tag{9.11}$$

假设原子的静电势 $V(r)$ 或电子的电势能 $U(r)$ 具有球对称性,则

$$\int U(\boldsymbol{r})\,\mathrm{e}^{-2\pi i\boldsymbol{q}\cdot\boldsymbol{r}}\mathrm{d}\boldsymbol{r}$$

$$= \int_{r=0}^{\infty}\int_{\varphi=0}^{2\pi}\int_{\alpha=0}^{\pi}\mathrm{e}^{-i(2\pi q)r\cos\alpha}U(r)r^2\sin\alpha\cdot\mathrm{d}\alpha\cdot\mathrm{d}\varphi\cdot\mathrm{d}r$$

$$= \int_{r=0}^{\infty}\int_{\varphi=0}^{2\pi}U(r)r^2\left[\frac{1}{i(2\pi q)r}\int_{\alpha=0}^{\pi}\mathrm{e}^{-i2\pi qr\cos\alpha}\mathrm{d}(-i2\pi qr\cos\alpha)\right]\cdot\mathrm{d}\varphi\cdot\mathrm{d}r$$

$$= \int_{r=0}^{\infty}\int_{\varphi=0}^{2\pi}U(r)r^2\left[\frac{1}{i(2\pi q)r}(\mathrm{e}^{i2\pi qr}-\mathrm{e}^{-i2\pi qr})\right]\cdot\mathrm{d}\varphi\cdot\mathrm{d}r$$

$$= \int_{r=0}^{\infty}\int_{\varphi=0}^{2\pi}U(r)r^2\left[\frac{i2\sin(2\pi qr)}{i2\pi qr}\right]\cdot\mathrm{d}\varphi\cdot\mathrm{d}r$$

$$= \int_{r=0}^{\infty}4\pi U(r)r^2\frac{\sin(2\pi qr)}{2\pi qr}\cdot\mathrm{d}r$$

因此,

$$f(\theta) = \frac{m_e}{2\pi\hbar^2}\left(-\int U(\boldsymbol{r})\,\mathrm{e}^{-2\pi i(\boldsymbol{k}-\boldsymbol{k}_0)\cdot\boldsymbol{r}}\mathrm{d}\boldsymbol{r}\right)$$

$$= \frac{2m_e}{\hbar^2}\int_0^{\infty}-r^2 U(r)\frac{\sin(2\pi qr)}{2\pi qr}\mathrm{d}r$$

$$= \frac{2m_e e}{\hbar^2}\int_0^{\infty}r^2 V(r)\frac{\sin(2\pi qr)}{2\pi qr}\mathrm{d}r \tag{9.12}$$

或者,

$$f(\theta) = \frac{2m_e e}{\hbar^2} \int_0^\infty r^2 V(r) \frac{\sin(4\pi sr)}{4\pi sr} \mathrm{d}r \tag{9.13}$$

其中，$q = 2s$。

　　对于电子的原子散射因子有不同的推导方式，在上面的讨论中采用了散射理论和含时微扰理论（Liboff，2003）。在这两种情况下，都有以下相同考虑：（1）假设在边长为 L 或体积为 L^3 的立方体盒中只有一个电子；（2）从初始状态 $\boldsymbol{k}_0$ 到末态 $\boldsymbol{k}$ 的跃迁；（3）电子散射到相同的微分立体角 $\mathrm{d}\Omega$ 内。通过比较两种方法的计算结果，得到了微分截面和原子散射因子的表达式。

　　关于 X 射线和电子散射因子可以查阅不同的文献，例如 Doyle 和 Turner（1968）的著作。

9.2　X 射线和电子的原子散射因子之间的关系

　　对于原子序数为 Z 的原子，位置 $\boldsymbol{r}$ 处的原子静电势为：

$$V(\boldsymbol{r}) = \frac{1}{4\pi\varepsilon_0}\left\{\frac{Ze}{r} - \int \frac{e\rho(\boldsymbol{r}')}{|\boldsymbol{r} - \boldsymbol{r}'|}\mathrm{d}\boldsymbol{r}'\right\}$$

其中，$\rho(\boldsymbol{r}')$ 为 $\boldsymbol{r}'$ 点的电子密度。

　　由原子散射因子表达式（9.11），知道

$$
\begin{aligned}
f(\theta) &= \frac{m_e e}{2\pi\hbar}\int V(\boldsymbol{r})\,\mathrm{e}^{-2\pi i(\boldsymbol{k}-\boldsymbol{k}_0)\cdot\boldsymbol{r}}\mathrm{d}\boldsymbol{r}\\
&= \frac{2\pi m_e e}{h^2}\int V(\boldsymbol{r})\,\mathrm{e}^{-2\pi i\boldsymbol{q}\cdot\boldsymbol{r}}\mathrm{d}\boldsymbol{r}\\
&= \frac{m_e e^2}{2h^2\varepsilon_0}\left\{Z\int\frac{\mathrm{e}^{-2\pi i\boldsymbol{q}\cdot\boldsymbol{r}}}{r}\mathrm{d}\boldsymbol{r} - \int\!\!\left(\int\frac{\rho(\boldsymbol{r}')}{|\boldsymbol{r}-\boldsymbol{r}'|}\mathrm{d}\boldsymbol{r}'\right)\mathrm{e}^{-2\pi i\boldsymbol{q}\cdot\boldsymbol{r}}\mathrm{d}\boldsymbol{r}\right\}\\
&= \frac{m_e e^2}{2h^2\varepsilon_0}\left\{Z\int\frac{\mathrm{e}^{-2\pi i\boldsymbol{q}\cdot\boldsymbol{r}}}{r}\mathrm{d}\boldsymbol{r} - \int\rho(\boldsymbol{r})'\mathrm{e}^{-2\pi i\boldsymbol{q}\cdot\boldsymbol{r}'}\mathrm{d}\boldsymbol{r}'\int\frac{\mathrm{e}^{-2\pi i\boldsymbol{q}\cdot(\boldsymbol{r}-\boldsymbol{r}')}}{|\boldsymbol{r}-\boldsymbol{r}'|}\mathrm{d}(\boldsymbol{r}-\boldsymbol{r}')\right\}\\
&= \frac{m_e e^2}{8\pi h^2\varepsilon_0}\frac{[Z-f_x]}{s^2}
\end{aligned}
$$

其中，$\int \mathrm{d}\boldsymbol{r}\exp(-2\pi i\boldsymbol{q}\cdot\boldsymbol{r})/r = \dfrac{4\pi}{(2\pi q)^2}$（Peng，1999）且 $q = 2s$。

　　因此，电子的原子散射因子 $f(\theta)$ 与 X 射线的原子散射因子 f_X 通过下式关联起来：

$$f(\theta) = \frac{m_e e^2}{8\pi h^2\varepsilon_0}\frac{Z - f_X}{s^2} \tag{9.14}$$

通常使用莫特公式（Mott formula）来解释电子和 X 射线的原子散射因子之间的关系，该公式可以通过以下方法推导出来。在下面的讨论中，无论是从晶体学还是量子力学角度，我们都需要对 f_e 和 f_X 使用相同的设定。

为了简化计算，我们对这两个积分只使用非矢量一维表达式：

$$f_e(u) = \int V(r) \exp\{2\pi i u \cdot r\} \, dr$$

$$f_X(u) = \int \rho_e \exp\{2\pi i u \cdot r\} \, dr$$

更详细的讨论参见 Cowley（1995）。

基于傅里叶变换和傅里叶逆变换之间的关系，得到如下表达式：

$$V(r) = \int f_e(u) \exp\{-2\pi i u \cdot r\} \, du$$

$$\rho_e = \int f_X(u) \exp\{-2\pi i u \cdot r\} \, du \tag{9.15}$$

根据泊松方程，电势与电荷密度的关系为：

$$\nabla^2 V(r) = -\frac{e}{\varepsilon_0} \{\rho_n(r) - \rho_e(r)\} \tag{9.16}$$

式中，$e\rho_n$ 为原子核的电荷密度，可以用质量为 Z 的 δ 函数表示；$-e\rho_e$ 为电子的电荷密度；ρ_e 为电子密度；$V(r)$ 为静电势分布。

将方程（9.15）代入方程（9.16），得到

$$\nabla^2 \left[\int f_e(u) \exp\{-2\pi i u \cdot r\} \, du \right]$$

$$= \frac{e}{\varepsilon_0} \int f_X(u) \exp\{-2\pi i u \cdot r\} \, du - \frac{e}{\varepsilon_0} \int Z \exp\{-2\pi i u \cdot r\} \, du$$

由于原子核上的正电荷，最后一项积分是关于原子序数 Z 的 δ 函数（Cowley，1995）。

上式等号左侧可以表示为 $\int (-2\pi i |u|)^2 f_e(u) \exp\{-2\pi i u \cdot r\} \, du$。因此，得到如下关系式，称为莫特公式：

$$f_e(u) = \frac{e}{4\pi^2 \varepsilon_0 u^2}(Z - f_X) = \frac{e}{16\pi^2 \varepsilon_0 s^2}(Z - f_X) \tag{9.17}$$

将由第一玻恩近似得到的结果式（9.14）与莫特公式式（9.17）进行比较，发现它们之间的差别是常数 $2\pi m_e e/h^2$，或

$$f_{FB}(u) = (2\pi m_e e/h^2) f_{Mott}(u) \tag{9.18}$$

中性原子电子的原子散射振幅表见 *Uolume C of the International Tables for Crystallography* 第 259~429 页。

本 章 小 结

在 6.2 节中，X 射线的原子散射因子用与原子相关的电子密度的积分表示。本章推导了 X 射线和电子束的原子散射因子之间的关系。

由于这本教材是为材料科学家和工程师编写的，只使用了物理学中的一些基本概念来推导高能电子束的原子散射因子。

电子的原子散射因子与静电势有关，而 X 射线的原子散射因子取决于电子密度。由于原子的静电势可以用原子核和电子携带的电荷来表示，因此 X 射线和电子束的原子散射因子可以相互关联。

由第一玻恩近似得到的原子散射因子表达式与由莫特公式得到的原子散射因子表达式不同，可以通过公式进行关联。

$$f_{\text{FB}}(u) = (2\pi m_e e/h^2)f_{\text{Mott}}(u)$$

参 考 文 献

Cowley J M（John M），1995. Diffraction physics ［Z］//John M. Cowley. 3rd rev. e. Amsterdam；Elsevier Science B. V.（North-Holland personal library）.

Doyle P A，Turner P S，1968. Relativistic Hartree-Fock X-ray and electron scattering factors ［J］. Acta Crystallographica Section A. International Union of Crystallography（IUCr），24（3）：390-397.

Liboff R L，2003. Introductory quantum mechanics ［M］. RichardL. Liboff. 4th ed. ，Quantum mechanics. 4th ed. San Francisco：Addison-Wesley.

Peng L，1999. Electron atomic scattering factors and scattering potentials of crystals ［J］. 30：625-648.

Williams D B，1996. Transmission Electron Microscopy ［Z］//A Textbook for Materials Science / by David B. Williams，C. Barry Carter. Edited by C. B. Carter. Boston，MA；Springer US.

Zhou S X，1979. Quantum mechanics ［M］. Zhou，S. X. Chinese Higher Education Publishers.

10　透射电子显微镜中的电子衍射

第 9 章研究了 X 射线的原子散射因子 f_X 和电子束的原子散射因子 f_e 之间的关系。电子束的散射因子比 X 射线的散射因子高得多，相差 10^4 个数量级（Hirsch，1977）。

还应知道电子散射和 X 射线散射在几何结构上的区别。电子束的波长通常在 10^{-2} 埃级；例如，200 kV 加速的电子束波长为 0.00251 nm；而 X 射线的波长为埃级，如 $\lambda_{Cu\,K\alpha}$ = 0.15418 nm。在 X 射线衍射中绘制 Ewald 球时，它的半径与大多数晶体材料的晶格常数相当。然而，对于电子衍射，Ewald 球的半径比倒易点阵单胞边缘大得多，并且 Ewald 球表面在倒易点阵原点 O^* 附近切割倒易线的部分看起来非常平坦。一般而言，衍射花样反映的是加权倒易阵点平面的几何形状。在透射电子显微镜（TEM）分析中，需要对电子衍射花样进行标定，并计算晶带轴。

10.1　TEM 中电子衍射的几何原理

当电子束与薄晶体样品的晶带轴方向反平行或接近反平行时，在 TEM 物镜的后焦面上形成斑点状图案。每个衍射束沿着布拉格角的方向传播，并在物镜后焦面上形成二维衍射斑。事实上，由于晶体尺寸效应，晶体的每个倒易阵点都与一个倒易杆相关联；Ewald 球可能会切割许多具有非零激发误差的倒易杆，导致衍射角与精确的布拉格条件有微小的偏差。典型的二维电子衍射花样如图 10.1 所示。后焦面上衍射图样的几何形状和光斑强度携带了样品的结构信息。

对于 TEM，可以通过改变中间镜电流来改变中间镜的焦距，使物镜后焦面的衍射图案或物镜像面的图像可以被中间镜和投影镜放大。因此，通过调节中间镜电流，放大后的衍射花样或放大后的图像可以在屏幕上查看，也可由 CCD 相机记录。

选区电子衍射（SAED 或 SAD）是研究样品某一区域图像或电子衍射花样的一种有效方法。为研究目标区域的电子衍射花样，在切换到电子衍射模式之前，可以插入一个选区光阑，光阑位于物镜的像平面（见图Ⅲ.2）。观测时，首先要调节中间镜电流，使所选光阑的边缘在屏幕上可以清晰地观察到。然后调节物镜聚焦以获得样品的清晰图像。以上两个步骤使物镜形成的图像落在选区光阑的平面上，并由中间镜放大。当切换到衍射模式时，物镜电流必须保持不变，或者说物镜的焦距必须保持不变，即选区光阑上方的电子束路径不变。通过调节中间镜电流可以获得清晰的衍射花样，而不改变选区光阑上的电子束路径，这样保证了电子衍射花样来自所选区域。由于球差和散焦的存在，会产生一些较小的误差。

对于常规的选区电子衍射，入射束照到样品上是宽平行束，在后焦面上得到的衍射花样为斑点花样。当所选区域来自沿晶带轴排列的单个晶粒时，其电子衍射花样与该晶粒的加权倒易点阵相关，如图 10.1 所示。然而，如果入射束会聚到晶体的一个小区域，衍射图案的每个光斑在后焦面上变成一个圆盘，这种衍射称为会聚束电子衍射（CBED）。

图 10.1　前驱体 225 ℃水热处理 6 h 后得到的羟基磷灰石的电子衍射花样

与 X 射线相比，TEM 使用的电子束波长较短。因此衍射角非常小，布拉格方程 $2d\sin\theta = \lambda$ 可以用另一种方式表示，即 $Rd = L\lambda$ ，其解释如下。

已知：

（1）晶面间距 d：在 Å（0.1 nm）水平；

（2）倒格矢的振幅 $g = 1/d$：在 $Å^{-1}$（10 nm^{-1}）水平；

（3）电子波长 λ：在 10^{-3} nm 水平；

（4）Ewald 球半径 $k_0 = 1/\lambda$：在 10^{-3} nm^{-1} 水平。

因此，θ_B 通常在 10^{-2} 弧度水平附近。当 θ 很小时，$\sin\theta \approx \theta$，$\tan2\theta \approx 2\theta$。当 θ 很小时，TEM 中的电子衍射如图 10.2 所示。

透射束与衍射束之间的距离如衍射图案所示。

$$R = L\tan(2\theta_B) \approx L\,2\theta_B \approx L\,2\sin\theta_B = L(\lambda/d)$$

因此，$R = \dfrac{1}{d}(L\lambda)$，或者

$$Rd = L\lambda \qquad\qquad (10.1)$$

式中，R 为原点到衍射斑点的距离；L 为有效相机长度；$L\lambda$ 表示电子显微镜的放大系数，也称为相机常数（见图 10.2）。

R 也表示放大后的倒格矢，将方程改写为：

$$R = (L\lambda)\frac{1}{d} = (L\lambda)g \qquad\qquad (10.2)$$

通过测量 R 可用来计算晶面间距 d，尽管在没有校准的情况下 d 值并不太准确。

以图 10.1 为例，从入射束方向对二维电子衍射花样进行标定时，晶面间距 d 可由式（10.2）计算，两个衍射面之间的夹角可由晶面夹角的相关方程计算（见表 3.2）。下面举例说明二维电子衍射花样的标定步骤。

例 10.1   用 200 kV TEM 研究了具有立方晶体结构 a = 0.402 nm 的 $BaTiO_3$。图 10.3 是 $BaTiO_3$ 晶体零阶劳厄区（ZOLZ）的选区电子衍射图。给定相机常数 $L\lambda$ = 2.51 mm · nm，标定衍射斑点 A、B、C，并确定衍射图案的晶带轴。

OA = 14.0 mm，OB = 8.8 mm，OC = 14.0 mm。OA 与 OB 的夹角为 71.6°，OB 与 OC 的夹角也为 71.6°。

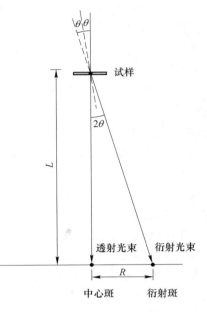

图 10.2   TEM 中电子衍射的示意图

解：利用间距 d 公式：$d = \dfrac{a}{\sqrt{h^2 + k^2 + l^2}}$，可以计算出不同晶面的晶面间距，见表 10.1。

表 10.1   晶面间距 I

hkl	d/nm
001	0.402
011	0.284
111	0.232
002	0.201
012	0.179
112	0.164

从电子衍射花样，知道

$$d_A = (L\lambda)/R_A = (2.51 \text{ mm} \cdot \text{nm})/14 \text{ mm} = 0.179 \text{ nm}$$

表明衍射斑点 A 是来自 {012} 晶面族的衍射。

同理可得

$$d_A = (L\lambda)/R_B = (2.51 \text{ mm} \cdot \text{nm})/8.8 \text{ mm} = 0.285 \text{ nm}$$

及

$$d_C = (L\lambda)/R_C = (0.251 \text{ mm} \cdot \text{nm})/10.1 \text{ mm} = 0.179 \text{ nm}$$

即 {110} 和 {012} 族的某一晶面分别衍射出斑点 B 和 C。

实际上，不需要计算 d_C，因为相关的衍射面可以通过矢量运算得到。

利用 $\cos\varphi = \dfrac{\boldsymbol{g}_1 \cdot \boldsymbol{g}_2}{|\boldsymbol{g}_1||\boldsymbol{g}_2|} = \dfrac{h_1 h_2 + k_1 k_2 + l_1 l_2}{\sqrt{h_1^2 + k_1^2 + l_1^2}\sqrt{h_2^2 + k_2^2 + l_2^2}}$，可以计算晶面夹角。

$(10\bar{1})$ 和 $(02\bar{1})$ 之间的夹角为 $71.6°$。这对晶面只是正确答案中的一个，因为其他几对晶面也能满足条件。在 TEM 分析中，建议通过将晶体倾转到不同的晶带轴来收集更多的衍射花样，以得到唯一答案。

由 $(10\bar{1})$ 和 $(02\bar{1})$ 计算得到的晶带轴为 $[212]$，标定图案如图 10.4 所示。

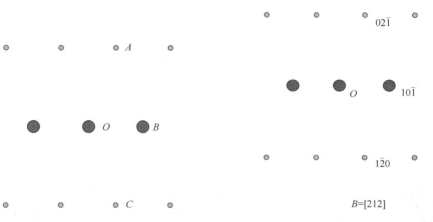

图 10.3　BaTiO$_3$ 晶体的选区电子衍射花样　　　　图 10.4　BaTiO$_3$ 晶体晶带轴 $[212]$ 的选区电子衍射花样

对于电子衍射，晶带轴可以用魏斯定律计算：
$$hu + kv + lw = 0 \tag{10.3}$$
晶带轴可以表示为真实晶格的方向矢量，即
$$\boldsymbol{B} = u\boldsymbol{a} + v\boldsymbol{b} + w\boldsymbol{c}$$
而产生布拉格衍射的平面可以表示为倒易点阵中的矢量，即
$$\boldsymbol{g}_{hkl} = h\boldsymbol{a}^* + k\boldsymbol{b}^* + l\boldsymbol{c}^*$$
我们知道晶带轴平行于平面 (hkl)，或者 $\boldsymbol{B} \perp \boldsymbol{g}_{hkl}$。因此，$\boldsymbol{B} \cdot \boldsymbol{g}_{hkl} = 0$，即
$$hu + kv + lw = 0$$
根据衍射花样中两个衍射斑的指数 $(h_1 k_1 l_1)$ 和 $(h_2 k_2 l_2)$，有
$$h_1 u + k_1 v + l_1 w = 0$$
$$h_2 u + k_2 v + l_2 w = 0$$
上式可用于计算晶带轴：
$$u : v : w = (k_1 l_2 - k_2 l_1) : (l_1 h_2 - l_2 h_1) : (h_1 k_2 - h_2 k_1) \tag{10.4}$$

在 u、v、w 存在公因数的情况下，应去掉公因数，将晶带轴写为 $[uvw]$，或 $B = [uvw]$。

晶带轴与电子束方向反平行。晶体的取向变化导致晶带轴与电子束的反平行稍有偏离时，仍可观察到衍射花样。若电镜中的电子束向下运动，则晶带轴向上。学生需谨记从电子衍射图中选择 g_1 和 g_2 时采用了右手定则，因此 $g_1 \times g_2$ 是向上指向的。

在教材 *Essentials of Crystallography*（Wahab，2009）中，对于直接晶格晶带轴 $[uvw]$ 的计算采用倒格子表达式。鼓励学生由 $B = $

$$\frac{(h_1 \boldsymbol{a}^* + k_1 \boldsymbol{b}^* + l_1 \boldsymbol{c}^*) \times (h_2 \boldsymbol{a}^* + k_2 \boldsymbol{b}^* + l_2 \boldsymbol{c}^*)}{V^*}$$

独立推导出表达式 $B = u\boldsymbol{a} + v\boldsymbol{b} + w\boldsymbol{c} = (k_1 l_2 - k_2 l_1)\boldsymbol{a} + (l_1 h_2 - l_2 h_1)\boldsymbol{b} + (h_1 k_2 - h_2 k_1)\boldsymbol{c}$。在推导中，需要运用关系 $\dfrac{\boldsymbol{b}^* \times \boldsymbol{c}^*}{V^*} = \boldsymbol{a}$，$\dfrac{\boldsymbol{c}^* \times \boldsymbol{a}^*}{V^*} = \boldsymbol{b}$ 和 $\dfrac{\boldsymbol{a}^* \times \boldsymbol{b}^*}{V^*} = \boldsymbol{c}$。

对于多晶区的选区电子衍射，满足布拉格条件的单晶晶粒衍射花样叠加形成了环状花样。图 10.5 为 HA/Ti$_6$Al$_4$V 复合材料中 Ti$_6$Al$_4$V 多晶区六方相的环状衍射花样。

(a)	(b)

图 10.5　HA/Ti$_6$Al$_4$V 复合材料中的 Ti$_6$Al$_4$V 多晶区域(a)和

(a)区域的点环状电子衍射花样(b)

（显示了 Ti$_6$Al$_4$V 六方相的（10$\overline{1}$0）（0002）（10$\overline{1}$1）（10$\overline{1}$2）等晶面的衍射，

在 HA/Ti$_6$Al$_4$V 复合材料中，有一些微弱的衍射斑点来自附近的 HA）

（资料来源：转引自 Khor 等人（2000），经 Elsevier 授权）

　　例 10.1 所示的 SAED 图是使用平行入射电子束获得的。对于会聚束电子衍射，每个光斑变成一个圆盘，可以看到光强的变化。透射束和衍射束在圆盘内部形成的条纹包含非常丰富的关于晶体对称性的信息。

　　对于与正点阵耦合的倒易点阵，有不同的方法来表示会聚束的几何。可以固定倒易点阵，改变埃瓦尔德球的球心（Williams，1996；Wei，1990）来解释衍射的几何形状。在这种情况下，埃瓦尔德球球心的位置在会聚角 2α 内变化，而入射束的方向在会聚角 2α 内变化，Ewald 球球心位置随之改变。如图 10.6 所示，倒易点阵原点 O^* 是固定的，倒易点阵取向也是固定的。

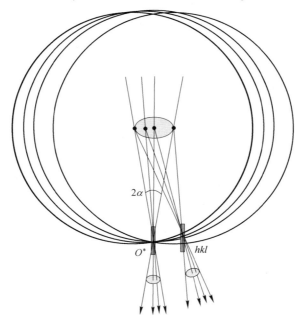

图 10.6　会聚束电子衍射几何示意图

　　由图 10.6 可知，入射束的锥面会聚角为 2α。Ewald 球体与入射束相互耦合，共同变化。倒易点阵原点 O^* 及其取向是固定的。当入射束会聚时，中心光斑和 hkl 光斑变成圆盘。衍射束以不同的 s 值穿过 hkl 倒易杆的不同部分。由于偏移矢量 s 与 Ewald 球半径 k 相比非常小，在近似情况下，衍射束被认为是通过一个圆锥体传播的。

　　根据第 11 章将要讨论的双光束动力学理论，当样品具有均匀厚度 T 时，衍射束的强度是偏离矢量 s 的函数：

$$I_g(T,\ s)=I_g(s)=\frac{\pi^2}{\xi_g^2}\frac{\sin^2(\pi s_{\mathrm{eff}}T)}{(\pi s_{\mathrm{eff}})^2}$$

$$I_0(s) = 1 - I_g(s)$$

式中，$s_{eff} = \sqrt{s^2 + \xi_g^{-2}}$；$I_g(s)$ 可以用来解释衍射盘内部形成的条纹。对于一个已知的偏离矢量 s，s_{eff} 可以通过 $s_{eff} = \sqrt{s^2 + \xi_g^{-2}}$ 求得。因此，可以计算出衍射束的强度 $I_g(s)$。当 $s_{eff}T = T\sqrt{s^2 + \xi_g^{-2}}$ 为整数时，$I_g(s) = 0$，因此在衍射盘 hkl 的相应位置形成暗条纹。

一般来说，可以通过测量明暗条纹中心的间距 x_i，然后代入 $s_i = \dfrac{x_i \lambda}{Rd^2}$ 来计算偏离矢量。衍射圆面 hkl 中的每一条暗条纹都是垂直于散射矢量 $q(= g_{hkl} + s)$ 的直线。

为了更好地理解偏离矢量 s 的值与条纹在衍射盘 hkl 中的位置 x 之间的联系，进一步通过图 10.7 来说明。

散射矢量 q 与倒易杆相截，且 $s = q - g_{hkl}$。当 $s_{eff}T = T\sqrt{s^2 + \xi_g^{-2}} = n_k$（整数）时，衍射束 $I_g(s) = 0$。如果在这种情况下，固定散射矢量 q 和 s，只改变入射束和衍射束的方向，从面上 AB 线方向入射的光束穿过会聚入射光束锥中的一个平面，并会聚到倒易点阵原点 O^*（见图 10.7 (b)）。光束的几何形状表明，在与 hkl 倒易杆上与位置 D 相关的 s 值处，当 $I_g(s) = 0$ 时，衍射圆面 hkl 内部形成了暗条纹。在衍射光锥中，AB 线会聚到 hkl 倒易杆上的位置 D，并与衍射圆面内的暗条纹相连接。线段 AB、位置 D 与暗条纹在同一平面内。

当 s 值越大，对比度就越低。理解几何形状的关键是固定散射矢量 q，q 以固定的偏离矢量 s 结束在倒易杆上的固定位置。当 s 值满足 $T\sqrt{s^2 + \xi_g^{-2}} = n_k$ 或接近该条件时，强度最小的衍射束会在衍射圆面中产生一条平直的暗条纹。

在几何上，这意味着（1）固定 Ewald 球大圆的弦；（2）改变球心。在入射束会聚 2α 范围内，Ewald 球球心沿垂直于弦线运动。从该直线可以确定 s 值固定的衍射束方向。

利用同样的概念，当 Ewald 衍射球在高阶劳厄带处切割倒易杆时，我们也可以画出散射矢量 $q = g$。通过将散射矢量 g 固定在高阶劳厄带中的倒易杆中心，并在会聚束的圆锥内找到衍射束的方向，可以在高阶劳厄带圆面中找到亮线位置，在透射圆面中找到相应的暗线。

从会聚束衍射模式中可以获得更多关于晶体结构和对称性的信息，详细的讨论可以在推荐给学生的教科书中找到（Williams，1996）。

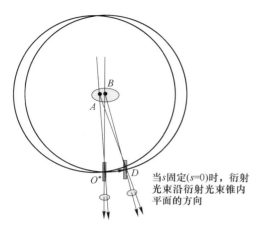
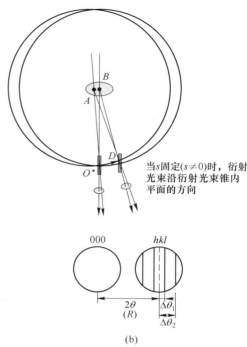

当s固定(s=0)时，衍射
光束沿衍射光束锥内
平面的方向

当s固定(s≠0)时，衍射
光束沿衍射光束锥内
平面的方向

(a)

(b)

图 10.7　通过 $I_g(T,\ s)\ =\ \dfrac{\pi^2}{\xi_g{}^2}\dfrac{\sin^2(\pi s_{\mathrm{eff}}T)}{(\pi s_{\mathrm{eff}})^2}$ 关系表示 K-S 型 hkl 衍射圆面中强度

随 s 值的变化，其中 $s_{\mathrm{eff}}\ =\ \sqrt{s^2+\xi_g^{-2}}$

（a）光束经过 AB 线满足布拉格条件，$s\ =\ 0$，$\boldsymbol{q}\ =\ \boldsymbol{g}_{hkl}$；

（b）经过 AB 线的光束满足条件 $\boldsymbol{k}-\boldsymbol{k}_0\ =\ \boldsymbol{q}\ =\ \boldsymbol{g}_{hkl}+\boldsymbol{s}$，且 s 是固定的

图 10.7 中，对于 hkl 圆面中心亮条纹中间的任意位置 $\Delta\theta$，s 值可通过关系式 $s=\dfrac{\Delta\theta\lambda}{(2\theta)d^2}=\dfrac{x\lambda}{Rd^2}$ 计算得到。因此，根据相对于中央亮条纹的两个暗条纹的位置，s_1 和 s_2 值可以通过关系式 $s_i=\dfrac{\Delta\theta_i\lambda}{(2\theta)d^2}=\dfrac{x_i\lambda}{Rd^2}$ 计算。

10.2　衍射束的强度

关于电子衍射，采用了与 X 射线衍射类似的方法来推导衍射束的强度。第一步是解释电子束的原子散射因子；第二步是分析结构因子，即布拉格条件下晶胞的散射；第三步是找出由许多晶胞组成的晶体的尺寸效应。原子散射因子已在第 9 章中详细说明。

电子束的原子散射因子可以表示为：

$$f(\theta) = \frac{m_e e^2}{8\pi h^2 \varepsilon_0} \cdot \frac{Z - f_X}{s^2}$$

其中，$s = \dfrac{\sin\theta}{\lambda}$。事实上，电子是带负电的粒子，它们通过库仑力与带正电的原子核及带负电的电子云相互作用。因此，原子对电子的散射因子包含两项：第一项是由于与原子序数为 Z 的原子核的相互作用；第二项是由于与原子相关的电子云的相互作用。Hirsch（1977）对原子散射因子的讨论都是以 CGS 为单位。在计算中，原子散射的电子波的振幅约为 X 射线的 10^4 倍。

如前所述，虽然可以使用晶体学惯例或量子力学惯例来计算 X 射线衍射和电子衍射中的结构因子，但是在 X 射线衍射中通常使用晶体学惯例，而在电子衍射中通常使用量子力学惯例。不同之处在于，量子力学惯例的指数项中存在 "–"。

当电子波被一个晶胞中不同位置的原子散射时，其相位差可以表示为：

$$\phi = -2\pi i(\boldsymbol{k} - \boldsymbol{k}_0) \cdot \boldsymbol{r} = -2\pi i \boldsymbol{q} \cdot \boldsymbol{r}$$

其中，$\boldsymbol{q} = \boldsymbol{k} - \boldsymbol{k}_0 = \boldsymbol{g} + \boldsymbol{s}$，各参数含义如图 10.8 所示。

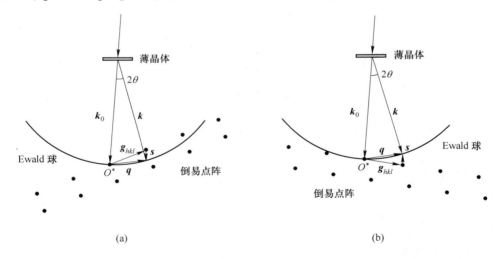

(a)   (b)

图 10.8　Ewald 球结构，当电子束稍微偏离精确布拉格条件时，定义入射波矢量为 $\boldsymbol{k}_0$，
衍射波矢量为 $\boldsymbol{k}$，衍射矢量为 $\boldsymbol{q}$，偏离矢量为 $\boldsymbol{s}$
（a）s 为正；（b）s 为负

在解释电子衍射中的结构因子时，引入了偏离矢量 $\boldsymbol{s}$，表示电子衍射偏离布拉格条件的程度。s 也称为激励误差，当晶体尺寸较大时，其取值范围较小。确定 s 的符号的规则是：

（1）当 s 平行于电子束方向 $\boldsymbol{k}_0$ 时，s 是正的，这是 s 符号的定义；

（2）当 $\theta > \theta_B$ 时，s 为正；

（3）当倒格点在 Ewald 球内时，s 为正；

（4）hkl 菊池线的亮线恰好位于 hkl 光斑外时，s 为正。

当 $\theta = \theta_B$ 时，$s = 0$。这种情况下 $\boldsymbol{q} = \boldsymbol{g} = h\boldsymbol{a}^* + k\boldsymbol{b}^* + l\boldsymbol{c}^*$，并且 $\phi = -2\pi i (\boldsymbol{k} - \boldsymbol{k}_0) \cdot \boldsymbol{r} = -2\pi i \boldsymbol{g} \cdot \boldsymbol{r}$，在几何上，满足布拉格条件。

在布拉格条件下，晶胞散射的电子波的振幅被定义为结构因子。结构因子表示为：

$$F_{\boldsymbol{g}} = \sum_{\substack{\text{all atoms} \\ \text{per cell}}} f_j(\theta_B) [\exp(-2\pi i \boldsymbol{g} \cdot \boldsymbol{r}_j)]$$

或者

$$F_{hkl} = \sum_{\substack{\text{all atoms} \\ \text{per cell}}} f_j(\theta_B) \{\exp[-2\pi i(hx_j + ky_j + lz_j)]\} \tag{10.5}$$

式中，f_j 为原子 j 的原子散射因子；$\boldsymbol{r}_j$ 为原子 j 在晶胞中的位置。

当 $\theta \neq \theta_B$ 时，$s \neq 0$。那么晶胞散射的电子波的振幅变为：

$$F_{\boldsymbol{q}} = \sum_{\substack{\text{all atoms} \\ \text{per cell}}} f_j(\theta) \exp(-2\pi i \boldsymbol{q} \cdot \boldsymbol{r}_j)$$

$$= \sum_{\substack{\text{all atoms} \\ \text{per cell}}} f_j(\theta) \exp[-2\pi i(\boldsymbol{g} + \boldsymbol{s}) \cdot \boldsymbol{r}_j] \tag{10.6}$$

当 $|\boldsymbol{s}|$ 值很小时，$|F_{\boldsymbol{q}}| \approx |F_{\boldsymbol{g}}|$。

X 射线衍射和电子衍射的结构因子表达式非常相似，只是电子衍射结构因子的指数项出现了负号。然而，如果比较 X 射线和电子束的原子散射因子 $f_j(\theta)$，就会发现在 X 射线散射中，原子散射因子是一个原子散射的波幅与一个电子散射的波幅之比。X 射线的原子散射因子是无量纲的。对于电子衍射，原子散射因子的单位是长度。

对于 X 射线衍射和电子衍射，可以通过计算相关反射的结构因子（hkl），来确定允许反射和禁止反射。由于电子束的原子散射因子的量级远高于 X 射线，因此在电子衍射花样中可以发生二次衍射。二次衍射意味着来自样品上层的衍射束可以在下层进一步衍射。或者可以说，下层样品不仅对穿透上层的直射束进行衍射，还对来自上层的衍射束进行再衍射。在这种情况下，上层的衍射束充当下层的另一入射束。

二次衍射可能发生在一个晶粒内部，也可能发生在晶粒之间。如果发生在同一晶粒上，则可从禁止反射面观察到衍射。图 10.9 为具有二次衍射斑点的 ZnO 纳米带的电子衍射花样。

如果样品上下两层是两个不同的晶粒，并且都沿着各自的晶带轴，那么也会

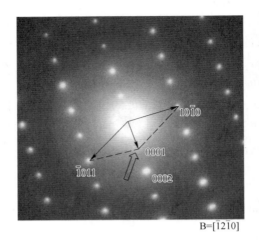

图 10.9 具有二次衍射的氧化锌纳米带 [1̄21̄0] 晶带轴上的电子衍射图

在二次衍射引起的禁止反射 0001 处出现一个亮斑

（101̄0 和 101̄1 是允许的衍射）

（资料来源：Xu 等人（2005），经 AIP 出版社许可）

出现二次衍射花样。图 10.10 为两块纳米金片的二次衍射图谱，金片的合成方法参见 Xia 等人的文章（2018）。

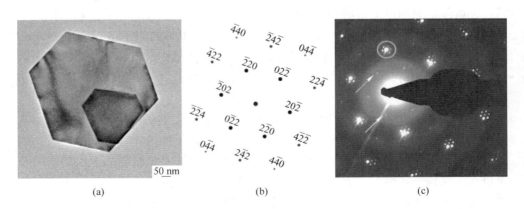

(a)   (b)   (c)

图 10.10 两个来自 [111] 晶带轴的金薄片(a)；[111] 晶带轴上，金单晶的
索引电子衍射花样（b）；二次衍射形成的小六边形（圆圈所标），
由于金片很薄高阶劳厄区存在斑点（箭头所指）(c)

如前所述，二次衍射是电子衍射实验中常见的现象。因此，在衍射花样标定

时需谨慎。当在禁止面上观察到光斑时，最好检查是否发生了二次衍射。

对于一个小晶体，散射波的振幅也可以推导出来。当 $\theta = \theta_B$ 或 $\boldsymbol{q} = \boldsymbol{g}$ 时，有 $s = 0$。如果衍射稍微偏离布拉格条件，$s \neq 0$ 时，$\boldsymbol{q} = \boldsymbol{g} + \boldsymbol{s} \neq \boldsymbol{g}$。

假设入射波具有单位振幅，$\phi = 1$，有

$$
\begin{aligned}
\phi_g &= \sum_{\substack{\text{all} \\ \text{atoms}}} f \exp(-2\pi i \boldsymbol{q} \cdot \boldsymbol{r}) \\
&= \sum_{\substack{\text{all} \\ \text{atoms}}} f_j \exp[-2\pi i (\boldsymbol{g} + \boldsymbol{s}) \cdot (\boldsymbol{r}_j + \boldsymbol{r}_n)] \\
&= \sum_{\substack{\text{all} \\ \text{unit} \\ \text{cell}}} \left\{ \sum_{\substack{\text{all atoms} \\ \text{per cell}}} f_j \exp[-2\pi i (\boldsymbol{g} + \boldsymbol{s}) \cdot \boldsymbol{r}_j] \cdot \exp[-2\pi i (\boldsymbol{g} + \boldsymbol{s}) \cdot \boldsymbol{r}_n] \right\} \\
&= \left\{ \sum_{\substack{\text{all atoms} \\ \text{per cell}}} f_j \exp[-2\pi i (\boldsymbol{g} + \boldsymbol{s}) \cdot \boldsymbol{r}_j] \right\} \left\{ \sum_{\substack{\text{all} \\ \text{unit} \\ \text{cell}}} \exp[-2\pi i (\boldsymbol{g} + \boldsymbol{s}) \cdot \boldsymbol{r}_n] \right\} \quad (10.7)
\end{aligned}
$$

式中，$\boldsymbol{r}_n$ 为第 n 个晶胞相对于晶体原点的位置。

知道

$$
F_{\boldsymbol{g}} = \sum_{\substack{\text{all atoms} \\ \text{per cell}}} f_j \exp[-2\pi i \boldsymbol{g} \cdot \boldsymbol{r}_j]
$$

以及

$$
F_{\boldsymbol{q}} = \sum_{\substack{\text{all atoms} \\ \text{per cell}}} f_j \exp(-2\pi i \boldsymbol{q} \cdot \boldsymbol{r}_j)
$$

当 $|\boldsymbol{s}|$ 较小时，$|F_{\boldsymbol{q}}| \approx |F_{\boldsymbol{g}}|$。关于结构因子计算的详细讨论可见 X 射线衍射部分 6.3 节。

对于非常小的偏离矢量 $\boldsymbol{s}$，可以用 $\sum_{\substack{\text{all atoms} \\ \text{per cell}}} f_j \exp[-2\pi i \boldsymbol{g} \cdot \boldsymbol{r}_j]$ 代替 $\sum_{\substack{\text{all atoms} \\ \text{per cell}}} f_j \exp[-2\pi i (\boldsymbol{g} + \boldsymbol{s}) \cdot \boldsymbol{r}_j]$ 作为近似值，误差忽略不计。因此，晶体散射的电子束经振幅表达式可以改写为：

$$
\phi_g \approx F_g \left\{ \sum_{\substack{\text{all} \\ \text{unit} \\ \text{cell}}} \exp[-2\pi i (\boldsymbol{g} + \boldsymbol{s}) \cdot \boldsymbol{r}_n] \right\} \quad (10.8)
$$

$\left\{ \sum_{\substack{\text{all} \\ \text{unit} \\ \text{cell}}} \exp[-2\pi i (\boldsymbol{g} + \boldsymbol{s}) \cdot \boldsymbol{r}_n] \right\}$ 项反映了晶体的尺寸和外部形状对衍射束振幅

的影响。在 X 射线衍射中，晶体的形状和尺寸效应是通过求和方法计算的。在电子衍射中，首选积分方法。

为推导电子衍射中晶体尺寸效应的表达式，同样可以用一个理想化的平行六面体微晶来模拟，其轴间的角为 α、β 和 γ，由具有相同轴间的角 α、β 和 γ 的三斜晶系平行六面体晶胞组成。

假设 L_1、L_2 和 L_3 是晶粒沿 3 条晶胞轴的边长，a、b 和 c 是晶胞的边长。利用表达式 $G = \sum\limits_{\substack{\text{all} \\ \text{unit} \\ \text{cells}}} \exp[-2\pi i(\boldsymbol{g} + \boldsymbol{s}) \cdot \boldsymbol{r}_n]$，并考虑 $\boldsymbol{g} \cdot \boldsymbol{r}_n$ 为整数，有

$$G = \sum_{\substack{\text{all} \\ \text{unit} \\ \text{cells}}} \exp[-2\pi i(\boldsymbol{g} + \boldsymbol{s}) \cdot \boldsymbol{r}_n] = \sum_{\substack{\text{all} \\ \text{unit} \\ \text{cells}}} \exp[-2\pi i \boldsymbol{s} \cdot \boldsymbol{r}_n]$$

无论对于哪种晶系，$\dfrac{\mathrm{d}x\mathrm{d}y\mathrm{d}z}{abc}$ 都表示单元 $\mathrm{d}x\mathrm{d}y\mathrm{d}z$ 中的晶胞个数。因此，可以采用积分的方法来计算 G，得到

$$
\begin{aligned}
G &= \sum_{\substack{\text{all} \\ \text{unit} \\ \text{cells}}} \exp[-2\pi i(\boldsymbol{g} + \boldsymbol{s}) \cdot \boldsymbol{r}_n] = \sum_{\substack{\text{all} \\ \text{unit} \\ \text{cells}}} \exp[-2\pi i \boldsymbol{s} \cdot \boldsymbol{r}_n] \\
&= \int_{-L_1/2}^{L_1/2} \int_{-L_2/2}^{L_2/2} \int_{-L_3/2}^{L_3/2} \exp[-2\pi i(s_x x + s_y y + s_z z)] \frac{\mathrm{d}x\mathrm{d}y\mathrm{d}z}{abc} \\
&= \frac{1}{abc} \int_{-L_1/2}^{L_1/2} \int_{-L_2/2}^{L_2/2} \int_{-L_3/2}^{L_3/2} \exp[-2\pi i(s_x x + s_y y + s_z z)] \mathrm{d}x\mathrm{d}y\mathrm{d}z
\end{aligned}
$$

积分算得

$$G = \frac{1}{abc} \frac{\sin(\pi s_x L_1)}{\pi s_x} \frac{\sin(\pi s_y L_2)}{\pi s_y} \frac{\sin(\pi s_z L_3)}{\pi s_z} \tag{10.9}$$

也可以用沿晶胞轴方向的单位晶胞数来表示 G：

$$
\begin{aligned}
G = G_x G_y G_z &= \frac{\sin(\pi s_x L_1)}{\pi s_x a} \frac{\sin(\pi s_y L_2)}{\pi s_y b} \frac{\sin(\pi s_z L_3)}{\pi s_z c} \\
&= \frac{\sin(\pi s_x N_1 a)}{\pi s_x a} \cdot \frac{\sin(\pi s_y N_2 b)}{\pi s_y b} \cdot \frac{\sin(\pi s_z N_3 c)}{\pi s_z c}
\end{aligned}
\tag{10.10}
$$

式中，N_1、N_2 和 N_3 分别为沿 $\boldsymbol{a}$、$\boldsymbol{b}$ 和 $\boldsymbol{c}$ 方向的单位晶胞数，并有

$$G_x = \frac{1}{a} \int_{-L_1/2}^{L_1/2} \exp(-2\pi i s_x x)\, \mathrm{d}x = \frac{\sin(\pi s_x N_1 a)}{\pi s_x a}$$

$$G_y = \frac{1}{b} \int_{-L_2/2}^{L_2/2} \exp(-2\pi i s_y y)\, \mathrm{d}y = \frac{\sin(\pi s_y N_2 b)}{\pi s_y b} \qquad (10.11)$$

$$G_z = \frac{1}{c} \int_{-L_3/2}^{L_3/2} \exp(-2\pi i s_z z)\, \mathrm{d}z = \frac{\sin(\pi s_z N_3 c)}{\pi s_z c}$$

对于正交、四方和立方晶系，$\alpha = \beta = \gamma = 90°$，$abc$ 为晶胞体积 V_c。因此，G 也可以写为：

$$G = \frac{1}{V_c} \frac{\sin(\pi s_x L_1)}{\pi s_x} \frac{\sin(\pi s_y L_2)}{\pi s_y} \frac{\sin(\pi s_z L_3)}{\pi s_z} \qquad (10.12)$$

式（10.12）不能用于其他晶系。在其他晶系，例如三斜晶系中：

$$abc = \frac{V_c}{\sqrt{1 - \cos^2\alpha - \cos^2\beta - \cos^2\gamma + 2\cos\alpha\cos\beta\cos\gamma}} = V_c / K_{\mathrm{cell}}$$

基于平行六面体晶体形状假设，衍射束的强度为：

$$I = |F|^2\, |G|^2 = \frac{|F|^2}{(abc)^2} \frac{\sin^2(\pi s_x L_1)}{(\pi s_x)^2} \frac{\sin^2(\pi s_y L_2)}{(\pi s_y)^2} \frac{\sin^2(\pi s_z L_3)}{(\pi s_z)^2}$$

$$= |F|^2 \frac{\sin^2(\pi s_x N_1 a)}{(\pi s_x a)^2} \frac{\sin^2(\pi s_y N_2 b)}{(\pi s_y b)^2} \frac{\sin^2(\pi s_z N_3 c)}{(\pi s_z c)^2} \qquad (10.13)$$

与 X 射线衍射不同，电子衍射中因子 G 的计算是通过积分而不是求和。

假设入射电子波振幅 $\phi_0 = 1$，那么晶体的散射波表示为：

$$\psi_g(r) = F_g G \frac{\exp(2\pi i k r)}{r} \qquad (10.14)$$

F 取决于晶胞内原子的位置和类型。G 取决于晶体的尺寸和外部形状。每个倒格点周围的定义域用因子 G^2 表示。在 X 射线衍射部分，用球形晶体来说明晶体尺寸和形状（见图 6.2）的影响。在衍射来自薄晶盘的情况下，每个倒易阵点成为倒易"杆"，如图 10.11 所示。

根据上述对衍射几何和衍射束强度的讨论，可以看出与 X 射线衍射相似，结构因子表明了电子衍射禁止和允许的衍射面。本章的讨论对理解不同类型的衍射花样非常有帮助，例如：（1）单晶的衍射花样，包括高阶劳厄区花样、超晶格花样、二次衍射花样、菊池花样和会聚束衍射花样；（2）孪晶衍射花样；（3）多晶材料衍射花样，包括具有择优取向的材料。来自非晶态材料的衍射显示出弥散的环状图案，这种环状图案的解释不同于晶体材料。

正空间中晶体圆盘

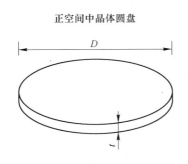

倒易杆在倒易空间中

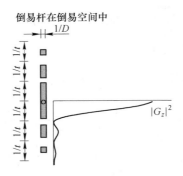

图 10.11 正空间中晶体圆盘与倒易阵点相关的倒易杆之间的关系示意图
（当 Ewald 球切割扩展倒易阵点时，衍射发生）

多晶区的电子衍射花样是许多单晶衍射花样的重叠，导致了环状花样的形成。

例 10.2 一名大四本科生想要鉴定他收到的粉末样品是 $BaTiO_3$ 还是 $CaTiO_3$。$BaTiO_3$ 和 $CaTiO_3$ 具有原始立方晶格，晶格参数分别为 $a = 0.402$ nm 和 0.384 nm。在选区电子衍射中，获得了衍射环，如图 10.12 所示，相机长度 $L = 1000$ mm。确定电子衍射花样是来自 $BaTiO_3$ 还是来自 $CaTiO_3$，并对花样进行标定。TEM 的加速电压为 200 kV（$\lambda = 0.00251$ nm）。

前四环（从内环到外环）的半径值：$R_1 = 6.5$ mm，$R_2 = 9.2$ mm，$R_3 = 11.3$ mm，$R_4 = 13.1$ mm。

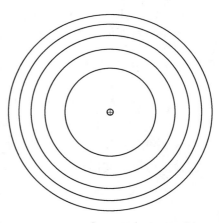

图 10.12 粉末样品的选区电子衍射

解：根据电子衍射得到的衍射环，测量 R 值，可以用 $Rd = L\lambda$ 计算晶面间距 d。结果为：

$$d_1 = (L\lambda)/R_1 = (2.51/6.5)\,\text{nm} = 0.386\,\text{nm}$$

$$d_2 = (L\lambda)/R_2 = (2.51/9.2)\,\text{nm} = 0.273\,\text{nm}$$

$$d_3 = (L\lambda)/R_3 = (2.51/11.3)\,\text{nm} = 0.222\,\text{nm}$$

$$d_4 = (L\lambda)/R_4 = (2.51/13.1)\,\text{nm} = 0.192\,\text{nm}$$

对于立方晶格，可以用 $d = \dfrac{a}{\sqrt{h^2 + k^2 + l^2}}$ 得到理论 d 值，结果见表 10.2

表 10.2 晶向间距 Ⅱ

{hkl}	d(BaTiO₃)/nm	d(CaTiO₃)/nm
100	0.402	0.384
110	0.284	0.271
111	0.232	0.221
200	0.201	0.192

将实验得到的间距 d 与理论值进行比较，可以看出衍射环来自 CaTiO₃，而不是来自 BaTiO₃。

图 10.13 展示了索引的衍射环。

例 10.3 羟基磷灰石（HA）是一种重要的无机生物材料。在材料加工和材料表征过程中，会形成氧化钙（CaO）杂质相。在 TEM 研究中，进行了选区电子衍射。所研究的一个区域中，观察到如图 10.14（a）所示的环状衍射花样。在其附近区域，得到了如图 10.14（b）所示的单晶衍射花样。

加速电压为 200 kV（λ = 0.00251 nm），衍射环花样的相机长度 L = 500 mm，单晶衍射斑点的相机长度 L = 1000 mm。CaO 和 HA 的晶体结构数据来自无机晶体结构数据库（ICSD）。

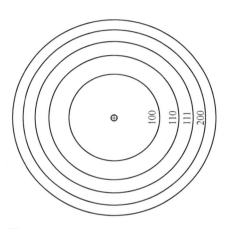

图 10.13 CaTiO₃粉末样品的索引衍射环

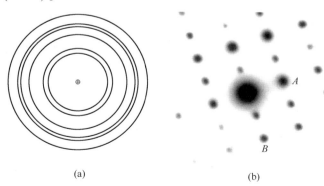

(a)   (b)

图 10.14 选区电子衍射花样(a)来自多晶和(b)来自单晶

图 10.14（a）中测量了前 5 个环的半径值：R_1 = 4.5 mm，R_2 = 5.2 mm，

$R_3 = 7.3$ mm，$R_4 = 8.6$ mm，$R_5 = 9.0$ mm。图 10.14（b）中心和衍射斑之间的距离：$OA = 5.3$ mm，$OB = 7.3$ mm，$OA \perp OB$。

CaO 的空间群为 $Fm\bar{3}m$，晶格常数为 $a = 0.487360$ nm。表 10.3 给出的 CaO 的晶面间距 d 值是根据 ICSD 180198 计算得到的。

表 10.3　晶面间距Ⅲ

{hkl}	d（CaO）/nm
111	0.279
002	0.242
022	0.171
113	0.146
222	0.140
004	0.121

HA 的空间群为 $P6_3/m$，晶格常数为 $a = 0.94240$ nm，$c = 0.68790$ nm。根据 ICSD 26204 计算 HA 的 d 值，见表 10.4。

表 10.4　晶面间距Ⅳ

{hkl}	{hkil}	d（HA）/nm
010	$01\bar{1}0$	0.816
011	$01\bar{1}1$	0.526
110	$11\bar{2}0$	0.471
020	$02\bar{2}0$	0.408
111	$11\bar{2}1$	0.389
021	$02\bar{2}1$	0.351
002	0002	0.344
012	$01\bar{1}2$	0.317
120	$12\bar{3}0$	0.308
121	$12\bar{3}1$	0.281

立方晶格的间距 d 和晶面夹角的方程为：

$$d_{hkl} = \frac{a}{\sqrt{h^2 + k^2 + l^2}}$$

$$\cos\phi = \frac{h_1 h_2 + k_1 k_2 + l_1 l_2}{\sqrt{h_1^2 + k_1^2 + l_1^2}\sqrt{h_2^2 + k_2^2 + l_2^2}}$$

六方晶格的间距 d 和晶面夹角的方程为：

$$\frac{1}{d_{hkl}^2} = \frac{4}{3}\left(\frac{h^2 + hk + k^2}{a^2}\right) + \frac{l^2}{c^2}$$

$$\cos\phi = \frac{h_1 h_2 + k_1 k_2 + \frac{1}{2}(h_1 k_2 + h_2 k_1) + \frac{3a^2}{4c^2}l_1 l_2}{\sqrt{h_1^2 + k_1^2 + h_1 k_1 + \frac{3a^2}{4c^2}l_1^2}\sqrt{h_2^2 + k_2^2 + h_2 k_2 + \frac{3a^2}{4c^2}l_2^2}}$$

（1）根据晶体结构数据，判断衍射环花样是来自 CaO 还是 HA，并对衍射花样进行标定。

（2）确定单晶衍射花样是否来自 CaO、HA 或其他物质，并对衍射花样进行标定。

对（1）部分的求解：基于电子衍射得到的衍射环，从图中测量 R 值，可用 $Rd = L\lambda$ 计算间距 d。结果为：

$$d_1 = (L\lambda)/R_1 = (1.255/4.5)\,\text{nm} = 0.279\ \text{nm}$$

$$d_2 = (L\lambda)/R_2 = (1.255/5.2)\,\text{nm} = 0.241\ \text{nm}$$

$$d_3 = (L\lambda)/R_3 = (1.255/7.3)\,\text{nm} = 0.171\ \text{nm}$$

$$d_4 = (L\lambda)/R_4 = (1.255/8.6)\,\text{nm} = 0.146\ \text{nm}$$

$$d_5 = (L\lambda)/R_5 = (1.255/9.0)\,\text{nm} = 0.140\ \text{nm}$$

通过比较实验 d 值和数据库的 d 值，得到衍射环来自 CaO，而不是 HA。

图 10.15 为衍射花样的标定。

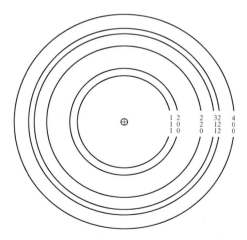

图 10.15　CaO 多晶衍射环的标定

对（2）部分求解：根据得到的电子衍射花样，测量 R 值，可用 $Rd = L\lambda$ 计算 d 间距。结果为：

$$d_A = (L\lambda)/R_A = (2.51 \text{ mm} \cdot \text{nm})/(5.3 \text{ mm}) = 0.473 \text{ nm}$$

$$d_B = (L\lambda)/R_B = (2.51 \text{ mm} \cdot \text{nm})/(9.1 \text{ mm}) = 0.344 \text{ nm}$$

以上结果表明，衍射斑点 A 是来自 $\{110\}$ 或 $\{11\bar{2}0\}$ 晶面族的衍射。衍射斑点 B 是来自 $\{002\}$ 或 $\{0002\}$ 晶面族的衍射。利用

$$\cos\phi = \frac{h_1 h_2 + k_1 k_2 + \frac{1}{2}(h_1 k_2 + h_2 k_1) + \frac{3a^2}{4c^2} l_1 l_2}{\sqrt{h_1^2 + k_1^2 + h_1 k_1 + \frac{3a^2}{4c^2} l_1^2} \sqrt{h_2^2 + k_2^2 + h_2 k_2 + \frac{3a^2}{4c^2} l_2^2}}$$

可以计算出晶面夹角。

（110）和（002）之间的夹角为 90°。四指数分别为 $(11\bar{2}0)$ 和（0002）。

计算得到的晶带轴为 $[\bar{1}10]$ 或 $[\bar{1}100]$，衍射花样的标定如图 10.16 所示。

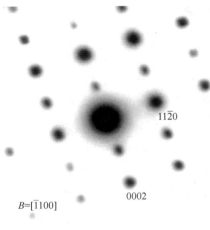

图 10.16   羟基磷灰石 $[10\bar{1}0]$ 晶带轴上的电子衍射花样

从例 10.3 中注意到，对于六方结构，可以先用三指数法进行索引，因为 d 间距和晶面夹角的计算都是基于该法。之后，再将三指数转换为四指数（见第 1 章）。如果有学生习惯使用六方晶系的三指数表示法，则不需要进行转换。

在材料研究中，选区电子衍射是获得两相取向关系的有效方法。在一项硅基外延铁电隧道结的合作研究项目中（Li et al., 2014）中，钛酸锶钙钛矿相和硅衬底等区域的选区电子衍射花样如图 10.17 所示。通过对选区电子衍射花样、HRTEM 图和晶体结构数据进行分析，揭示了硅基底与钙钛矿涂层之间的取向关系，可以表示为（010）钙钛矿//（$\bar{1}$10）Si、[100]钙钛矿//[110]Si。该方法常用于分

析基体与基体中析出相的取向关系。在对 $(Ti_{0.6}Al_{0.4})_{1-X}Y_XN$ 多层涂层研究中，观察到岩盐型晶体与纤锌矿型第二相之间的取向关系为 $(110)_R//(10\bar{3})_W$ 和 $[11\bar{2}]_R//[311]_W$ (Wan et al., 2017)。

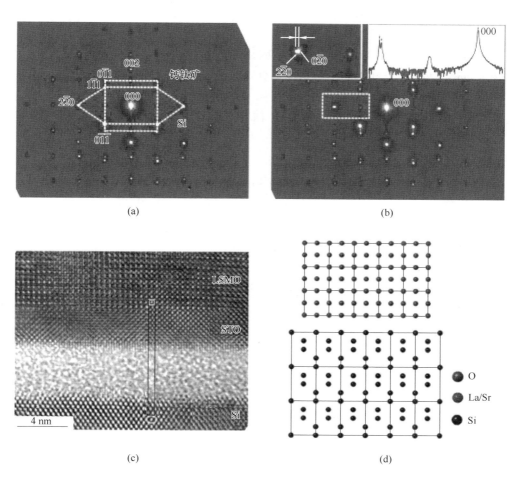

(a)　　　　　　　　　　　　(b)

(c)　　　　　　　　　　　　(d)

图 10.17　通过 SAED 和 HRTEM 图揭示了硅基底和钙钛矿涂层的取向关系：

$(010)_{钙钛矿}//(\bar{1}10)_{Si}$，$[100]_{钙钛矿}//[110]_{Si}$

（a）SAED 花样的标定，展示了钙钛矿晶体沿 [100] 晶带轴和硅沿 [110] 晶带轴的衍射斑点；（b）硅基铁电隧道结的 SAED 图，虚线矩形区域被放大并显示在左上角的插图中，从 (000) 到硅 (220) 和钙钛矿 (020) 斑点的精确距离由右上角所示的强度极大值图确定；（c）钙钛矿晶体和硅的 HRTEM 图 (黄色方框标记的是 LSMO 中的一个晶胞，黄色六边形标记的是一个硅的晶胞)；（d）基于 HRTEM 图和 SAED 花样的分析结果，构建了钙钛矿与硅的晶体关系模型

（资料来源：Li 等人 (2014)，经 John Wiley & Sons 出版社许可）

例 10.4   SrTiO$_3$ 具有立方晶格，a = 0.3905 nm，在 200 kV 电压下对其进行 TEM 研究。图 10.18 为 SrTiO$_3$ 薄晶体零阶劳厄区的选区电子衍射图。给定相机常数 $L\lambda$ = 2.51 mm·nm，对衍射斑点 A、B 和 C 进行标定，并确定晶带轴。

OA = 14.4 mm，OB = 9.1 mm，OC = 14.4 mm。OA 与 OB 的夹角为 71.6°，OB 与 OC 的夹角也为 71.6°。

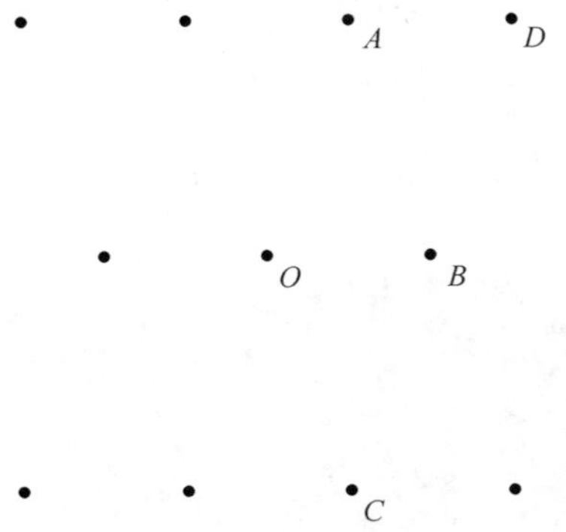

解：根据电子衍射花样，测量 R 值，可以利用 $Rd = L\lambda$ 计算 d 间距。结果为：

图 10.18   SrTiO$_3$ 薄膜的选区电子衍射花样

$$d_A = (L\lambda)/R_A = (2.51 \text{ mm·nm})/(14.4 \text{ mm}) = 0.174 \text{ nm}$$
$$d_B = (L\lambda)/R_B = (2.51 \text{ mm·nm})/(9.1 \text{ mm}) = 0.276 \text{ nm}$$
$$d_C = (L\lambda)/R_C = (2.51 \text{ mm·nm})/(14.4 \text{ mm}) = 0.174 \text{ nm}$$

利用 d 间距公式：$d = \dfrac{a}{\sqrt{h^2 + k^2 + l^2}}$，可以计算出不同晶面的晶面间距，其值见表 10.5。

表 10.5   晶面间距 V

{hkl}	d (SrTiO$_3$)/nm
001	0.390
011	0.276
111	0.225
002	0.195
012	0.174
112	0.159

上述结果表明，斑点 A 和 C 来自 {012} 族晶面的衍射，斑点 B 来自 {110} 族晶面的衍射。

利用 $\cos\varphi = \dfrac{\boldsymbol{g}_1 \cdot \boldsymbol{g}_2}{|\boldsymbol{g}_1||\boldsymbol{g}_2|} = \dfrac{h_1 h_2 + k_1 k_2 + l_1 l_2}{\sqrt{h_1^2 + k_1^2 + l_1^2}\sqrt{h_2^2 + k_2^2 + l_2^2}}$，可以计算晶面夹角。$(10\bar{1})$ 与 (021) 的夹角为 71.6°。

由 $(10\bar{1})$ 和 (021) 计算得到的晶带轴为 $[\bar{2}12]$，标定结果如图 10.19 所示。以上是正确答案。

备注：有的学生在解题时，选择了另外一对平面（110）和（$\bar{1}$20），（110）和（$\bar{1}$20）的夹角也为 71.6°。但标定时，结果相矛盾。

图 10.20 显示了应该避免的问题。现将问题解释如下。

如果将 B 和 A 分别视为（110）和（$\bar{1}$20）的反射（见图 10.20（a）），则 $OA + OB$ 为（030）的反射（见图 10.20（b））。在这种情况下，（030）内部应该存在（010）和（020）的反射，其图案应该如图 10.20（c）所示。而实验观察发现，中心光斑与光斑 D 之间没有反射，因此标定不正确。

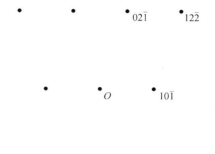

图 10.19 SrTiO$_3$衍射花样的标定

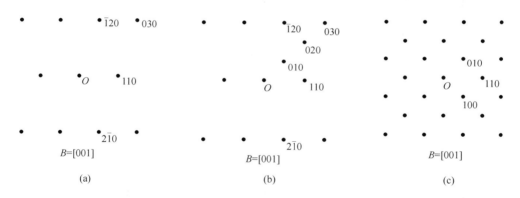

图 10.20 SrTiO$_3$薄膜选区电子衍射花样错误标定的解释

（a）（$h_1k_1l_1$）和（$h_2k_2l_2$）反射对应于 A 点和 B 点；（b）矢量加法表明 O、D 之间存在斑点，而实验中并未观察到，二者相矛盾；（c）所得到的衍射花样来自［001］晶带轴，与图 10.18 所示的衍射花样不匹配

这可能发生在高度对称的晶体中。因此，即使计算看起来很好，也建议检查结果是否合理。不同点的强度也可以反映出标定是否合理。但由于存在二次衍射（或多重衍射），对光斑强度进行定量分析并不容易。

再次提醒学生注意以下几点。对衍射花样进行标定后，要再次检查矢量运算产生的其他反射是否合理。进一步检查在禁止反射处是否出现二次衍射斑。通过TEM 软件，比如 JEMS，计算不同斑点的相对强度是多少？

本 章 小 结

　　粉末 X 射线衍射提供了多晶或粉末样品的平均晶体结构，而电子衍射则揭示了单个或多个晶粒的局部晶体结构。电子束的波长一般在 10^{-2} 量级，Ewald 球的半径比倒易阵点矢量大得多。Ewald 球在倒易点阵原点 O^* 附近切割倒易杆的部分看起来很平。沿入射电子束方向的衍射图反映了加权倒易阵点的几何形状。

　　在进行电子衍射分析时，建议将晶体倾转到不同的晶带轴来收集更多的衍射图样，以获得三维结构信息。

　　对于很薄的晶体，由于倒易杆较长，选区电子衍射花样中可能同时包含 ZOLZ 和 HOLZ 信息。HOLZ 信息对解析三维晶体结构非常有帮助。

　　电子衍射的一个重要特征是二次衍射。由于衍射束具有较高的强度，可能会发生二次衍射而观察到一些禁止反射。

　　会聚束电子衍射是研究晶体对称性的有力手段。本章我们介绍了 CBED 电子束的几何结构，这能够更好地理解电子束强度作为入射束圆盘和衍射束圆盘内偏离参数 s 的函数。

参 考 文 献

Hirsch P B, 1977. Electron microscopy of thin crystals[M]. P. B. Hirsch, A. Howrie, R. B. Nicholson, D. W. Pashley and M. J. Whelan. Malaber, FL.

Khor, K A, et al., 2000. Microstructure investigation of plasma sprayed HA/Ti$_6$Al$_4$V composites by TEM [J]. Materials Science and Engineering A, 281 (1/2): 221-228.

Li Z, et al., 2014. An epitaxial ferroelectric tunnel junction on silicon [J]. Advanced Materials, 26 (42): 7185-7189.

Wahab M A (Mohammad A.), 2009. Essentials of crystallography [M]. M. A. Wahab. Oxford, UK: Alpha Science International.

Wang J, et al., 2017. The yttrium effect on nanoscale structure, mechanical properties, and high-temperature oxidation resistance of (Ti$_{0.6}$Al$_{0.4}$)$_{1-x}$Y$_x$N multilayer coatings [J]. Metallurgical and Materials Transactions A: Physical Metallurgy and Materials Science, 48 (9): 4097-4110.

Wei Q J, 1990. Electron microscopy analysis of materials [M]. Wei, Q. J. Beijing: Chinese Metallurgical Industry Publisher.

Williams D B, 1996. Transmission electron microscopy [Z]//A Textbook for Materials Science/by David B. Williams, C. Barry Carter. Edited by C. B. Carter. Boston, MA: Springer US.

Xia J, et al., 2018. Morphological growth and theoretical understanding of gold and other noble metal nanoplates [J]. Chemistry-A European Journal, 24 (58): 15589-15595.

Xu C X, et al., 2005. Magnetic nanobelts of iron-d oped zinc oxide [J]. Applied Physics Letters, 86 (17): 1-3.

11 衍 射 衬 度

对于薄晶体样品，沿样品厚度方向或 z 方向，布拉格衍射引起衍射波振幅 ϕ_g 和透射波振幅 ϕ_0 的变化。在样品表面，直接波振幅和衍射波振幅均携带了样品的局部结构信息。当材料的结构在样品上变化时，透射束和衍射束的强度在样品上或样品表面的 x-y 平面上均会发生变化。在 TEM 操作过程中，利用物镜光阑选择其中一束（利用物镜孔径选择其中一束光束），可以获得由透射束或衍射束强度变化引起的具有衬度的图像。当透射束由后焦面附近的物镜光阑选择时，在像平面形成的图像衬度是出射面处的直射束强度变化引起的。在物镜光阑选择衍射束的情况下，在像平面形成的图像衬度反映了该衍射束穿过薄试样表面的强度。因此，将该图像称为暗场像。

明场和暗场像中衍射衬度和特征的出现敏感地依赖于布拉格条件的满足程度、被激发的衍射和偏差参数的取值。晶体中的缺陷可以在衍射衬度图像中显示出来。如果物镜光阑选择透射束或其中任意一束衍射束，则只有被选中的电子束能够通过该光阑，从而在物镜像面上成像。这种显示衍射衬度的图像通过中间镜和投影镜放大，可以在荧光屏上观察，也可以通过 CCD 相机采集。所选电子束的强度（振幅的平方）变化包含了样品的晶体结构信息。根据晶体取向和物镜光阑选择的电子束，可以得到明场像、暗场像或弱光暗场像。图 11.1 是羟基磷灰石涂层显示衍射衬度的明场像。

假设入射电子束打在薄晶样品上，如图 11.2 所示。

由图 11.2 可知，在一个厚度为 dz 的单元内，单位面积上有 dz/V_{cell} 单元格，每个单元格均与结构振幅 F_g 呈散点分布。利用散射角 $\theta_S = 2\theta$ 的散射波前，可以计算出层 dz 对点 P 处衍射振幅的贡献 $d\phi_g$（Reimer，1997）。对于波前中的一个单位面积，dz 层中对应的面积为 $\frac{1}{\cos\theta_S}$。因此，对于波前中的一个面积元素 dS，在 dz 层中对应的面积为 $\frac{1}{\cos\theta_S}dS$，对应的体积为 $\frac{dS}{\cos\theta_S}dz$。由于 θ_S 很小，$\cos\theta_S = \cos2\theta \approx 1$ 且 $\cos\theta \approx 1$。在精确布拉格条件下，$\theta_S = 2\theta_B$。当存在偏差时，激励误差 $s \neq 0$，$\theta \approx \theta_B$，且 $\theta_S = 2\theta \approx 2\theta_B$。

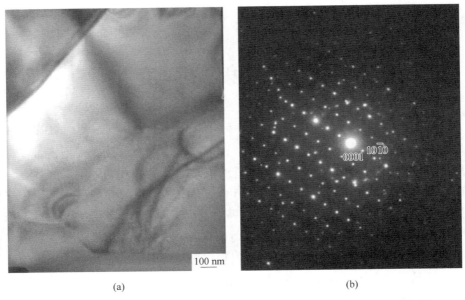

(a)　　　　　　　　　　　　　　(b)

图 11.1　羟基磷灰石区域显示衍射衬度的明场图像（不同晶粒的强度变化

是取向不同造成的）(a)；HA $[1\overline{2}10]$ 晶带轴选区电子衍射花样(b)

（资料来源：Khor 等人（2000），经 Elsevier 出版社许可）

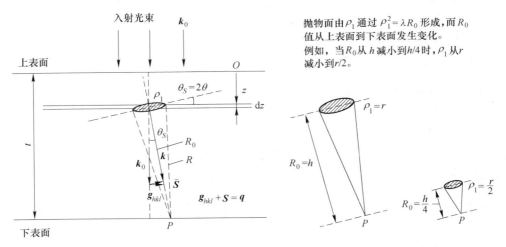

图 11.2　位于 R_0 或深度 z 处的第一菲涅耳带，用于计算晶体下表面 P 点处衍射波的振幅。

光束在 P 点的强度受到圆锥内所有散射的影响，圆锥的截面为 $\pi \rho_1^2$。根据 $\rho_1^2 = \lambda R_0$，

ρ_1 从上表面到下表面随 R_0 变化，形成抛物面。在 TEM 中，柱状被用来代替锥体

（资料来源：Reimer（1997），经 Springer Nature 出版社许可）

假设入射电子束的振幅为 ϕ_0，则波前中面积为 dS 的元素的衍射振幅为

$$\phi_0 \frac{\frac{dS}{\cos\theta_S}dz}{V_{cell}}F_g。$$

因此

$$d\phi_g = \int_S \phi_0 \frac{1}{\cos\theta_S}\frac{1}{V_{cell}}F_g \frac{e^{2\pi ikR}}{R}dSdz = \phi_0 \frac{F_g dz}{\cos\theta_S V_{cell}}\int_S \frac{e^{2\pi ikR}}{R}dS$$

由图 11.2 可知，

$$\rho^2 = R^2 - R_0^2$$
$$S = \pi\rho^2 = \pi R^2 - \pi R_0^2$$
$$dS = 2\pi RdR$$

当计算积分时，只考虑如图 11.2 所示的第一菲涅耳带。波前在厚度 z 处的积分值仅为第一菲涅耳带积分值的一半（Reimer，1993）。

因此，

$$d\phi_g = \phi_0 \frac{F_g dz}{\cos\theta V_{cell}}\int_S \frac{e^{2\pi ikR}}{R}dS$$
$$= \phi_0 \frac{F_g dz}{\cos\theta V_{cell}}\left(\frac{1}{2}\int_{R_0}^{R_0+\frac{\lambda}{2}}2\pi e^{2\pi ikR}dR\right)$$
$$= i\phi_0 \frac{\lambda F_g}{\cos\theta V_{cell}}e^{2\pi ikR_0}dz$$
$$= \frac{i\pi}{\xi_g}\phi_0 e^{2\pi ikR_0}dz \tag{11.1}$$

式中，ξ_g 为消光距离，其解释将在后面给出。

半径为 ρ_1 的第一菲涅耳带可以利用图 11.2 所示的几何结构进行计算。因为

$$R_0^2 + \rho_1^2 = R^2 = \left(R_0 + \frac{\lambda}{2}\right)^2$$

因此第一菲涅耳带的半径为：

$$\rho_1 \approx \sqrt{\lambda R_0} \tag{11.2}$$

由于 ρ_1 较小，只有直径为 1~2 nm 的晶柱对 P 点处的振幅有贡献（Reimer，1997）。在 TEM 中，晶柱近似被用于讨论衍射衬度的形成。图 11.3 展示了计算衍射束振幅所用晶柱（Hirsch et al.，1960）。实际上，样品下表面 P 点处的电子束强度受到材料锥体内所有散射的影响。为了近似，使用一根圆柱来代替圆锥。另外，在成像时，布拉格角通常不超过 1°（Williams，1996）。由于 $2\theta_B$ 很小，在进数学处理时，图 11.3 中斜柱的方向可沿厚度方向考虑。

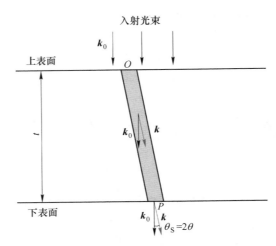

图 11.3 晶柱近似的示意图

（直径的大小取决于试样的厚度，在实际应用中通常取为 2 nm 左右）

（资料来源：Williams（1996））

式（11.1）表明，当假设入射束的振幅为 1 或 $\phi_0 = 1$ 时，得到 $\mathrm{d}\phi_g = i\,\dfrac{\lambda F_g}{\cos\theta V_{\mathrm{cell}}}\mathrm{e}^{2\pi ikR_0}\mathrm{d}z$。如果我们跳过 $\dfrac{\pi}{2}$ 相位差，以及表达式中的相位 $\mathrm{e}^{2\pi ikR_0}$，单元厚度 $\mathrm{d}z$ 对衍射束振幅的贡献为 $\dfrac{\lambda F_g}{\cos\theta V_{\mathrm{cell}}}\mathrm{d}z$。

因为多边形的每条边都很小，幅相图是一个正多边形，可以认为是一个圆形（Hirsch，1977）。圆的直径为电子束振幅的最大值，当入射束振幅 $\phi_0 = 1$ 时，该值为 1。如果我们假设 m 层贡献的振幅–相位图恰好构成圆的一半，那么 $m \cdot \left(\dfrac{\lambda F_g}{\cos\theta V_{\mathrm{cell}}}\mathrm{d}z\right) = \dfrac{\text{周长}}{2} = \dfrac{\pi}{2}$。沿深度方向 m 层的长度为 $m \cdot \mathrm{d}z$。

消光距离 ξ_g 与晶体中两倍的距离 $m \cdot \mathrm{d}z$ 有关，其值为：

$$2m \cdot \mathrm{d}z = \frac{\pi\cos\theta V_{\mathrm{cell}}}{\lambda F_g} \approx \frac{\pi V_{\mathrm{cell}}}{\lambda F_g}$$

因此，消光距离为：

$$\xi_g = \frac{\pi V_c\cos\theta}{\lambda F_g} \approx \frac{\pi V_c}{\lambda F_g} \tag{11.3}$$

所以，可得到 $\mathrm{d}\phi_g = i\,\dfrac{\lambda F_g}{\cos\theta V_{\mathrm{cell}}}\mathrm{e}^{2\pi ikR_0}\mathrm{d}z = \dfrac{i\pi}{\xi_g}\mathrm{e}^{2\pi ikR_0}\mathrm{d}z$。如果我们不假设 $\phi_0 \neq 1$，就不能忽略 ϕ_0，并且厚度单元 $\mathrm{d}z$ 对衍射束振幅的贡献为 $\mathrm{d}\phi_g = \dfrac{i\pi}{\xi_g}\phi_0\mathrm{e}^{2\pi ikR_0}\mathrm{d}z$。

11.1 双束动力学理论

运动学理论只适用于衍射强度较小且可以忽略入射波强度下降的薄膜（Reimer，1997）。因此，不讨论运动学理论，而是提出了简化的双束动力学理论。真实情况可能涉及很多光束，而涉及的物理现象对材料学家来说更为复杂。拥有良好物理基础的学生可以阅读 Williams 著作（1996）的第 14 章和第 15 章，以及 Thomas 和 Goringe 著作（1979）的第 4 章。简化的双束模型告诉我们，入射束将被晶体衍射，从而对衍射束的振幅做出贡献。衍射束朝着入射束的方向发生衍射，从而对入射束的振幅产生影响。

当入射束和衍射束沿着样品（见图 11.4）的深度方向即 z 方向传播时，它们的振幅会发生变化。基于这样一个简化的双束模型，可以通过数学计算得出样品下表面的振幅。

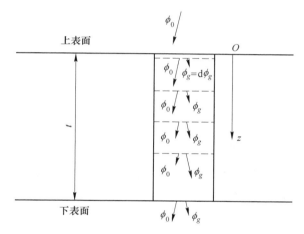

图 11.4　入射波和衍射波经过试件内部每层 dz 厚度的散射后其振幅变化示意图

参考 Hirsch（1977）在 *Electron Microscopy of Thin Crystals* 一书中提出的一些方法，这些方法可在下面的讨论中见到。

在双束动力学理论的假设下，电子波由入射波和衍射波组成：

$$\psi(\boldsymbol{r}) = \phi_0(z)\exp(2\pi i \boldsymbol{x}_0 \cdot \boldsymbol{r}) + \phi_g(z)\exp(2\pi i \boldsymbol{x} \cdot \boldsymbol{r}) \tag{11.4}$$

其中，ϕ_0 和 ϕ_g 为入射波和衍射波振幅；$\boldsymbol{x}_0$ 和 $\boldsymbol{x}$ 为入射和衍射波矢量。

当我们考虑入射束从任意位置 r 处的厚度单元 dz 发生衍射时，需要包含相对于样品上表面 $-2\pi q \cdot r$ 的相位差。因此，在此位置 r：

$$\mathrm{d}\phi_g = \left(\frac{i\pi}{\xi_g}\right)\phi_0\exp(-2\pi i \boldsymbol{q} \cdot \boldsymbol{r})\mathrm{d}z = \left(\frac{i\pi}{\xi_g}\right)\phi_0\exp(-2\pi i s z)\mathrm{d}z \tag{11.5}$$

式中，$q = x - x_0 = g + s$。

因为 $g \cdot r$ 是整数，且 s 和 r 几乎平行或反平行，且 $r \approx z$；因此得到

$$q \cdot r = (g + s) + r = s \cdot r \approx sr \approx sz$$

现在考虑入射束和衍射束在厚度方向传播的过程：（1）入射束会被晶体衍射，对衍射束的振幅产生贡献；（2）衍射束可以重新沿着入射束方向发生衍射，对入射束的振幅产生贡献。因此，可以推导出 $\mathrm{d}\phi_0$ 和 $\mathrm{d}\phi_g$：

$$\mathrm{d}\phi_0 = \left(\frac{i\pi}{\xi_0}\right)\phi_0 \exp[-2\pi i(\boldsymbol{\chi}_0 - \boldsymbol{\chi}_0) \cdot r]\mathrm{d}z + \left(\frac{i\pi}{\xi_g}\right)\phi_g \exp[-2\pi i(\boldsymbol{\chi}_0 - \boldsymbol{\chi}) \cdot r]\mathrm{d}z$$

$$= \left(\frac{i\pi}{\xi_0}\right)\phi_0 \mathrm{d}z + \left(\frac{i\pi}{\xi_g}\right)\phi_g \exp[2\pi isz]\mathrm{d}z \tag{11.6}$$

包含了位于 r 处 $\mathrm{d}z$ 单元相对于样品上表面 $-2\pi i(\boldsymbol{\chi}_0 - \boldsymbol{\chi}_0) \cdot r$ 和 $-2\pi i(\boldsymbol{\chi}_0 - \boldsymbol{\chi}) \cdot r$ 的相位差。

ξ_g 是消光距离，$\xi_g = \dfrac{\pi V_c \cos\theta_S}{\lambda F_g} \approx \dfrac{\pi V_c}{\lambda F_g}$。$\xi_0$ 类似于 ξ_g（Howie 和 Whelan，1961），且有 $\xi_0 = \dfrac{\pi V_c \cos\theta_S}{\lambda F_0} = \dfrac{\pi v_c}{\lambda F_0}$。

同样地，

$$\mathrm{d}\phi_g = \left(\frac{i\pi}{\xi_0}\right)\phi_g \exp[-2\pi i(\boldsymbol{\chi} - \boldsymbol{\chi}) \cdot r]\mathrm{d}z + \frac{i\pi}{\xi_g}\phi_0 \exp[-2\pi i(\boldsymbol{\chi} - \boldsymbol{\chi}_0) \cdot r]\mathrm{d}z$$

$$= \frac{i\pi}{\xi_0}\phi_g \mathrm{d}z + \frac{i\pi}{\xi_g}\phi_0 \exp[-2\pi isz]\mathrm{d}z \tag{11.7}$$

式（11.8）中的两个表达式被称为 Howie-Whelan 或 Darwin-Howie-Whelan 方程，它们被用于双束分析：

$$\frac{\mathrm{d}\phi_0}{\mathrm{d}z} = \frac{i\pi}{\xi_0}\phi_0 + \frac{i\pi}{\xi_g}\phi_g \exp(2\pi isz)$$

$$\frac{\mathrm{d}\phi_g}{\mathrm{d}z} = \frac{i\pi}{\xi_g}\phi_0 \exp(-2\pi isz) + \frac{i\pi}{\xi_0}\phi_g \tag{11.8}$$

通过对变量的变换（Hirsch，1977），得

$$\phi_0' = \phi_0 \exp(-i\pi z/\xi_0)$$

$$\phi_g' = \phi_g \exp(2\pi isz - i\pi z/\xi_0) \tag{11.9}$$

或者

$$\phi_0 = \phi_0' \exp(i\pi z/\xi_0)$$

$$\phi_g = \phi_g' \exp(-2\pi isz + i\pi z/\xi_0) \tag{11.10}$$

将式（11.10）代入式（11.8）得到简化方程：

$$\frac{\mathrm{d}\phi_0'}{\mathrm{d}z} = \frac{i\pi}{\xi_g}\phi_g' \tag{11.11}$$

$$\frac{\mathrm{d}\phi_g'}{\mathrm{d}z} = \frac{i\pi}{\xi_g}\phi_0' + 2\pi i s\phi_g'$$

而电子波表示为：

$$\psi(\boldsymbol{r}) = \phi_0'(z)\exp(2\pi i\boldsymbol{k}_0 \cdot \boldsymbol{r}) + \phi_g'(z)\exp(2\pi i\boldsymbol{k} \cdot \boldsymbol{r}) \tag{11.12}$$

其中，$\boldsymbol{k} = \boldsymbol{k}_0 + \boldsymbol{g} + \boldsymbol{s}$。

Hirsch（1977）对 $\boldsymbol{k}_0$ 和 $\boldsymbol{\chi}_0$ 给出了明确的解释，即它们在 x 和 y 方向上具有相同的分量，而在 z 方向上具有不同的分量，即 $k_z = \chi + (2\xi_0)^{-1}$，其中包含了晶体的折射效应。

在下面的数学处理中，我们将从 ϕ_0' 和 ϕ_g' 中移除 $'$：

$$\frac{\mathrm{d}\phi_0}{\mathrm{d}z} = \frac{i\pi}{\xi_g}\phi_g \tag{11.13}$$

$$\frac{\mathrm{d}\phi_g}{\mathrm{d}z} = \frac{i\pi}{\xi_g}\phi_0 + 2\pi i s\phi_g$$

对第一个方程式求微分，式（11.13）可进一步得到：

$$\frac{\mathrm{d}^2\phi_0}{\mathrm{d}z^2} = \frac{i\pi}{\xi_g} \cdot \frac{\mathrm{d}\phi_g}{\mathrm{d}z} = \frac{i\pi}{\xi_g}\left(\frac{i\pi}{\xi_g}\phi_0 + 2\pi i s\phi_g\right) = -\frac{\pi^2}{\xi_g^2}\phi_0 - \frac{2\pi^2 s}{\xi_g}\phi_g$$

$$= -\frac{\pi^2}{\xi_g^2}\phi_0 - \frac{2\pi^2 s}{\xi_g}\left(\frac{\xi_g}{i\pi}\frac{\mathrm{d}\phi_0}{\mathrm{d}z}\right) = -\frac{\pi^2}{\xi_g^2}\phi_0 - \frac{2\pi s}{i}\frac{\mathrm{d}\phi_0}{\mathrm{d}z}$$

或者

$$\frac{\mathrm{d}^2\phi_0}{\mathrm{d}z^2} - 2\pi i s\frac{\mathrm{d}\phi_0}{\mathrm{d}z} + \frac{\pi^2}{\xi_g^2}\phi_0 = 0 \tag{11.14}$$

上述方程的解为：

$$\phi_0(z) = C_0\exp(2\pi i\gamma z)$$

把这个代入式（11.14），得到：

$$\gamma^2 - s\gamma - \frac{1}{4\xi_g^2} = 0$$

解该式得到：

$$\gamma^{(1)} = \frac{1}{2}\left(s + \sqrt{s^2 + \frac{1}{\xi_g^2}}\right)$$

$$\tag{11.15}$$

$$\gamma^{(2)} = \frac{1}{2}\left(s - \sqrt{s^2 + \frac{1}{\xi_g^2}}\right)$$

可以看到 $\gamma^{(1)} > \gamma^{(2)}$，并且 $\gamma^{(1)} - \gamma^{(2)} = \sqrt{s^2 + \xi_g^{-2}}$。不同的教科书对 $\gamma^{(1)}$ 和

$\gamma^{(2)}$ 赋值不同，例如，在 Hirsch（1977）的书中，$\gamma^{(2)}$ 比 $\gamma^{(1)}$ 大，而且 $\gamma^{(2)}$ $-$ $\gamma^{(1)} = \sqrt{s^2 + \xi_g^{-2}}$。一些教科书（Fultz 和 Howe，2008；Williams，1996）基于量子力学方法给出了布洛赫波，并给出了深入的物理图像。在我的讲座中，只选择了一些适合材料科学家的解释。根据教材 *Transmission Electron Microscopy and Diffractometry of Materials*（Fultz 和 Howe，2008），赋值 $\gamma^{(1)} > \gamma^{(2)}$，且 $\gamma^{(1)} - \gamma^{(2)}$ $= \sqrt{s^2 + \xi_g^{-2}}$。

则透射波幅值的两个独立解为：

$$\phi_0^{(1)}(z) = C_0^{(1)} \exp(2\pi i \gamma^{(1)} z)$$
$$\phi_0^{(2)}(z) = C_0^{(2)} \exp(2\pi i \gamma^{(2)} z)$$

(11.16)

根据式（11.13）中的第一个式子，相应的衍射波振幅为：

$$\phi_g^{(1)}(z) = \frac{\xi_g}{i\pi} \frac{\mathrm{d}\phi_0^{(1)}}{\mathrm{d}z} = 2\gamma^{(1)} \xi_g C_0^{(1)} \exp(2\pi i \gamma^{(1)} z)$$
$$= C_g^{(1)} \exp(2\pi i \gamma^{(1)} z)$$

(11.17)

$$\phi_g^{(2)}(z) = \frac{\xi_g}{i\pi} \frac{\mathrm{d}\phi_0^{(2)}}{\mathrm{d}z} = 2\gamma^{(2)} \xi_g C_0^{(2)} \exp(2\pi i \gamma^{(2)} z)$$
$$= C_g^{(2)} \exp(2\pi i \gamma^{(2)} z)$$

在进一步计算之前，定义一个无量纲参数 $w = s\xi_g = c\tan\beta$ 是有用的。从式（11.17）可以观察到

$$\frac{C_g^{(1)}}{C_0^{(1)}} = 2\gamma^{(1)} \xi_g = s\xi_g + \sqrt{(s\xi_g)^2 + 1} = \frac{\cos\dfrac{\beta}{2}}{\sin\dfrac{\beta}{2}}$$

$$\frac{C_g^{(2)}}{C_0^{(2)}} = 2\gamma^{(2)} \xi_g = s\xi_g - \sqrt{(s\xi_g)^2 + 1} = -\frac{\sin\dfrac{\beta}{2}}{\cos\dfrac{\beta}{2}}$$

(11.18)

然后用两个布洛赫波来表示电子波：

$$b^{(1)}(\boldsymbol{k}^{(1)}, \boldsymbol{r}) = C_0^{(1)} \exp(2\pi i \boldsymbol{k}_0^{(1)} \cdot \boldsymbol{r}) + C_g^{(1)} \exp(2\pi i \boldsymbol{k}^{(1)} \cdot \boldsymbol{r}) \quad (11.19)$$
$$b^{(2)}(\boldsymbol{k}^{(2)}, \boldsymbol{r}) = C_0^{(2)} \exp(2\pi i \boldsymbol{k}_0^{(2)} \cdot \boldsymbol{r}) + C_g^{(2)} \exp(2\pi i \boldsymbol{k}^{(2)} \cdot \boldsymbol{r})$$

$\boldsymbol{k}_0^{(1)}$、$\boldsymbol{k}_0^{(2)}$、$\boldsymbol{k}_0$ 和 $\boldsymbol{\chi}_0$ 沿 x 和 y 方向具有相同的分量，沿 z 轴具有不同的投影。它们之间的关系表示为：

$$k_{0z}^{(1)} = k_{0z} + \gamma^{(1)}$$
$$k_{0z}^{(2)} = k_{0z} + \gamma^{(2)}$$
$$\boldsymbol{k}^{(1)} - \boldsymbol{k}_0^{(1)} = \boldsymbol{k}^{(2)} - \boldsymbol{k}_0^{(2)} = \boldsymbol{k} - \boldsymbol{k}_0 = \boldsymbol{g} + \boldsymbol{s}$$

或者

$$k^{(1)} = k_0^{(1)} + g + s$$
$$k^{(2)} = k_0^{(2)} + g + s$$
$$k = k_0 + g + s$$

在式（11.19）中，$C_0^{(1)}$ 和 $C_g^{(1)}$，$C^{(2)}$ 和 $C_g^{(2)}$ 可以被归一化：

$$|C_0^{(1)}|^2 + |C_g^{(1)}|^2 = 1$$
$$|C_0^{(2)}|^2 + |C_g^{(2)}|^2 = 1$$

(11.20)

考虑 $\dfrac{C_g^{(1)}}{C_0^{(1)}} = \dfrac{\cos\dfrac{\beta}{2}}{\sin\dfrac{\beta}{2}}$ 和 $\dfrac{C_g^{(2)}}{C_0^{(2)}} = -\dfrac{\sin\dfrac{\beta}{2}}{\cos\dfrac{\beta}{2}}$，可以得到对 $C_0^{(1)}$ 和 $C_g^{(1)}$、$C_0^{(2)}$ 和 $C_g^{(2)}$

的表达式：

$$C_0^{(1)} = -C_g^{(2)} = \sin(\beta/2)$$
$$C_0^{(2)} = C_g^{(1)} = \cos(\beta/2)$$

(11.21)

因此，两个布洛赫波分别表示为：

$$b_1(\boldsymbol{r}) = \sin\left(\frac{\beta}{2}\right)\exp(2\pi i k_0^{(1)} \cdot \boldsymbol{r}) + \cos\left(\frac{\beta}{2}\right)\exp(2\pi i k^{(1)} \cdot \boldsymbol{r})$$
$$b_2(\boldsymbol{r}) = \cos\left(\frac{\beta}{2}\right)\exp(2\pi i k_0^{(2)} \cdot \boldsymbol{r}) - \sin\left(\frac{\beta}{2}\right)\exp(2\pi i k^{(2)} \cdot \boldsymbol{r})$$

(11.22)

电子波可以描述为：

$$\psi(\boldsymbol{r}) = \psi^{(1)}\{\sin(\beta/2)\exp(2\pi i k_0^{(1)} \cdot \boldsymbol{r}) + \cos(\beta/2)\exp(2\pi i k^{(1)} \cdot \boldsymbol{r})\} +$$
$$\psi^{(2)}\{\cos(\beta/2)\exp(2\pi i k_0^{(2)} \cdot \boldsymbol{r}) - \sin(\beta/2)\exp(2\pi i k^{(2)} \cdot \boldsymbol{r})\} \quad (11.23)$$

式中，$\psi^{(1)}$ 和 $\psi^{(2)}$ 为常数。

通过施加边界条件，可以求解出 $\psi^{(1)}$ 和 $\psi^{(2)}$。在晶体上表面 $z=0$ 和 $r=0$ 处，可以看到 $\phi_0(0) = 1$ 和 $\phi_g(0) = 0$。

因此，

$$\phi_0(0) = \psi^{(1)}\sin(\beta/2) + \psi^{(2)}\cos(\beta/2) = 1$$
$$\phi_g(0) = \psi^{(1)}\cos(\beta/2) - \psi^{(2)}\sin(\beta/2) = 0$$

(11.24)

因此，

$$\psi^{(1)} = \sin(\beta/2)$$
$$\psi^{(2)} = \cos(\beta/2)$$

(11.25)

将式（11.25）代入式（11.23），电子波可以被写为：

$$\psi(\boldsymbol{r}) = \sin\left(\frac{\beta}{2}\right)\left[\sin\left(\frac{\beta}{2}\right)\exp(2\pi i k_0^{(1)} \cdot \boldsymbol{r}) + \cos\left(\frac{\beta}{2}\right)\exp(2\pi i k^{(1)} \cdot \boldsymbol{r})\right] +$$

$$\cos\left(\frac{\beta}{2}\right)\left[\cos\left(\frac{\beta}{2}\right)\exp(2\pi i\mathbf{k}_0^{(2)} \cdot \mathbf{r}) - \sin\left(\frac{\beta}{2}\right)\exp(2\pi i\mathbf{k}^{(2)} \cdot \mathbf{r})\right]$$

$$= \sin\left(\frac{\beta}{2}\right)b_1(\mathbf{r}) + \cos\left(\frac{\beta}{2}\right)b_2(\mathbf{r}) \tag{11.26}$$

式中，$\sin(\beta/2)(=\psi^{(1)})$ 及 $\cos(\beta/2)(=\psi^{(2)})$ 是布洛赫波激发系数。

11.2 关于衍射衬度的讨论

11.2.1 衍射束的振幅及厚度条纹和弯曲条纹的形成

当分别考虑入射波和衍射波时，

$$\phi_0(z) = \sin^2\left(\frac{\beta}{2}\right)\exp(2\pi i\mathbf{k}_0^{(1)} \cdot \mathbf{r}) + \cos^2\left(\frac{\beta}{2}\right)\exp(2\pi i\mathbf{k}_0^{(2)} \cdot \mathbf{r})$$

$$\phi_g(z) = \sin\left(\frac{\beta}{2}\right)\cos\left(\frac{\beta}{2}\right)\exp(2\pi i\mathbf{k}^{(1)} \cdot \mathbf{r}) - \cos\left(\frac{\beta}{2}\right)\sin\left(\frac{\beta}{2}\right)\exp(2\pi i\mathbf{k}^{(2)} \cdot \mathbf{r})$$

$\phi_0(z)$ 和 $\phi_g(z)$ 的简化形式可以被推导出来。我们通过下面的例子来做到这一点。

例 11.1 简化如下入射束和衍射束的表达式：

$$\phi_0(z) = \sin^2\left(\frac{\beta}{2}\right)\exp(2\pi i\mathbf{k}_0^{(1)} \cdot \mathbf{r}) + \cos^2\left(\frac{\beta}{2}\right)\exp(2\pi i\mathbf{k}_0^{(2)} \cdot \mathbf{r})$$

$$\phi_g(z) = \sin\left(\frac{\beta}{2}\right)\cos\left(\frac{\beta}{2}\right)\exp(2\pi i\mathbf{k}^{(1)} \cdot \mathbf{r}) - \cos\left(\frac{\beta}{2}\right)\sin\left(\frac{\beta}{2}\right)\exp(2\pi i\mathbf{k}^{(2)} \cdot \mathbf{r})$$

解：利用三角学中的一些公式，入射束可以简化为：

$$\phi_0(z) = \sin^2\left(\frac{\beta}{2}\right)\exp(2\pi i\mathbf{k}_0^{(1)} \cdot \mathbf{r}) + \cos^2\left(\frac{\beta}{2}\right)\exp(2\pi i\mathbf{k}_0^{(2)} \cdot \mathbf{r})$$

$$= \left(\frac{1-\cos\beta}{2}\right)\exp(2\pi i\mathbf{k}_0^{(1)} \cdot \mathbf{r}) + \frac{1+\cos\beta}{2}\exp(2\pi i\mathbf{k}_0^{(2)} \cdot \mathbf{r})$$

$$= \frac{1}{2}\{\exp(2\pi i\mathbf{k}_0^{(1)} \cdot \mathbf{r}) + \exp(2\pi i\mathbf{k}_0^{(2)} \cdot \mathbf{r})\} - \frac{\cos\beta}{2}\{\exp(2\pi i\mathbf{k}_0^{(1)} \cdot \mathbf{r}) - \exp(2\pi i\mathbf{k}_0^{(2)} \cdot \mathbf{r})\}$$

第一项：

$$\frac{1}{2}\{\exp(2\pi i\mathbf{k}_0^{(1)} \cdot \mathbf{r}) + \exp(2\pi i\mathbf{k}_0^{(2)} \cdot \mathbf{r})\}$$

$$= \frac{1}{2}\{\cos(2\pi\mathbf{k}_0^{(1)} \cdot \mathbf{r}) + i\sin(2\pi\mathbf{k}_0^{(1)} \cdot \mathbf{r}) + \cos(2\pi\mathbf{k}_0^{(2)} \cdot \mathbf{r}) + i\sin(2\pi\mathbf{k}_0^{(2)} \cdot \mathbf{r})\}$$

$$= \cos[\pi(\boldsymbol{k}_0^{(1)} + \boldsymbol{k}_0^{(2)}) \cdot \boldsymbol{r}] \cos[\pi(\boldsymbol{k}_0^{(1)} - \boldsymbol{k}_0^{(2)}) \cdot \boldsymbol{r}] + i\sin[\pi(\boldsymbol{k}_0^{(1)} + \boldsymbol{k}_0^{(2)}) \cdot \boldsymbol{r}] \cdot$$

$$\cos[\pi(\boldsymbol{k}_0^{(1)} - \boldsymbol{k}_0^{(2)}) \cdot \boldsymbol{r}]$$

$$= \cos[\pi(\boldsymbol{k}_0^{(1)} - \boldsymbol{k}_0^{(2)}) \cdot \boldsymbol{r}]\{\cos[\pi(\boldsymbol{k}_0^{(1)} + \boldsymbol{k}_0^{(2)}) \cdot \boldsymbol{r}] + i\sin[\pi(\boldsymbol{k}_0^{(1)} + \boldsymbol{k}_0^{(2)}) \cdot \boldsymbol{r}]\}$$

$$= \cos[\pi(\boldsymbol{k}_0^{(1)} - \boldsymbol{k}_0^{(2)}) \cdot \boldsymbol{r}] \exp[i\pi(\boldsymbol{k}_0^{(1)} + \boldsymbol{k}_0^{(2)}) \cdot \boldsymbol{r}]$$

$$= \cos[\pi(k_{0z}^{(1)} - k_{0z}^{(2)}) \cdot z] \exp[i\pi(\boldsymbol{k}_0^{(1)} + \boldsymbol{k}_0^{(2)}) \cdot \boldsymbol{r}]$$

$$= \cos[\pi\Delta k_z z] \exp\left[2\pi i\left(\frac{\boldsymbol{k}_0^{(1)} + \boldsymbol{k}_0^{(2)}}{2}\right) \cdot \boldsymbol{r}\right]$$

其中, $\Delta k_z = k_z^{(1)} - k_z^{(2)} = \gamma^{(1)} - \gamma^{(2)} = \sqrt{s^2 + \xi_g^{-2}}$。

第二项:

$$-\frac{\cos\beta}{2}\{\exp(2\pi i \boldsymbol{k}_0^{(1)} \cdot \boldsymbol{r}) - \exp(2\pi i \boldsymbol{k}_0^{(2)} \cdot \boldsymbol{r})\}$$

$$= -\frac{\cos\beta}{2}\{\cos 2\pi \boldsymbol{k}_0^{(1)} \cdot \boldsymbol{r} + i\sin 2\pi \boldsymbol{k}_0^{(1)} \cdot \boldsymbol{r} - \cos 2\pi \boldsymbol{k}_0^{(2)} \cdot \boldsymbol{r} - i\sin 2\pi \boldsymbol{k}_0^{(2)} \cdot \boldsymbol{r}\}$$

$$= -\frac{\cos\beta}{2}\{-2\sin[\pi(\boldsymbol{k}_0^{(1)} + \boldsymbol{k}_0^{(2)}) \cdot \boldsymbol{r}]\sin[\pi(\boldsymbol{k}_0^{(1)} - \boldsymbol{k}_0^{(2)}) \cdot \boldsymbol{r}] + 2i\cos[\pi(\boldsymbol{k}_0^{(1)} + \boldsymbol{k}_0^{(2)}) \cdot \boldsymbol{r}]\sin[\pi(\boldsymbol{k}_0^{(1)} - \boldsymbol{k}_0^{(2)}) \cdot \boldsymbol{r}]\}$$

$$= -\frac{\cos\beta}{2}(2i)\sin[\pi(\boldsymbol{k}_0^{(1)} - \boldsymbol{k}_0^{(2)}) \cdot \boldsymbol{r}]\{\cos[\pi(\boldsymbol{k}_0^{(1)} + \boldsymbol{k}_0^{(2)}) \cdot \boldsymbol{r}] + i\sin[\pi(\boldsymbol{k}_0^{(1)} + \boldsymbol{k}_0^{(2)}) \cdot \boldsymbol{r}]\}$$

$$= -i\cos\beta\sin[\pi(k_{0z}^{(1)} - k_{0z}^{(2)})z]\{\exp[i\pi(\boldsymbol{k}^{(1)} + \boldsymbol{k}^{(2)}) \cdot \boldsymbol{r}]\}$$

$$= -i\cos\beta\sin[\pi\Delta k_z z]\left\{\exp\left[2\pi i\left(\frac{\boldsymbol{k}_0^{(1)} + \boldsymbol{k}_0^{(2)}}{2}\right) \cdot \boldsymbol{r}\right]\right\}$$

因此,

$$\phi_0(z) = \{\cos[\pi\Delta k_z z] - i\cos\beta\sin[\pi\Delta k_z z]\}\left\{\exp\left[2\pi i\left(\frac{\boldsymbol{k}_0^{(1)} + \boldsymbol{k}_0^{(2)}}{2}\right) \cdot \boldsymbol{r}\right]\right\}$$

入射束的振幅为:

$$\phi_0(z) = \cos(\pi\Delta k_z z) - i\cos\beta\sin(\pi\Delta k_z z) \tag{11.27}$$

同样地, 衍射束可以简化为:

$$\phi_g(z) = \sin\left(\frac{\beta}{2}\right)\cos\left(\frac{\beta}{2}\right)\exp(2\pi i \boldsymbol{k}^{(1)} \cdot \boldsymbol{r}) - \cos\left(\frac{\beta}{2}\right)\sin\left(\frac{\beta}{2}\right)\exp(2\pi i \boldsymbol{k}^{(2)} \cdot \boldsymbol{r})$$

$$= \sin\left(\frac{\beta}{2}\right)\cos\left(\frac{\beta}{2}\right)\{\exp(2\pi i \boldsymbol{k}^{(1)} \cdot \boldsymbol{r}) - \exp(2\pi i \boldsymbol{k}^{(2)} \cdot \boldsymbol{r})\}$$

$$= \frac{\sin\beta}{2}\{\cos 2\pi \boldsymbol{k}^{(1)} \cdot \boldsymbol{r} + i\sin 2\pi \boldsymbol{k}^{(1)} \cdot \boldsymbol{r} - \cos 2\pi \boldsymbol{k}^{(2)} \cdot \boldsymbol{r} - i\sin 2\pi \boldsymbol{k}^{(2)} \cdot \boldsymbol{r}\}$$

$$= \frac{\sin\beta}{2} \{ - 2\sin[\pi(\boldsymbol{k}^{(1)} + \boldsymbol{k}^{(2)}) \cdot \boldsymbol{r}]\sin[\pi(\boldsymbol{k}^{(1)} - \boldsymbol{k}^{(2)}) \cdot \boldsymbol{r}] + 2i\cos[\pi(\boldsymbol{k}^{(1)} +$$

$$\boldsymbol{k}^{(2)}) \cdot \boldsymbol{r}]\sin[\pi(\boldsymbol{k}^{(1)} - \boldsymbol{k}^{(2)}) \cdot \boldsymbol{r}]\}$$

$$= \frac{\sin\beta}{2} \cdot 2i\sin[\pi(\boldsymbol{k}^{(1)} - \boldsymbol{k}^{(2)}) \cdot \boldsymbol{r}]\{\cos[\pi(\boldsymbol{k}^{(1)} + \boldsymbol{k}^{(2)}) \cdot \boldsymbol{r}] + i\sin[\pi(\boldsymbol{k}^{(1)} +$$

$$\boldsymbol{k}^{(2)}) \cdot \boldsymbol{r}]\}$$

$$= i\sin\beta\sin[\pi(k_z^{(1)} - k_z^{(2)})z]\{\exp[i\pi(\boldsymbol{k}^{(1)} + \boldsymbol{k}^{(2)}) \cdot \boldsymbol{r}]\}$$

$$= i\sin\beta\sin[\pi\Delta k_z z]\left\{\exp\left[2\pi i\left(\frac{\boldsymbol{k}^{(1)} + \boldsymbol{k}^{(2)}}{2}\right) \cdot \boldsymbol{r}\right]\right\}$$

因此，衍射束的振幅为：

$$\phi_g(z) = i\sin\beta\sin(\pi\Delta k_z z) \tag{11.28}$$

其中，$\Delta k_z = k_z^{(1)} - k_z^{(2)} = \gamma^{(1)} - \gamma^{(2)} = \sqrt{s^2 + \xi_g^{-2}}$。

如果分析衍射束振幅 $\phi_g(z) = i\sin\beta\sin(\pi\Delta k_z z)$，或衍射束的强度 $I \propto |\phi_g(z)|^2$，显然厚度振荡的起源是两个布洛赫波波长的差异，即两个布洛赫波之间的干涉效应（Williams，1996）。

一些教科书将有效激励误差 s_{eff}（Williams，1996）表述为：

$$s_{\text{eff}} = \Delta k = \frac{1}{\xi_g^{\text{eff}}} = \sqrt{s^2 + \xi_g^{-2}} \tag{11.29}$$

有效激励误差 s_{eff} 从来不为零。当 $s = 0$，$s_{\text{eff}} = \frac{1}{\xi_g}$。当 s 特别大时，$s_{\text{eff}} \approx s$。

然后衍射束的振幅与运动学近似下的振幅具有相似的形式：

$$\phi_g(z) = i\sin\beta\sin(\pi s_{\text{eff}} z) \tag{11.30}$$

因为 $c\tan\beta = s\xi_g$ 和 $\sin\beta = \dfrac{1}{\sqrt{1 + s\xi_g^2}} = \dfrac{1}{\xi_g s_{\text{eff}}}$，衍射束强度可以表示为：

$$I_g(t) = |\phi_g(t)|^2 = \frac{\pi^2}{\xi_g^2}\frac{\sin^2(\pi s_{\text{eff}} t)}{(\pi s_{\text{eff}})^2} \tag{11.31}$$

$\xi_g^{\text{eff}} = \dfrac{1}{s_{\text{eff}}} = \dfrac{1}{\sqrt{s^2 + \xi_g^{-2}}}$ 是有效消光距离，直射束强度为：

$$I_0(t) = 1 - I_g(t) = 1 - |\phi_g(t)|^2$$

式（11.31）可以用来解释厚度变化的样品楔形体中厚度条纹的形成，以及试样弯曲时 s 变化的弯曲条纹。

图 11.5 给出了薄硅样品的厚度条纹图像和氧化锌带的弯曲条纹图像。

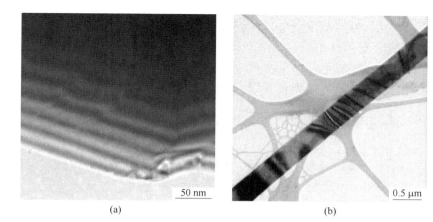

图 11.5 硅晶体在楔形处显示厚度条纹（a）和 ZnO 纳米带
由于不同的 s 值显示弯曲条纹的明场像（b）

（资料来源：Xu 等人（2005），经 AIP 出版社许可）

11. 2. 2 两个布洛赫波的讨论

对于两个布洛赫波，

$$b^{(1)}(\boldsymbol{r}) = \sin\left(\frac{\beta}{2}\right)\exp(2\pi i \boldsymbol{k}_0^{(1)} \cdot \boldsymbol{r}) + \cos\left(\frac{\beta}{2}\right)\exp(2\pi i \boldsymbol{k}^{(1)} \cdot \boldsymbol{r})$$

$$b^{(2)}(\boldsymbol{r}) = \cos\left(\frac{\beta}{2}\right)\exp(2\pi i \boldsymbol{k}_0^{(2)} \cdot \boldsymbol{r}) - \sin\left(\frac{\beta}{2}\right)\exp(2\pi i \boldsymbol{k}^{(2)} \cdot \boldsymbol{r})$$

如果满足精确的布拉格衍射条件，或者 $\theta = \theta_B$，我们有 $s = 0$，$\mathrm{ctan}\beta = s\xi_g = 0$ 和 $\beta = \frac{\pi}{2}$。

在这种情况下，我们还可以得到：

$$s = 0$$
$$\boldsymbol{k}^{(1)} = \boldsymbol{k}_0^{(1)} + \boldsymbol{g}$$
$$\boldsymbol{k}^{(2)} = \boldsymbol{k}_0^{(2)} + \boldsymbol{g}$$

因此，

$$b^{(1)}(\boldsymbol{r}) = \sin\left(\frac{\beta}{2}\right)\exp(2\pi i \boldsymbol{k}_0^{(1)} \cdot \boldsymbol{r}) + \cos\left(\frac{\beta}{2}\right)\exp(2\pi i \boldsymbol{k}^{(1)} \cdot \boldsymbol{r})$$

$$= \frac{1}{\sqrt{2}}\{\exp(2\pi i \boldsymbol{k}_0^{(1)} \cdot \boldsymbol{r}) + \exp[2\pi i (\boldsymbol{k}_0^{(1)} + \boldsymbol{g}) \cdot \boldsymbol{r}]\}$$

$$= \frac{1}{\sqrt{2}}\left\{[\exp - \pi i \boldsymbol{g} \cdot \boldsymbol{r}) + \exp(\pi i \boldsymbol{g} \cdot \boldsymbol{r})]\exp\left[2\pi i\left(\boldsymbol{k}_0^{(1)} + \frac{1}{2}\boldsymbol{g}\right) \cdot \boldsymbol{r}\right]\right\}$$

$$= \sqrt{2} \cos(\pi \boldsymbol{g} \cdot \boldsymbol{r}) \exp\left[2\pi i \left(\boldsymbol{k}_0^{(1)} + \frac{1}{2}\boldsymbol{g} \right) \cdot \boldsymbol{r} \right]$$

另外

$$b^{(2)}(\boldsymbol{r}) = \cos\left(\frac{\beta}{2}\right) \exp(2\pi i \boldsymbol{k}_0^{(2)} \cdot \boldsymbol{r}) - \sin\left(\frac{\beta}{2}\right) \exp(2\pi i \boldsymbol{k}^{(2)} \cdot \boldsymbol{r})$$

$$= \frac{1}{\sqrt{2}} \{ \exp(2\pi i \boldsymbol{k}_0^{(2)} \cdot \boldsymbol{r}) - \exp[2\pi i (\boldsymbol{k}_0^{(2)} + \boldsymbol{g}) \cdot \boldsymbol{r}] \}$$

$$= \frac{1}{\sqrt{2}} \left\{ [\exp(-\pi i \boldsymbol{g} \cdot \boldsymbol{r}) - \exp(\pi i \boldsymbol{g} \cdot \boldsymbol{r})] \exp\left[2\pi i \left(\boldsymbol{k}_0^{(2)} + \frac{1}{2}\boldsymbol{g} \right) \cdot \boldsymbol{r} \right] \right\}$$

$$= -i\sqrt{2} \sin(\pi \boldsymbol{g} \cdot \boldsymbol{r}) \exp\left[2\pi i \left(\boldsymbol{k}_0^{(2)} + \frac{1}{2}\boldsymbol{g} \right) \cdot \boldsymbol{r} \right]$$

如果我们选择 $x \parallel \boldsymbol{g}$ ，那么 $\boldsymbol{g} \cdot \boldsymbol{r} = gx$ 。这种情况下

$$b^{(1)}(\boldsymbol{r}) = \sqrt{2} \cos(\pi gx) \exp\left[2\pi i \left(\boldsymbol{k}_0^{(1)} + \frac{1}{2}\boldsymbol{g} \right) \cdot \boldsymbol{r} \right]$$

$$b^{(2)}(\boldsymbol{r}) = -i\sqrt{2} \sin(\pi gx) \exp\left[2\pi i \left(\boldsymbol{k}_0^{(2)} + \frac{1}{2}\boldsymbol{g} \right) \cdot \boldsymbol{r} \right] \tag{11.32}$$

注意到布拉格条件下的两个布洛赫波的强度为：

$$|b^{(1)}(\boldsymbol{r})|^2 \propto \cos^2(\pi gx) \tag{11.33}$$

$$|b^{(2)}(\boldsymbol{r})|^2 \propto \sin^2(\pi gx)$$

对于 $b^{(1)}(\boldsymbol{r})$ 波，光束在原子附近的区域更为集中。对于 $b^{(2)}(\boldsymbol{r})$ 波，情况则相反，最大值出现在晶体学平面之间（Fultz 和 Howe，2008）。因此，$b^{(1)}(\boldsymbol{r})$ 比 $b^{(2)}(\boldsymbol{r})$ 被样品吸收得更快，$b^{(2)}(\boldsymbol{r})$ 比 $b^{(1)}(\boldsymbol{r})$ 在样品内部穿透得更深。

当满足精确的布拉格条件时，有 $s = 0$，$\mathrm{ctan}\beta = s\xi_g = 0$ 和 $\beta = \dfrac{\pi}{2}$。因此 $\Psi^{(1)}\left(= \sin\dfrac{\beta}{2} \right) = \Psi^2\left(= \cos\dfrac{\beta}{2} \right)$，表明两个布洛赫波以相同的振幅激发。

当 $\theta < \theta_B$，$s < 0$，$\mathrm{ctan}\beta = s\xi_g < 0$ 时，有 $\beta > \dfrac{\pi}{2}$ 和 $\sin\left(\dfrac{\beta}{2}\right) > \cos\left(\dfrac{\beta}{2}\right)$。$b^{(1)}(\boldsymbol{r})$ 的振幅更大，散射/吸收更强。

当 $\theta > \theta_B$，$s > 0$，$\mathrm{ctan}\beta = s\xi_g > 0$ 时，有 $\beta < \dfrac{\pi}{2}$ 和 $\sin\left(\dfrac{\beta}{2}\right) < \cos\left(\dfrac{\beta}{2}\right)$。$b^{(2)}(\boldsymbol{r})$ 的幅值较大，即穿透力较高。

11.2.3　关于晶体缺陷衬度的讨论

由于缺陷改变了衍射振幅，因此可以观察到缺陷引起的衬度。用 $\boldsymbol{r} + \boldsymbol{R}$ 表示缺陷位置，其中 $\boldsymbol{R}$ 为缺陷引起的位移，则式（11.8）可以改写为：

$$\frac{\mathrm{d}\phi_0}{\mathrm{d}z} = \frac{i\pi}{\xi_0}\phi_0 + \frac{i\pi}{\xi_g}\phi_g \exp(2\pi isz + 2\pi i\boldsymbol{g} \cdot \boldsymbol{R})$$

$$\frac{\mathrm{d}\phi_g}{\mathrm{d}z} = \frac{i\pi}{\xi_g}\phi_0 \exp(-2\pi isz + 2\pi i\boldsymbol{g} \cdot \boldsymbol{R}) + \frac{i\pi}{\xi_0}\phi_g$$

利用波幅变换（Hirsch，1977）：

$$\phi_0'' = \phi_0 \exp(-i\pi z/\xi_0)$$

$$\phi_g'' = \phi_g \exp(2\pi isz - i\pi z/\xi_0 + 2\pi i\boldsymbol{g} \cdot \boldsymbol{R})$$

进一步有：

$$\frac{\mathrm{d}\phi_0''}{\mathrm{d}z} = \frac{i\pi}{\xi_g}\phi_g''$$

$$\frac{\mathrm{d}\phi_g''}{\mathrm{d}z} = \frac{i\pi}{\xi_g}\phi_0'' + 2\pi i\left(s + \boldsymbol{g} \cdot \frac{\mathrm{d}\boldsymbol{R}}{\mathrm{d}z}\right)\phi_g''$$

可以看出，缺陷的对比度是由因子 $\boldsymbol{g} \cdot \dfrac{\mathrm{d}\boldsymbol{R}}{\mathrm{d}z}$ 引起的，或者是缺陷畸变区域的激励误差 s 值变化引起的，这表明 $\boldsymbol{R}$ 引起局部旋转。弱电子束技术是基于条件 $s + \boldsymbol{g} \cdot \dfrac{\mathrm{d}\boldsymbol{R}}{\mathrm{d}z} = 0$，该条件可以用来提高缺陷图像的分辨率。

本 章 小 结

衍射衬度是由于入射束和衍射束在薄晶体样品出射表面的强度变化而产生的。当透射束或其中一束衍射束被物镜后焦面的物镜光阑选中时，只有被选中的电子束能够通过该光阑，从而在物镜像面成像。

在明场像和暗场像中观察到的特征敏感地依赖于布拉格条件的满足情况，例如：哪个衍射是活跃的？偏差参数的值是多少？在完美晶体中，典型的特征是厚度条纹和弯曲条纹。当样品中存在位错、析出物、晶界或掺杂等缺陷时，可以通过明场成像或暗场成像来揭示晶体中的缺陷。

参 考 文 献

Fultz B，Howe J M，2008. Transmission electron microscopy and diffractometry of materials [M]. Brent Fultz，James Howe. 3rd ed. Berlin：Springer.

Hirsch P B，1977. Electron microscopy of thin crystals [M]. P. B. Hirsch，A. Howrie，R. B. Nicholson，D. W. Pashley and M. J. Whelan. Krieger Pub Co.

Hirsch P B，Howie A，Whelan M J，1960. A Kinematical Theory of Diffraction Contrast of Electron Transmission Microscope Images of Dislocations and other Defects [J]. Philosophical Transactions of the Royal Society of London. Series A，Mathematical and Physical Sciences. The Royal Society，252

（1017）：499-529.

Howie A, Whelan M J, 1961. Diffraction Contrast of Electron Microscope Images of Crystal Lattice Defects. II. The Development of a Dynamical Theory [J]. Proceedings of the Royal Society of London. Series A, Mathematical and Physical Sciences. The Royal Society, 263 （1313）：217-237.

Khor K A, et al., 2000. Microstructure investigation of plasma sprayed HA/Ti_6Al_4V composites by TEM [J]. Materials Science and Engineering A, 281 （1/2）：221-228.

Reimer L, 1997. Transmission electron microscopy：Physics of image formation and microanalysis [M]. Ludwig Reimer. 3rd ed. Berlin；Springer-Verlag （Springer series in optical sciences；v. 36）.

Thomas G, Goringe M J, Michael J, 1979. Transmission electron microscopy of materials [M]. Gareth Thomas, Michael J. Goringe. New York：Wiley.

Williams D B, 1996. Transmission Electron Microscopy [Z]//A Textbook for Materials Science/by David B. Williams, C. Barry Carter. Edited by C. B. Carter. Boston, MA：Springer US.

Xu C X, et al., 2005. Magnetic nanobelts of iron-doped zinc oxide [J]. Applied Physics Letters, 86 （17）：1-3.

12　相　位　衬　度

　　质厚衬度和衍射衬度都是振幅衬度。入射束和散射束在薄样品出射面处的振幅变化在明场像和暗场像中形成反差。

　　在薄样品的下表面，如果电子波存在相位变化，相位差可以转化为物镜平面上的强度差，有效地呈现为合成图像中较暗或较亮的区域。相位衬度可以实现非常高分辨率的成像，使在埃或亚埃尺度上区分特征成为可能。

12.1　双　束　干　涉

　　当考虑双束条件下入射束和衍射束的干涉时，需要拆除物镜光阑。部分学生更喜欢用较大的物镜光阑让两束电子束通过。当物镜光阑从电子束路径上移除时，入射束和衍射束由于具有固定的相位关系而发生干涉。入射束和衍射束均为（Williams，1996）：

$$\psi = \phi_0(z)\exp 2\pi i(\mathbf{k}_0 \cdot \mathbf{r}) + \phi_g(z)\exp 2\pi i(\mathbf{k} \cdot \mathbf{r})$$

$$\mathbf{k} - \mathbf{k}_0 = \mathbf{q} = \mathbf{g} + \mathbf{s}$$

　　若将入射束和衍射束的振幅改写为 $\phi_0 = A\exp(i\alpha_1)$ 和 $\phi_g = B\exp(i\alpha_2)$ 的简单形式，其中 A 和 B 为实数，且 $\alpha_2 - \alpha_1 = \Delta\alpha$，则：

$$\begin{aligned}\psi &= A\exp(i\alpha_1)\exp[2\pi i(\mathbf{k}_0 \cdot \mathbf{r})] + B\exp(i\alpha_2)\exp[2\pi i(\mathbf{k} \cdot \mathbf{r})]\\&= \exp(i\alpha_1)\exp[2\pi i(\mathbf{k}_0 \cdot \mathbf{r})]\{A + B\exp i(2\pi \mathbf{q} \cdot \mathbf{r} + \Delta\alpha)\}\end{aligned}$$

　　那么 $I = |\psi|^2$ 可以通过以下得到：

$$\begin{aligned}I &= \{A + B\exp[i(2\pi\mathbf{q} \cdot \mathbf{r} + \Delta\theta)]\}\{A + B\exp[-i(2\pi\mathbf{q} \cdot \mathbf{r} + \Delta\alpha)]\}\\&= A^2 + B^2 + AB\{\exp[i(2\pi\mathbf{q} \cdot \mathbf{r} + \Delta\alpha)] + \exp[-i(2\pi\mathbf{q} \cdot \mathbf{r} + \Delta\alpha)]\}\\&= A^2 + B^2 + 2AB\cos(2\pi\mathbf{q} \cdot \mathbf{r} + \Delta\alpha)\end{aligned}$$

　　若满足布拉格条件或 $\mathbf{q} = \mathbf{g}$，且令 $\mathbf{g}$ 与 x 平行，则：

$$I = A^2 + B^2 + 2AB\cos(2\pi gx + \Delta\alpha) = A^2 + B^2 + 2AB\cos\left(2\pi\frac{x}{d} + \Delta\alpha\right)$$

$$(12.1)$$

　　由于薄样品出射表面的强度变化而产生的图像衬度显示了 d 间距周期性的条纹。当 s 不为零时，$\mathbf{q} = \mathbf{g} + \mathbf{s}$；条纹的周期性只是对 d 间距的一种近似。在透射电子显微镜（TEM）分析中，从干涉图样中准确测量 d 间距是非常困难的。通过 X

射线衍射测量可以获得可靠的 d 间距数据。

虽然晶格条纹不是结构投影的直接图像，但晶格间距信息对一些分析（见图 12.1）有帮助。

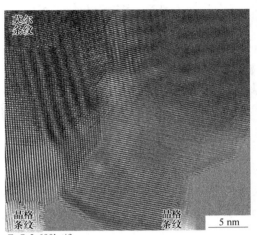

图 12.1 纤维锌矿氧化锌样品的晶格条纹

12.2 薄晶体的投影势和 HRTEM 图像

在没有物镜光阑（或更大的物镜光阑）的情况下，许多电子束可以通过并参与成像。该过程与电子衍射和衍射衬度的处理方法不同。对于电子衍射，衍射图案的几何形状和物镜后焦面上各个衍射斑点的强度与样品的晶体结构有关。对于衍射衬度，由于样品内部的结构特征变化，入射束和衍射束的振幅在样品下表面变化。在成像过程中，只有物镜光阑选择的电子束在物镜像平面处对成像起作用，形成衍射衬度，并揭示缺陷结构。在相位衬度形成中，当电子束穿过薄的样品时，它携带了样品的投影势信息。

本节学生需要理解两个物理图像：（1）携带样品信息的样品出射表面的波；（2）能够揭示样品信息的成像过程。

已知相对论波长为 $\lambda = h/(mv) = h/[2m_0eE(1 + eE/2m_0c^2)]^{1/2}$。近似地，真空中 $\lambda \approx h/\sqrt{2m_0eE}$，样品内部 $\lambda'(x, y, z) \approx h/\sqrt{2m_0e[E + V(x, y, z)]}$。考虑到真空中和样品内部波长的差异，样品厚度为 dz 的单元引起的相位转移为：

$$d\chi(x,\ y,\ z) = 2\pi\,\frac{dz}{\lambda'} - 2\pi\,\frac{dz}{\lambda}$$

$$= 2\pi\,\frac{dz}{\lambda}\left[\frac{\sqrt{E + V(x,\ y,\ z)}}{\sqrt{E}} - 1\right]$$

$$\approx \sigma V(x,\ y,\ z)\,dz$$

其中，$\sigma = \dfrac{\pi}{\lambda E}$。

对于厚度为 t 的试样，积分为：

$$\chi(x,\ y) = \sigma\int_0^t V(x,\ y,\ z)\,dz = \sigma V_t(x,\ y) \tag{12.2}$$

当样品很薄时，在弱相位物体近似条件下，样品下表面的波函数写为：

$$\psi_e(x,\ y) = \exp[-i\sigma V_t(x,\ y)]$$

$$\approx [1 - i\sigma V_t(x,\ y)] \tag{12.3}$$

或者

$$\psi_e(\boldsymbol{r}) \approx [1 - i\sigma V_t(\boldsymbol{r})]$$

对于上述结果，假定入射波振幅 $\phi_0 = 1$，并忽略吸收。在许多教科书中，$\phi_p(x,\ y)$ 表示样品投影势。在本教材中，一直用 $V(\boldsymbol{r})$ 和 $U(\boldsymbol{r})$ 分别表示电势和势能。因此，在这里用 $V_t(\boldsymbol{r})$ 来表示投影样品势，以避免混淆。

在电子衍射和衍射衬度研究中，对透镜像差的讨论非常少。然而，在相位衬度的研究中，根据阿贝理论，我们需要在图像形成的同时考虑物镜像差的影响。

在阿贝成像理论中，考虑了与物镜相关的 3 个平面：（1）样品下表面；（2）后焦面；（3）像平面（见图Ⅲ.2）。对于样品下表面或像平面上的一个实空间矢量，可以用 $\boldsymbol{r}$ 或 x-y 平面上的坐标 x、y 来表示。对于与倒易空间相关联的后焦面上的一个矢量，可以用矢量 $\boldsymbol{u}$，或者在 u-v 平面上的坐标 u、v 来表示它。为了简单起见，在很多情况下可以只用一维坐标 u 进行数学处理。由于这 3 个平面不在薄样品或晶体内，因此不需要用 7 个晶系的坐标轴来定义矢量或坐标。

在物镜的后焦面上，波函数 $\psi(\boldsymbol{r}) \approx [1 - i\sigma V_t(\boldsymbol{r})]$ 可以通过傅里叶变换在倒易空间中表示：

$$\Psi_d(\boldsymbol{u}) = [\delta(\boldsymbol{u}) - i\sigma FT[V_t(\boldsymbol{r})]]$$

因为 $FT[1] = \delta(\boldsymbol{u})$。

可以看出，后焦面处的相位转移与球差系数 C_s 和离焦量 ε 有关。透镜欠聚焦时 ε 的值为负，过聚焦时 ε 的值为正。相位变化表示为：

$$\chi(\boldsymbol{u}) = \pi\varepsilon\lambda\,|\boldsymbol{u}|^2 + \frac{1}{2}\pi C_s\lambda^3\,|\boldsymbol{u}|^4 \tag{12.4}$$

因此，在进行第二次傅里叶变换之前，在物镜的后焦面上引入了相位因子 $\exp i\chi(\boldsymbol{u}) = \cos\chi(\boldsymbol{u}) + i\sin\chi(\boldsymbol{u})$。因为矢量在后焦面上也可以用坐标 u 和 v 表

示，$\chi(\boldsymbol{u}) = \pi\varepsilon\lambda\,|\boldsymbol{u}|^2 + \dfrac{1}{2}\pi C_s\lambda^3\,|\boldsymbol{u}|^4$ 可以被写为：

$$\chi(\boldsymbol{u}) = \pi\varepsilon\lambda\,(u^2 + v^2) + \frac{1}{2}\pi C_s\lambda^3\,(u^2 + v^2)^2$$

在后焦面引入 $\exp i\chi(\boldsymbol{u}) = \cos\chi(\boldsymbol{u}) + i\sin\chi(\boldsymbol{u})$，得到

$$\begin{aligned}\Psi_d(\boldsymbol{u}) \cdot \exp i\chi(\boldsymbol{u}) &= [\delta(\boldsymbol{u}) - i\sigma FT[V_t(\boldsymbol{r})]] \cdot \exp i\chi(\boldsymbol{u})\\
&= [\delta(\boldsymbol{u})\cos\chi(\boldsymbol{u}) + \sigma FT[V_t(\boldsymbol{r})]\sin\chi(\boldsymbol{u})] +\\
&\quad i[\delta(\boldsymbol{u})\sin\chi(\boldsymbol{u}) - \sigma FT[V_t(\boldsymbol{r})]\cos\chi(\boldsymbol{u})]\end{aligned}$$

知道 $FT[FT[V_t(\boldsymbol{r})]] = V_t(-\boldsymbol{r})$，并且对于函数 $f(\boldsymbol{u})$，可知 $\int\delta(\boldsymbol{u})f(\boldsymbol{u})\mathrm{d}\boldsymbol{u} = f(0)$。我们还知道当 $u=0$，$\chi=0$，$\cos\chi=1$ 及 $\sin\chi=0$。因此，通过傅里叶变换，电子在像平面上的波为：

$$\psi_i(\boldsymbol{r}) = \{1 + \sigma V_t(-\boldsymbol{r}) \otimes FT[\sin\chi(\boldsymbol{u})]\} - i\{\sigma V_t(-\boldsymbol{r}) \otimes FT[\cos\chi(\boldsymbol{u})]\}$$

因此

$$\begin{aligned}I &= \psi_i(\boldsymbol{r}) \cdot \psi_i^*(\boldsymbol{r})\\
&= 1 + 2\sigma V_t(-\boldsymbol{r}) \otimes FT[\sin\chi(\boldsymbol{u})] + \sigma^2\{V_t(-\boldsymbol{r}) \otimes FT[\sin\chi(\boldsymbol{u})]\}^2 +\\
&\quad \sigma^2\{V_t(-\boldsymbol{r}) \otimes FT[\cos\chi(\boldsymbol{u})]\}^2\end{aligned}$$

或者

$$I \approx 1 + 2\sigma V_t(-\boldsymbol{r}) \otimes FT[\sin\chi(\boldsymbol{u})] \tag{12.5}$$

式中，$\sin\chi(\boldsymbol{u})$ 为对比度传递函数；符号 $\otimes$（也可以用符号 $*$）表示卷积。实际上，在后焦面上，需要考虑物理孔径 $A(u)$ 和包络阻尼函数 $E(u)$（Williams，1996）；它们可以与对比度传递函数 $\sin\chi(\boldsymbol{u})$ 相结合。如果进一步包含常数 2，则传递函数变为：

$$T(u) = A(u)E(u)2\sin\chi(u)$$

其中，$A(u)$ 为孔径函数；$E(u)$ 为包络函数。在 12.3 节中的 HRTEM 图像模拟例子中给出了一个传递函数。

在现代 HRTEM 中，由于稳定的高电压和减小的透镜电流波动，降低了色差。电子束会聚可以调整，使入射束近乎平行。采用合适的工作环境，可以最大限度地减小样品的漂移和振动。在 HRTEM 操作过程中，需要进行适当的校准，并校正物镜像散，以保证成像质量。当 C_s 值一定时，会出现最佳聚焦或谢尔泽散焦条件（Williams，1996）：

$$\varepsilon_{Sch} = -1.2(\lambda C_s)^{1/2}$$

在此条件下，对比度传递函数在 $u_{Sch} = 1.51 C_s^{-1/4}\lambda^{-3/4}$ 处越过坐标轴，点分辨率为：

$$d = \frac{1}{u_{Sch}} = 0.66 C_s^{1/4}\lambda^3/4 \tag{12.6}$$

Buseck 等人（1988）在第 2 章中对 HRTEM 成像和点分辨率进行详细解释。由于相位衬度图像只有在点分辨率下才具有直接可解释性，而对于场发射显微镜，信息的极限远远超过点分辨率，因此可以利用 JEMS 等图像仿真软件来辅助解释超越点分辨率的图像细节。

对于具有球差校正器的显微镜，对比度传递函数的第一个交叉点可以扩展到信息极限之外，在这种情况下，可直接解释的特征可以达到亚埃级。

例 12.1 计算：（1）在 $C_s = 0.5$ mm 和 200 kV 下工作的 TEM；（2）在 $C_s = 1.4$ mm 和 300 kV 下工作的 TEM 的谢尔泽散焦和点分辨率。

解：（1）基于本节的讨论，可知谢尔泽散焦可以用方程 $\varepsilon_{Sch} = -1.2(\lambda C_s)^{1/2}$ 来计算，点分辨率可以用 $d = \dfrac{1}{u_{Sch}} = 0.66 C_s^{1/4} \lambda^{3/4}$ 来计算。对于 200 kV 的显微镜，电子束的波长为 0.00251 nm。因此，谢尔泽散焦值为 $\varepsilon_{Sch} = -1.2(\lambda C_s)^{1/2} = -42.5$ nm。点分辨率为 $d = \dfrac{1}{u_{Sch}} = 0.66 C_s^{1/4} \lambda^{3/4} = 0.19$ nm。

（2）对于工作在 300 kV 的显微镜，电子束的波长为 0.00197 nm。因此，谢尔泽散焦值为 $\varepsilon_{Sch} = -1.2(\lambda C_s)^{1/2} = -63$ nm。点分辨率为 $d = \dfrac{1}{u_{Sch}} = 0.66 C_s^{1/4} \lambda^{3/4} = 0.21$ nm。

当操作 TEM 时，可以选择不插入物镜光阑，甚至最大的光阑。在这种情况下，光阑函数 $A(u)$ 不包含在后焦面的转移中，也没有被光阑函数截断。然而，包络函数的阻尼总是存在的。对于在法向相衬度传递函数曲线上施加阻尼包络函数的方法早在 1973 年由 J. Frank 报道，关于包络函数和信息极限的进一步讨论可参见 O'Keefe（1992）和 O'Keefe 等人（2001）的文章。下面的简要说明以 O'Keefe（1992）的著作为基础，将有助于学生理解包络函数和信息极限的物理意义。入射束会聚的包络函数为：

$$E_\alpha(u) = \exp[-\pi^2 \alpha^2 (\varepsilon + \lambda^2 C_s u^2)^2 u^2]$$

其中，ε 为物镜离焦量，透镜欠聚焦时 ε 为负值，过聚焦时 ε 为正值；C_s 为电子波长 λ 处的球差系数；α 为高斯函数在收敛锥上的标准差，等于测量半角的 0.77 倍。

由于 $E_\alpha(u)$ 存在一个截止值，该截止值随着欠焦的增加而增加，因此会聚效应对于显微镜并不构成信息极限。

聚焦扩展的包络函数为：

$$E_\Delta(u) = \exp\left(-\frac{1}{2}\pi^2 \lambda^2 \Delta^2 u^4\right)$$

式中，Δ 为高斯散焦的标准差。$E_\Delta(u)$ 的截止频率在 $\exp(-2)$ 或 13.5% 的水平上对显微镜施加了信息限制。

由 $\exp\left[-\dfrac{1}{2}\pi^2\lambda^2\Delta^2 u^4\right]=\exp(-2)$，得到

$$|u|_\Delta = \sqrt{(2/\pi\lambda\Delta)} \tag{12.7}$$

信息极限是

$$d_\Delta = \frac{1}{|u|_\Delta} = \sqrt{\pi\lambda\Delta/2} \tag{12.8}$$

焦点的扩散表示为（O'Keefe，1992）：

$$\Delta = C_C\sqrt{(\delta V/V)^2 + (2\delta I/I)^2 + (\delta E/E)^2}$$

其中，C_C 为物镜的色差系数；$\delta V/V$ 为电压在图像采集时间尺度上的分数变化；$\delta I/I$ 为透镜电流的分数变化；$\delta E/E$ 为电子束中传播的能量是总能量的函数。

我们可以重新分析 $T(u) = A(u)E(u)2\sin\chi(u)$，只考虑 $E(u)$ 和 $\sin\chi(u)$ 的组合。对于没有球差校正器的 HRTEM，$\sin\chi(u)$ 的第一个交叉点在 u 值小于 10 nm^{-1} 处，点分辨率大于 0.1 nm。利用球差校正器，对比度传递函数 $\sin\chi(u)$ 的第一个交叉点可以扩展到 $|u|_\Delta = (2/\pi\lambda\Delta)^{1/2}$ 之外，从而定义了信息极限。在这种情况下，使用信息极限 $d_\Delta = \dfrac{1}{|u|_\Delta} = \sqrt{(\pi\lambda\Delta/2)}$ 来定义显微镜的分辨率，对于迄今为止分辨率最高的显微镜，信息极限接近 0.05 nm。

综上所述：（1）薄样品出射表面的波与样品的投影势有关；（2）物镜后焦面处引入相位转移，物镜形成的像可以揭示薄样品的投影势。

12.3 HRTEM 图像模拟

在薄晶体的弱相位物体近似与动力学散射有效时，可揭示薄晶体的投影势。对于较厚的样品，观察到的图像不能直接解释为投影晶体结构。在图像模拟过程中，可以将样品视为具有许多垂直于入射束的切片。对于每一个切片，弱相位近似仍然有效。从一个切片到其下方的切片，发生菲涅耳衍射。

教材 *High-Resolution Transmission Electron Microscopy and Associated Techniques*（Buseck et al.，1988）详细解释了波从一个平面传播到另一个平面时的菲涅耳衍射现象（见图 12.2）。

在大多数物理教科书中，波数用 $k = \dfrac{2\pi}{\lambda}$ 表示，并且 2π 不会出

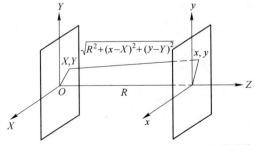

图 12.2 波从坐标为 X、Y 的平面通过光学系统传输到坐标为 x、y 的平行平面的示意图

现在波的相位项内部。为了在对 XRD 和 TEM 讨论中保持一致并避免混淆，使用 $k = \dfrac{1}{\lambda}$ 作为波数，并在相位项中保留 2π。下面的表达式显示了一个平面上的波函数，给定前一个平面上的波函数：

$$\psi(xy) = \frac{\exp(2\pi i k R)}{i\lambda R} \int \psi_1(xy) \exp\left[2\pi i k \frac{(x-X)^2 + (y-Y)^2}{2R} \right] \mathrm{d}X \mathrm{d}Y$$

或者

$$\psi(xy) = \frac{\exp(2\pi i k R)}{i\lambda R} \left\{ \psi_1(xy) \otimes \exp\left[\frac{\pi i(x^2 + y^2)}{R\lambda} \right] \right\}$$

在上述表达式中，使用了卷积 $f(x) \otimes g(x) = \displaystyle\int_{-\infty}^{\infty} f(X) g(x-X) \mathrm{d}X$。

菲涅耳传播因子的解释也可以在其他教科书中找到，如 Williams 于 1996 年的著作。Williams 阐述了图像模拟的方法，包括：（1）倒易空间法；（2）FFT法；（3）实空间法；（4）布洛赫波法。例如，在实空间法中，波函数可以表示为：

$$\Psi_{n+1}(\boldsymbol{r}) = \left[\Psi_n(\boldsymbol{r}) \otimes P_{n+1}(\boldsymbol{r}) \right] \cdot q_{n+1}(\boldsymbol{r}) \tag{12.9}$$

式中，Ψ_{n+1} 为 $n+1$ 层切片处实空间中的波函数；Ψ_n 为第 n 层切片出口处实空间中的波函数；$P_{n+1}(\boldsymbol{r})$ 为实际空间近场计算中 $n+1$ 切片的菲涅耳传播因子；$q_{n+1}(\boldsymbol{r})$ 为实空间中的相位光栅（样品）。

在图像模拟过程中，既需要考虑上述对样品的多层处理，也需要考虑显微镜的操作条件和像差。通过 HRTEM 图像模拟可以揭示更详细的原子结构信息（Kirkland，1998；Stadelmann，1987）。

在磷灰石研究项目中，ETI 实验室水热合成了羟基磷灰石晶须，并通过 Rietveld 精修获得了晶体结构数据。进行了 HRTEM 观察和多片层模拟，以辅助局部晶体结构分析。TEM 样品通过在超声浴中用乙醇分散合成的羟基磷灰石晶须，并将悬浮液沉积到镀有多孔碳涂层的铜网上来制备获得。使用工作在 300 kV 的 LaB_6 电子枪的 JEM-3010（$C_s = 1.4$ mm）观测高分辨图像。图 12.3 是在 225 ℃ 下进行 6 h 水热合成得到的材料。观察是沿着 $[10\overline{1}0]$ 方向进行的。由于羟基磷灰石材料对电子束敏感，因此在结构改变之前快速收集 HRTEM 图像至关重要。

模拟的 HRTEM 图像是利用 JEMS 通过多片函数获得的（见图 12.4），可以辅助 HRTEM 图像的判读。

所得材料为纯羟基磷灰石晶须，无杂相。在复合生物材料中羟基磷灰石晶须可以作为增强和生物活性成分。然而，TEM 观察表明晶须的尺寸并不均匀。HA 晶须的长度和宽度需要进一步控制，作为增强相会影响生物复合材料的强度。

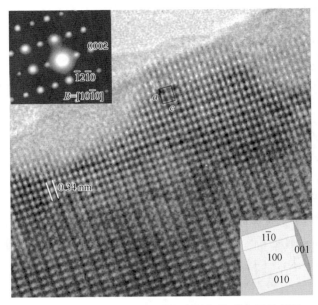

图 12.3 前驱体在 225 ℃水热处理 6 h 后得到的羟基磷灰石晶须的 HRTEM 图像

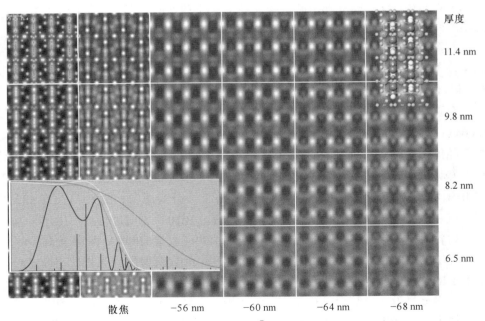

图 12.4 羟基磷灰石从 [10$\bar{1}$0] 晶带轴的图像模拟

(传递函数和投影原子位置如图所示)

12.4　物镜像差与像差校正

在第 12.2 节中，介绍了物镜后焦面像差引起的相位移动。在后焦平面引入物镜球差和离焦的影响，表示为 $B(\boldsymbol{u}) = \exp[i\mathcal{X}(\boldsymbol{u})]$，其中 $\mathcal{X}(\boldsymbol{u}) = \frac{1}{2}\pi C_s \lambda^3 |\boldsymbol{u}|^4 + \pi\varepsilon\lambda |\boldsymbol{u}|^2$。

对材料科学与工程专业的学生而言，通过 Reimer 的分析，可以更好地理解球差和离焦的影响（Reimer，1997）。

在光学中，有如下的透镜方程：

$$\frac{1}{\text{焦距}} = \frac{1}{\text{物距}} + \frac{1}{\text{像距}}$$

可以简单地用 $\frac{1}{f} = \frac{1}{u} + \frac{1}{v}$ 或 $\frac{1}{f} = \frac{1}{a} + \frac{1}{b}$ 来表示（Reimer，1997）。

如图 12.5 所示，对于球差系数为 C_s 的透镜，对应的角度偏差为：

$$\alpha_s \approx \frac{\Delta r}{b} = \frac{C_s \theta^3 M}{b}$$

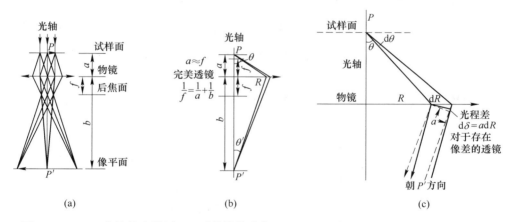

图 12.5 　（a）物镜的光线图，显示物体的成像过程；（b）完美透镜光线图，展示物距 a、像距 b 与焦距 f 的关系；（c）距离光轴 R 处物镜外部区域的一部分，显示角度偏差 α 和光程差 δ

（资料来源：Reimer（1997），经 Springer Nature 出版社许可）

Δr 是由于球差的存在，电子通过距离光轴 θ 内的角度散射在样品中时，电子束在透镜像面处的扩散。

由于 $\theta \approx \dfrac{R}{a}$、$M = \dfrac{b}{a}$ 和 $a \approx f$，有

$$\alpha_s = \frac{C_s R^3}{f^4} \tag{12.10}$$

对于离焦量 ε，其值为 $-\Delta f$。这意味着当焦距变化 Δf 为正或焦距增大时，离焦量 ε 为负，称为欠焦。过度聚焦具有正的 ε 值。

对于样品位置的变化 Δa，由于 $\dfrac{\Delta a}{a}$ 和 $\dfrac{\Delta b}{b}$ 较小，因此可以只保留泰勒级数中的一阶。可以这样表示：

$$\frac{1}{f} = \frac{1}{a + \Delta a} + \frac{1}{b + \Delta b} = \frac{1}{a}\left(1 + \frac{\Delta a}{a}\right)^{-1} + \frac{1}{b}\left(1 + \frac{\Delta b}{b}\right)^{-1}$$

$$= \frac{1}{a}\left(1 - \frac{\Delta a}{a} + \cdots\right) + \frac{1}{b}\left(1 - \frac{\Delta b}{b} + \cdots\right)$$

求解 Δb 并使用 $\dfrac{1}{f} = \dfrac{1}{a} + \dfrac{1}{b}$ 得到

$$\Delta b = -\Delta a b^2 / a^2$$

已知 $\theta' \approx \dfrac{R}{b}$ 和 $a \approx f$，因此，角度偏差表示为（Reimer，1997）：

$$\alpha_a = (-\Delta b \theta') / b = \Delta a R / f^2 \tag{12.11}$$

利用方程 $\dfrac{1}{f} = \dfrac{1}{a} + \dfrac{1}{b}$，可以进一步得到由焦距变化 Δf 引起的像距变化 Δb。

如前所述，由于 $\dfrac{\Delta f}{f}$ 和 $\dfrac{\Delta b}{b}$ 较小，只保留泰勒级数中的一阶。

$$\frac{1}{f + \Delta f} = \frac{1}{a} + \frac{1}{b + \Delta b}$$

$$\frac{1}{f}\left(1 + \frac{\Delta f}{f}\right)^{-1} = \frac{1}{a} + \frac{1}{b}\left(1 + \frac{\Delta b}{b}\right)^{-1}$$

$$\frac{1}{f}\left(1 - \frac{\Delta f}{f} + \cdots\right) = \frac{1}{a} + \frac{1}{b}\left(1 - \frac{\Delta b}{b} + \cdots\right)$$

求解 Δb 并使用 $\dfrac{1}{f} = \dfrac{1}{a} + \dfrac{1}{b}$ 得到

$$\Delta b = \Delta f b^2 / f^2$$

由于 $\theta' \approx R/b$，相应的角度偏差表示为（Reimer，1997）：

$$\alpha_f = (-\Delta b \theta') / b = -\Delta f R / f^2 \tag{12.12}$$

f 的增大或 $\Delta f > 0$，a 的减小或 $\Delta a < 0$ 具有相似的效果。结合式（12.10）~式（12.12），总的角度偏差写为

$$\alpha_{\text{tot}} = \alpha_s + \alpha_a + \alpha_f = C_s\left(\frac{R^3}{f^4}\right) + (\Delta a - \Delta f)\,\frac{R}{f^2} \tag{12.13}$$

根据 Reimer 的分析，如图 12.5（b）（Reimer，1997）所示，相移为

$$\chi(\theta) = \frac{2\pi}{\lambda}\delta = \frac{2\pi}{\lambda}\int_0^R \alpha_{\text{tot}}\mathrm{d}R = \frac{2\pi}{\lambda}\left[\frac{1}{4}C_s\frac{R^4}{f^4} + \frac{1}{2}(\Delta a - \Delta f)\frac{R^2}{f^2}\right] \tag{12.14}$$

如果使用 $\dfrac{R}{f} \approx \dfrac{R}{a} \approx \theta$ 并散焦 $\varepsilon = \Delta a - \Delta f$ 相移可以改写为：

$$\chi(\theta) = \frac{2\pi}{\lambda}\left(\frac{1}{2}\varepsilon\theta^2 + \frac{1}{4}C_s\theta^4\right) \tag{12.15}$$

由于 $u = \dfrac{1}{\lambda}\theta$，还可以将相移表达为：

$$\chi(u) = 2\pi\left(\frac{1}{2}\varepsilon\lambda u^2 + \frac{1}{4}C_s\lambda^3 u^4\right) \tag{12.16}$$

在第 12.2 节的讨论中，没有考虑试件位置的变化。本节将样本位置的变化和焦点的变化结合起来，如 Reimer（1997）所述。学生应该记住在欠焦条件下 ε 值是负的。当物镜过焦时，ε 值为正。因此，这里使用 $\varepsilon = \Delta a - \Delta f$。

以上讨论说明了离焦和三阶球差的影响。在使用像差校正器的现代 TEM 中，也可以校正 C_s 和一些高阶像差。

根据 Uhlemann 和 Haider（1998）、Kirkland 和 Meyer（2004）及 Erni（2010）的研究，波像差系数可以用不同的符号表示。此处我们使用了 Uhlemann 和 Haider（1998）的描述，其中相移表示如下：

$$\begin{aligned}
\text{相移} = \frac{2\pi}{\lambda}Re\Big\{ &\frac{1}{2}\omega\,\bar{\omega}C_1 + \frac{1}{2}\bar{\omega}^2 A_1 + \omega^2\,\bar{\omega}B_2 + \frac{1}{3}\bar{\omega}^3 A_2 + \\
&\frac{1}{4}(\omega\,\bar{\omega})^2 C_3 + \omega^3\,\bar{\omega}S_3 + \frac{1}{4}\bar{\omega}^4 A_3 + \omega^3\,\bar{\omega}^2 B_4 + \\
&\omega^4\,\bar{\omega}D_4 + \frac{1}{5}\bar{\omega}^5 A_4 + \frac{1}{6}(\omega\,\bar{\omega})^3 C_5 + \frac{1}{6}\bar{\omega}^6 A_5 + \cdots\Big\}
\end{aligned} \tag{12.17}$$

式中，$\omega = \theta_x + i\theta_y$ 为复散射角，$\bar{\omega} = \theta_x - i\theta_y$ 为其复共轭，$|\omega| = \dfrac{|\boldsymbol{u}|}{k} = \lambda\,|\boldsymbol{u}|$（Erni，2010）。式（12.17）包含了许多像差系数。C_1 或 $-\Delta f$ 为离焦量，A_1 为二倍散光系数，A_2 为三倍散光系数，B_2 为轴向彗差系数，C_3 或 C_s 为三阶球差系数，A_3 为四倍散光系数，S_3 为星像差系数，A_4 为五倍散光系数，B_4 为轴向彗差系数，D_4 为三阶像差系数，C_5 为五阶球差系数，A_5 为六倍散光系数。

当校正球差 $C_s = 0$ 时，TEM 的分辨率可以达到信息极限。在一定条件下，得到的 TEM 图像可以与电荷密度投影相关联。

基于 Spence 的著述（2013），相位物体的出射面波振幅为：

$$\psi_e(x,\ y) = \exp[-i\sigma V_t(x,\ y)]$$

如果聚焦误差 ε 很小，且不存在球差，则后焦面的振幅分布可以用夫琅禾费衍射和像差函数表示：

$$\psi_d(u,\ v) = FT\{\exp[-i\sigma V_t(x,\ y)]\}\exp(i\pi\varepsilon\lambda(u^2 + v^2))$$
$$\approx \Phi(u,\ v)[1 + i\pi\varepsilon\lambda(u^2 + v^2)]$$

式中，$\Phi(u,\ v)$ 为 $\psi_e(x,\ y)$ 的傅里叶变换。

通过逆变换给出了单位放大倍率和无旋转情况下像平面内的振幅分布为：

$$\psi_i(x,\ y) = \exp[-i\sigma V_t(x,\ y)] + i\pi\varepsilon\lambda FT^{-1}\{(u^2 + v^2)\Phi(u,\ v)\}$$

$$(12.18)$$

因为 $\psi_e(x,\ y)$ 和 $\Phi(u,\ v)$ 是一个傅里叶变换对，我们有

$$FT^{-1}((u^2 + v^2)\Phi(u,\ v)) = -\frac{1}{4\pi^2}\nabla^2\psi_e(x,\ y) \qquad (12.19)$$

为了验证式（12.19），计算 $-\frac{1}{4\pi^2}\nabla^2\psi_e(x,\ y)$ 看是否等于 $FT^{-1}((u^2 + v^2)\Phi(u,\ v))$。其推导过程为：

$$-\frac{1}{4\pi^2}\nabla^2\psi_e(x,\ y) = -\frac{1}{4\pi^2}\nabla^2 FT^{-1}(\Phi(u,\ v))$$
$$= -\frac{1}{4\pi^2}\nabla^2\left[\iint\Phi(u,\ v)\exp(2\pi iux + 2\pi ivy)\mathrm{d}u\mathrm{d}v\right]$$
$$= \iint(u^2 + v^2)\Phi(u,\ v)\exp(2\pi iux + 2\pi ivy)\mathrm{d}u\mathrm{d}v$$
$$= FT^{-1}((u^2 + v^2)\Phi(u,\ v))$$

利用这一结果得到图像的振幅为：

$$\psi_i(x,\ y) = \exp[-i\sigma V_t(x,\ y)] - (i\pi\varepsilon\lambda/4\pi^2)\nabla^2\{\exp[-i\sigma V_t(x,\ y)]\}$$
$$= \exp[-i\sigma V_t(x,\ y)] + (i\pi\varepsilon\lambda\sigma/4\pi^2)\exp[-i\sigma V_t(x,\ y)]\times$$
$$\{\sigma(V_t(x,\ y))^2 + i\nabla^2 V_t(x,\ y)\} \qquad (12.20)$$

因此，在一阶近似下得到的图像强度为：

$$I(x,\ y) \approx 1 - (\varepsilon\lambda\sigma/2\pi)\nabla^2 V_t(x,\ y) \qquad (12.21)$$

利用泊松方程：

$$\nabla^2 V_t(x,\ y) = -\rho_p(x,\ y)/\varepsilon_0\varepsilon_r$$

有

$$I(x,\ y) \approx 1 + (\varepsilon\lambda\sigma/2\pi\varepsilon_0\varepsilon_r)\rho_p(x,\ y) \qquad (12.22)$$

图 12.6 是使用像差校正的 TEM 采集的磷灰石结构类型样品的 HRTEM 图像，分辨率在亚埃量级。

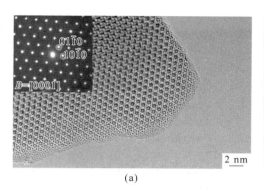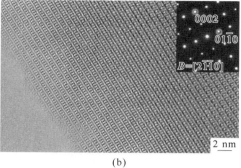

(a)　　　　　　　　　　　　　　　　　(b)

图 12.6　用 200 kV 球差校正的 TEM 采集的合成 $Nd_8Sr_2(SiO_4)_6O_2$ 磷灰石结构的 HRTEM 图像

(a) 沿 [0001] 晶带轴；(b) 沿 $[2\bar{1}\bar{1}0]$ 晶带轴

12.5　HRTEM 在材料研究领域的应用示例

　　本节以钙钛矿型涂层为例，展示了如何使用 HRTEM 技术结合 EELS 来分析材料。在新加坡教育部（MOE）二级合作项目"自旋电子学激光分子束外延制备的纳米结构铁电磁超晶格"中，研究了氧压调控阳离子化学计量比、外延钙钛矿薄膜的微结构和性能。研究的目标之一是了解氧空位对镧锶锰氧化物薄膜中界面和表面绝缘死区的形成的影响，这可以通过调节氧压来实现。样品示意图如图12.7 所示。此外，通过调节氧压，在室温下制备了具有强铁电性和铁磁性的 $LSMO/BaTiO_3$ 多铁超晶格。

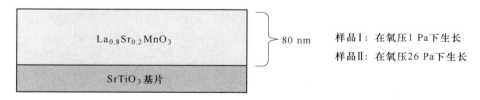

图 12.7　脉冲激光在 $SrTiO_3$ 基片上沉积 $La_{0.8}Sr_{0.2}MnO_3$ 涂层

　　在 HRTEM 和 EELS 分析中，对两个样品进行了分析。（1）退火样品：先在较低的氧压（1 Pa）下生长，然后进行全氧退火以排除氧空位。（2）参比样品：在较高氧压（26 Pa）下生长，然后进行氧退火处理。

　　采用 Li 等人（2012）描述的方法制备了横截面 TEM 样品。TEM 的剖面图如图 12.8 所示。EELS 分析和成分变化如图 12.9 和图 12.10 所示。

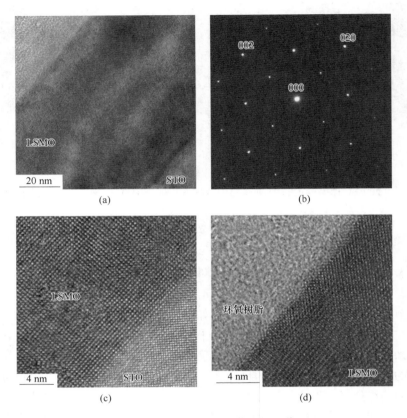

图 12.8　退火后 LSMO 薄膜的形貌

（a）低倍结构图；（b）LSMO 薄膜在 ［100］晶带轴的选区电子衍射花样；

（c）LSMO 与 $SrTiO_3$ 基底界面的 HRTEM 图像；（d）LSMO 表面的 HRTEM 图像

（资料来源：Li 等人（2012），经 John Wiley & Sons 出版社许可）

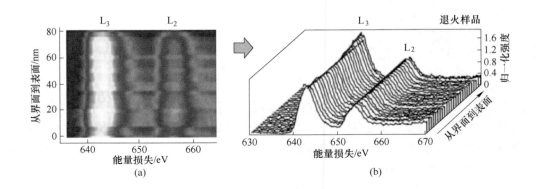

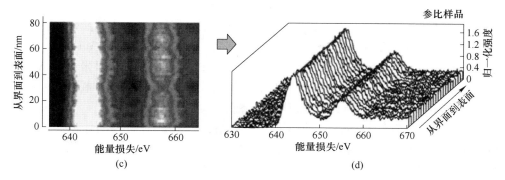

图 12.9 EELS 谱线扫描 Mn L$_{2,3}$ 边缘

（a）（c）退火样品和参比样品中 Mn L$_{2,3}$ 边缘的 EELS 图像；

（b）（d）退火样品和参比样品中 L$_2$ 峰强度归一化的 Mn L$_{2,3}$ 边的侧视图

（红线显示了 L$_3$/L$_2$ 峰值强度比的变化规律）

（资料来源：Li 等人（2012），经 John Wiley & Sons 出版社许可）

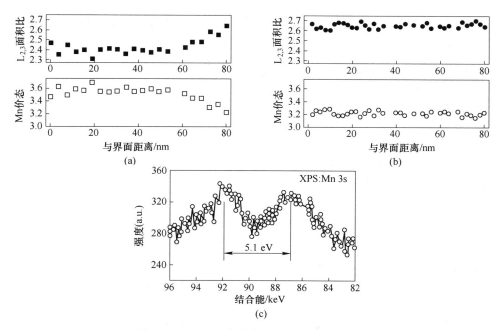

图 12.10 LSMO 薄膜中 Mn 名义价态的变化

（a）（b）退火样品和参比样品中精确的 L$_{2,3}$ 比例和相应的 Mn 价态与界面距离的关系；

（c）退火样品中 Mn 3s 带的 XPS 峰（两个峰之间的能量分离为 ΔE_{3s}）

（资料来源：Li 等人（2012），经 John Wiley & Sons 出版社许可）

通过对晶体结构、HRTEM 图像和 EELS 分析结果的分析，可得到一些结论。即在低氧压下生长的样品中，由于 STO 衬底的拉伸应变，LSMO 的晶格膨胀，因此有足够的空间容纳 La 和 Sr 阳离子在 Mn 位。在生长初期，与 Mn 元素相比，La 和 Sr 元素过量。在后期，应变被释放，La/Sr 没有足够的空间坐落在 Mn 位（Li et al.，2012）。显然，在较低氧压下薄膜生长过程中的氧空位增强了 A 位阳离子过剩和 Mn 缺陷，导致饱和磁化强度降低。

为了更好地理解材料体系的结构性能关系，TEM 起着重要的作用。现代分析型 TEM 配备了 EELS 和 EDS，因此基于纳米区域的成像、衍射和光谱的分析为如何改善材料的结构并获得所需的性能提供了关键的指导。

关于晶体的电子结构的光谱学分析不是本教材的重点。为了帮助学生在进行光谱学分析的同时阅读一些相关的物理教材，附录 A2 提供了有关能带结构的内容。

本 章 小 结

20 世纪 70 年代初，人们实现了对无机化合物和有机化合物晶体结构的直接观测，如氯代酞菁铜。

随着 20 世纪 90 年代球差校正高分辨透射电镜的新发展，亚埃分辨率显微镜应运而生。利用这些新型显微镜，可以分辨出氧和锂等轻原子。这些新型显微镜扩展了对比度传递函数的第一个交叉点，减缓了包络函数在衍射平面处的下降速度。

为了进一步提高透射电子显微镜的分辨率，除了球差外，还可以对其他高阶像差进行校正。

对于极薄晶体的 HRTEM 图像通常可解释为薄样品的投影势。然而，在很多情况下，我们需要利用软件对基于晶体结构模型的 HRTEM 图像进行计算和解释。

参 考 文 献

Buseck P，Cowley J M（John M），Eyring L，1988. High-resolution transmission electron microscopy and associated techniques ［M］. editors, PeterR. Buseck, John M. Cowley, Leroy Eyring. New York：Oxford University Press.

Erni R，2010. Aberration-corrected imaging in transmission electron microscopy：An introduction ［M］. by Rolf Erni. Singapore；World Scientific.

Kirkland A I，Meyer R R，2004. Microscopy Microanalysis "Indirect" High-Resolution Transmission Electron Microscopy：Aberration Measurement and Wavefunction Reconstruction，（May 2021）：401-413.

Kirkland E J，1998. Advanced Computing in Electron Microscopy ［Z］//by Earl J. Kirkland. Boston，

MA：Springer US.

Li Z, et al. , 2012. Interface and surface cation stoichiometry modified by oxygen vacancies in epitaxial manganite films ［J］. Advanced Functional Materials, 22 (20)：4312-4321.

Li Z, et al. , 2014. An Epitaxial Ferroelectric Tunnel Junction on Silicon ［J］. Advanced Materials, 26 (42)：7185-7189.

O' Keefe M A, 1992. "Resolution" in high-resolution electron microscopy, 47：282-297.

O' Keefe M A, et al, 2001. Sub-Ångstrom high-resolution transmission electron Sub-A microscopy at 300 keV ［J］. Ultramicroscopy, 89：215-241.

Reimer L, 1997. Transmission electron microscopy：Physics of image formation and microanalysis ［M］. Ludwig Reimer. 4th ed. Berlin；Springer (Springer series in optical sciences, v. 36) .

Spence J C H, 2013. High-resolution electron microscopy ［M］. John C. H. Spence, Department of Physics and Astronomy, Arizona State University/LBNL California. Fourth edi. Oxford：Oxford University Press.

Stadelmann P A, 1987. EMS-a software package for electron diffraction analysis and HREM image simulation in materials science ［J］. Ultramicroscopy, 21 (2)：131-145.

Uhlemann S, Haider M, 1998. Residual wave aberrations in the first spherical aberration corrected transmission electron microscope ［J］. Ultramicroscopy, 72 (3)：109-119.

Williams D B, 1996. Transmission Electron Microscopy ［Z］//A Textbook for Materials Science/by David B. Williams, C. Barry Carter. Edited by C. B. Carter. Boston, MA：Springer US.

附录 A1　傅里叶级数、傅里叶变换和相关公式

在一维情况下，如果一个函数 $f(x)$ 可以用下面的三角级数表示

$$f(x) = \frac{a_0}{2} + \sum_{n=1}^{\infty} a_n \cos nx + b_n \sin nx \tag{A1.1}$$

则称为 $f(x)$ 的傅里叶级数（Jeffrey，2005），其中 x 在范围 $[-\pi, \pi]$ 内，系数为：

$$a_n = \frac{1}{\pi} \int_{-\pi}^{\pi} f(x) \cos nx \mathrm{d}x \quad (n = 0, 1, 2, 3, \cdots)$$

$$b_n = \frac{1}{\pi} \int_{-\pi}^{\pi} f(x) \sin nx \mathrm{d}x \quad (n = 1, 2, 3, \cdots) \tag{A1.2}$$

如果傅里叶级数真实表示函数 $f(x)$，则必须满足迪利克雷条件（Dirichlet conditions）。在完整周期上的 $\int |f(x)| \mathrm{d}x$ 必须是有限的，且 $f(x)$ 在任意有限区间内的只能有有限个间断点（Croft 和 Davison，2015）。

实际上，本教材中使用的某些数学计算只在某些条件下成立。正如本书之前介绍过如何导出更简化方程式的思路一样，并没有着重说明如何根据数学教材提出条件。

由于在区间 $[-\pi, \pi]$ 上，$\{1, \cos x, \sin x, \cos 2x, \sin 2x, \cdots, \cos nx, \sin nx, \cdots\}$ 是正交的，系数可以通过以下方式获得。从

$$\int_{-\pi}^{\pi} f(x) \mathrm{d}x = \frac{a_0}{2} \cdot 2\pi = a_0 \pi$$

可以得到

$$a_0 = \frac{1}{\pi} \int_{-\pi}^{\pi} f(x) \mathrm{d}x$$

从

$$\int_{-\pi}^{\pi} f(x) \cos mx \mathrm{d}x = \frac{a_0}{2} \int_{-\pi}^{\pi} \cos mx \mathrm{d}x + \sum_{n=1}^{\infty} \left(a_n \int_{-\pi}^{\pi} \cos nx \cos mx \mathrm{d}x + b_n \int_{-\pi}^{\pi} \sin nx \cos mx \mathrm{d}x \right)$$

$$= \int_{-\pi}^{\pi} a_m \cos^2 mx \mathrm{d}x = a_m \pi$$

可以得到

$$a_m = \frac{1}{\pi} \int_{-\pi}^{\pi} f(x) \cos mx \, dx$$

同理，可得到

$$b_m = \frac{1}{\pi} \int_{-\pi}^{\pi} f(x) \sin mx \, dx$$

上述系数是基于以下条件推导出来的：在范围 $[-\pi, \pi]$、$[0, 2\pi]$、$[c, c+2\pi]$ 内，$\{1, \cos x, \sin x, \cos 2x, \sin 2x, \cdots, \cos nx, \sin nx, \cdots\}$ 是正交的，可以通过如下证明。

首先，我们可以计算序列中任意两个不同函数的乘积的积分，结果为零。以下是所有这些积分的表达式：

$$\int_{c}^{c+2\pi} \cos nx \, dx = \int_{0}^{2\pi} \cos nx \, dx = 0$$

$$\int_{c}^{c+2\pi} \sin nx \, dx = \int_{0}^{2\pi} \sin nx \, dx = 0$$

$$(n = 1, 2, \cdots)$$

并且

$$\int_{c}^{c+2\pi} \sin nx \cos mx \, dx = 0$$

$$\int_{c}^{c+2\pi} \sin nx \sin mx \, dx = 0$$

$$\int_{c}^{c+2\pi} \cos nx \cos x \, dx = 0$$

$$(n \neq m, \; n = 1, 2, \cdots; \; m = 1, 2, \cdots)$$

在上述计算过程中，使用了以下方程：

$$2 \sin nx \cos mx = \sin(nx + mx) + \sin(nx - mx)$$

$$-2 \sin nx \sin mx = \cos(nx + mx) - \cos(nx - mx)$$

$$2 \cos nx \cos mx = \cos(nx + mx) + \cos(nx - mx)$$

其次，我们可以计算任意函数与自身乘积的积分，结果是非零的。以下是所有积分的表达式：

$$\int_{c}^{c+2\pi} 1^2 \, dx = 2\pi$$

$$\int_{c}^{c+2\pi} \cos^2 nx \, dx = \int_{0}^{2\pi} \cos^2 nx \, dx = \int_{0}^{2\pi} \frac{1 + \cos 2nx}{2} \, dx = \pi$$

$$\int_{c}^{c+2\pi} \sin^2 nx \, dx = \int_{0}^{2\pi} \sin^2 nx \, dx = \int_{0}^{2\pi} \frac{1 - \cos 2nx}{2} \, dx = \pi$$

$$(n = 1, 2, \cdots)$$

在 $f(x)$ 的周期为 λ 而不是 2π 的情况下，或者傅里叶级数在 $\left[-\dfrac{\lambda}{2},\ \dfrac{\lambda}{2}\right]$ 范围内时，可得到

$$f(x) = \frac{a_0}{2} + \sum_{n=1}^{\infty} a_n \cos nkx + b_n \sin nkx \tag{A1.3}$$

$$\begin{aligned}
a_n &= \frac{2}{\lambda} \int_{-\frac{\lambda}{2}}^{\frac{\lambda}{2}} f(x) \cos nkx \mathrm{d}x \quad \left(k = \frac{2\pi}{\lambda},\ n = 0,\ 1,\ 2,\ \cdots\right) \\
b_n &= \frac{2}{\lambda} \int_{-\frac{\lambda}{2}}^{\frac{\lambda}{2}} f(x) \sin nkx \mathrm{d}x \quad \left(k = \frac{2\pi}{\lambda},\ n = 1,\ 2,\ 3,\ \cdots\right)
\end{aligned} \tag{A1.4}$$

在衍射分析中，会经常使用傅里叶级数的指数形式。在范围 $[-\pi,\ \pi]$ 内，该方程式为：

$$f(x) = \sum_{n=-\infty}^{\infty} c_n \mathrm{e}^{inx} \tag{A1.5}$$

$$c_n = \frac{1}{2\pi} \int_{-\pi}^{\pi} f(x) \mathrm{e}^{-inx} \mathrm{d}x \tag{A1.6}$$

$$(n = 0,\ \pm 1,\ \pm 2,\ \cdots)$$

傅里叶级数的指数形式可以通过以下推导得到。

如使用欧拉公式 $\mathrm{e}^{ix} = \cos x + i\sin x$，那么傅里叶级数可以用指数形式表示。

已知

$$\cos x = \frac{1}{2}(\mathrm{e}^{ix} + \mathrm{e}^{-ix})$$

$$\sin x = \frac{1}{2i}(\mathrm{e}^{ix} - \mathrm{e}^{-ix}) = -\frac{i}{2}(\mathrm{e}^{ix} - \mathrm{e}^{-ix})$$

因此，

$$\begin{aligned}
f(x) &= \frac{a_0}{2} + \sum_{n=1}^{\infty} a_n \cos nx + b_n \sin nx \\
&= \frac{a_0}{2} + \sum_{n=1}^{\infty} \left(\frac{a_n - ib_n}{2}\mathrm{e}^{inx} + \frac{a_n + ib_n}{2}\mathrm{e}^{-inx}\right) \\
&= c_0 + \sum_{n=1}^{\infty} (c_n \mathrm{e}^{inx} + c_{-n} \mathrm{e}^{-inx}) \\
&= \sum_{n=-\infty}^{\infty} c_n \mathrm{e}^{inx}
\end{aligned}$$

其中，

$$\frac{a_0}{2} = c_0$$

$$\frac{a_n - ib_n}{2} = c_n$$

$$\frac{a_n + ib_n}{2} = c_{-n}$$

$$(n = 1,\ 2,\ \cdots)$$

接下来分析 c_n 的表达式，

$$c_0 = \frac{a_0}{2} = \frac{1}{2\pi}\int_{-\pi}^{\pi} f(x)\,\mathrm{d}x$$

$$c_n = \frac{a_n - ib_n}{2} = \frac{1}{2\pi}\int_{-\pi}^{\pi} f(x)\cos nx\,\mathrm{d}x - i\,\frac{1}{2\pi}\int_{-\pi}^{\pi} f(x)\sin nx\,\mathrm{d}x$$

$$= \frac{1}{2\pi}\int_{-\pi}^{\pi} f(x)\,\mathrm{e}^{-inx}\,\mathrm{d}x$$

$$c_{-n} = \frac{a_n + ib_n}{2} = \frac{1}{2\pi}\int_{-\pi}^{\pi} f(x)\cos nx\,\mathrm{d}x + i\,\frac{1}{2\pi}\int_{-\pi}^{\pi} f(x)\sin nx\,\mathrm{d}x$$

$$= \frac{1}{2\pi}\int_{-\pi}^{\pi} f(x)\,\mathrm{e}^{inx}\,\mathrm{d}x$$

$$(n = 1,\ 2,\ \cdots)$$

系数可只使用一个常见的表达式，如下：

$$c_n = \frac{1}{2\pi}\int_{-\pi}^{\pi} f(x)\,\mathrm{e}^{-inx}\,\mathrm{d}x$$

$$(n = 0,\ \pm 1,\ \pm 2,\ \cdots)$$

之前介绍的傅里叶级数的指数形式是在范围 $[-\pi,\ \pi]$ 内的。

在使用周期 λ 的情况下，或者傅里叶级数在 $\left[-\dfrac{\lambda}{2},\ \dfrac{\lambda}{2}\right]$ 范围内时，可得到：

$$f(x) = \sum_{n=-\infty}^{\infty} c_n \mathrm{e}^{inkx} \qquad (\text{A1.7})$$

$$c_n = \frac{1}{\lambda}\int_{-\frac{\lambda}{2}}^{\frac{\lambda}{2}} f(x)\,\mathrm{e}^{-inkx}\,\mathrm{d}x \qquad (\text{A1.8})$$

$$\left(k = \frac{2\pi}{\lambda}, n = 0,\ \pm 1,\ \pm 2,\ \cdots\right)$$

在使用周期 T 的情况下，或者在 $\left[-\dfrac{T}{2},\ \dfrac{T}{2}\right]$ 范围内讨论傅里叶级数时，

可知：

$$f(t) = \sum_{n=-\infty}^{\infty} c_k e^{in\omega t} \tag{A1.9}$$

$$c_n = \frac{1}{T} \int_{-\frac{T}{2}}^{\frac{T}{2}} f(t) e^{-in\omega t} dt \tag{A1.10}$$

$$\left(\omega = \frac{2\pi}{T}, \ n = 0, \ \pm 1, \ \pm 2, \ \cdots \right)$$

通过获得的傅里叶级数，可以进一步解释并且非正式地推导出傅里叶变换。这将有助于读者正确理解和使用傅里叶变换。

已证明，在 $\left[-\dfrac{\lambda}{2}, \ \dfrac{\lambda}{2} \right]$ 范围内的傅里叶级数为：

$$f(x) = \sum_{n=-\infty}^{\infty} c_n e^{inkx}$$

$$c_n = \frac{1}{\lambda} \int_{-\frac{\lambda}{2}}^{\frac{\lambda}{2}} f(x) e^{-inkx} dx$$

$$\left(k = \frac{2\pi}{\lambda}, \ n = 0, \ \pm 1, \ \pm 2, \ \cdots \right)$$

根据傅里叶级数，$f(x)$ 可以写为：

$$f(x) = \sum_{n=-\infty}^{\infty} c_n e^{inkx} = \sum_{n=-\infty}^{\infty} \left(\frac{1}{\lambda} \int_{-\frac{\lambda}{2}}^{\frac{\lambda}{2}} f(x) e^{-inkx} dx \right) e^{inkx}$$

$$= \sum_{n=-\infty}^{\infty} \left(\frac{k}{2\pi} \int_{-\frac{\pi}{k}}^{\frac{\pi}{k}} f(x) e^{-inkx} dx \right) e^{inkx} \tag{A1.11}$$

使 $nk = k_n$，即 $\Delta k = k_n - k_{n-1} = nk - (n-1)k = k$，并且

$$\int_{-\frac{\pi}{k}}^{\frac{\pi}{k}} f(x) e^{-inkx} dx = \int_{-\frac{\pi}{k}}^{\frac{\pi}{k}} f(x) e^{-ik_n x} dx = F(k_n)$$

因此式（A1.11）变为：

$$f(x) = \sum_{n=-\infty}^{\infty} \frac{1}{2\pi} F(k_n) e^{ik_n x} \Delta k$$

当 $\lambda \to \infty$ 或 $\dfrac{\pi}{k} = \dfrac{\lambda}{2} \to \infty$ 时，

$$F(k_n) = \int_{-\frac{\pi}{k}}^{\frac{\pi}{k}} f(x) e^{-ik_n x} dx = \int_{-\infty}^{\infty} f(x) e^{-ik_n x} dx \Rightarrow F(k) = \int_{-\infty}^{\infty} f(x) e^{-ikx} dx$$

当 $\lambda \to \infty$ 或 $\Delta k = k = \dfrac{2\pi}{\lambda} \to 0$，可将 $f(x) = \displaystyle\sum_{n=-\infty}^{\infty} \frac{1}{2\pi} F(k_n) e^{ik_n x} \Delta k$ 替代为积分表示，或者

$$\sum_{n=-\infty}^{\infty} \frac{1}{2\pi} F(k_n) \mathrm{e}^{ik_n x} \Delta k = \frac{1}{2\pi} \sum_{n=-\infty}^{\infty} F(k_n) \mathrm{e}^{ik_n x} \Delta k \to \frac{1}{2\pi} \int_{-\infty}^{\infty} F(k) \mathrm{e}^{ikx} \mathrm{d}k$$

整理得：

$$F(k) = \int_{-\infty}^{\infty} f(x) \mathrm{e}^{-ikx} \mathrm{d}x$$

$$f(x) = \frac{1}{2\pi} \int_{-\infty}^{\infty} F(k) \mathrm{e}^{ikx} \mathrm{d}k \tag{A1.12}$$

式中，$F(k) = \int_{-\infty}^{\infty} f(x) \mathrm{e}^{-ikx} \mathrm{d}x$ 称为 $f(x)$ 的傅里叶变换，而 $f(x) = \frac{1}{2\pi} \int_{-\infty}^{\infty} F(k) \mathrm{e}^{ikx} \mathrm{d}k$ 则称为傅里叶逆变换。

如果满足迪利克雷条件，傅里叶变换就存在。如果 $f(x)$ 在任何有限区间上是分段连续的、有界变差且绝对可积的话，就满足应用傅里叶变换的条件（Antimirov et al.，1993）：

$$\int_{-\infty}^{\infty} |f(x)| \mathrm{d}x < \infty$$

在一维描述中，傅里叶变换和傅里叶逆变换可以用不同的方式表示。例如，

$$g(k) = FT\{f(x)\} = \int_{-\infty}^{+\infty} f(x) \exp\{-2\pi ikx\} \mathrm{d}x$$

$$f(x) = FT^{-1}\{g(k)\} = \int_{-\infty}^{+\infty} g(k) \exp\{2\pi ikx\} \mathrm{d}k \tag{A1.13}$$

在物理学中，可以使用 $\exp\{-ikx\}$ 和 $\exp\{ikx\}$ 代替 $\exp\{-i2\pi kx\}$ 和 $\exp\{i2\pi kx\}$，这意味着 "2π" 被纳入 "k" 中。因此，

$$g(k) = FT\{f(x)\} = \int_{-\infty}^{+\infty} f(x) \exp\{-ikx\} \mathrm{d}x$$

$$f(x) = FT^{-1}\{g(k)\} = \frac{1}{2\pi} \int_{-\infty}^{+\infty} g(k) \exp\{ikx\} \mathrm{d}k$$

或者

$$g(k) = FT\{f(x)\} = \frac{1}{\sqrt{2\pi}} \int_{-\infty}^{+\infty} f(x) \exp\{-ikx\} \mathrm{d}x$$

$$f(x) = FT^{-1}\{g(k)\} = \frac{1}{\sqrt{2\pi}} \int_{-\infty}^{+\infty} g(k) \exp\{ikx\} \mathrm{d}k$$

或者

$$g(k) = FT\{f(x)\} = \frac{1}{2\pi} \int_{-\infty}^{+\infty} f(x) \exp\{-ikx\} \mathrm{d}x$$

$$f(x) = FT^{-1}\{g(k)\} = \int_{-\infty}^{+\infty} g(k) \exp\{ikx\} \mathrm{d}k$$

有许多相关的公式，以下只作为示例。

可以计算一个 δ 函数的傅里叶变换：

$$FT\{\delta(x)\} = \int_{-\infty}^{+\infty} \delta(x)\exp\{-2\pi ikx\}\,\mathrm{d}x = \int_{-\infty}^{+\infty} \delta(x)\exp\{-2\pi ik(0)\}\,\mathrm{d}x$$

$$= \int_{-\infty}^{+\infty} \delta(x)\,\mathrm{d}x = 1$$

傅里叶变换对为：

$$FT\{\delta(x)\} = \int_{-\infty}^{+\infty} \delta(x)\exp\{-2\pi ikx\}\,\mathrm{d}x = 1$$

$$FT^{-1}\{1\} = \int_{-\infty}^{+\infty} 1 \cdot \exp\{2\pi ikx\}\,\mathrm{d}k = \delta(x)$$

（A1.14）

在量子力学中，

$$\int_{-\infty}^{+\infty} \exp\left[\frac{i}{\hbar}(p_x - p_x')x\right]\mathrm{d}x = (2\pi\hbar)\int_{-\infty}^{+\infty} \exp\left[2\pi i(p_x - p_x')\left(\frac{x}{2\pi\hbar}\right)\right]\mathrm{d}\left(\frac{x}{2\pi\hbar}\right)$$

$$= 2\pi\hbar\delta(p_x - p_x')$$

对于用动量表象表示的波函数来说，是一个非常重要的结论。

其还可以变为：

$$FT^{-1}\{\delta(x)\} = \int_{-\infty}^{+\infty} \delta(x)\exp\{2\pi ikx\}\,\mathrm{d}x = 1$$

$$FT\{1\} = \int_{-\infty}^{+\infty} 1 \cdot \exp\{-2\pi ikx\}\,\mathrm{d}k = \delta(x)$$

下面是与卷积和傅里叶变换相关的重要公式。

$$FT\{f(x) \otimes g(x)\} = FT\{f(x)\} \cdot FT\{g(x)\}$$

$$FT\{f(x) \cdot g(x)\} = FT\{f(x)\} \otimes FT\{g(x)\}$$

（A1.15）

$f(x)$ 与 $g(x)$ 的卷积定义如下：

$$f(x) \otimes g(x) = \int_{-\infty}^{+\infty} f(x')g(x - x')\,\mathrm{d}x'$$

$$= \int_{-\infty}^{+\infty} f(x - x')g(x')\,\mathrm{d}x' = g(x) \otimes f(x)$$

（A1.16）

$f(x)$ 与 δ 函数的卷积表示为：

$$f(x) \otimes \delta(x - x_0) = f(x - x_0)$$

（A1.17）

因此，在晶体学中，晶体被写成晶格⊗基元。

参 考 文 献

Antimirov M Y, Kolyshkin A A, Vaillancourt R, 1993. Applied integral transforms [M]. M. Ya. Antimirov, A. A. Kolyshkin, Rémi Vaillancourt. Providence, R. I., USA: American Mathematical Society（CRM monograph series, v. 2）.

Croft T, Davison R, 2015. Mathematics for engineers [M]. Anthony Croft, Robert Davison. 4th ed. Harlow: Pearson Prentice Hall.

Jeffrey A, 2005. Mathematics for engineers and scientists [M]. Alan Jeffrey. 6th ed. Boca Raton, FL: Chapman & Hall/CRC.

附录 A2　近自由电子近似和晶体的能带结构

在固体物理学中，近自由电子近似和紧束缚模型是推导晶体能带结构和描述带隙形成的两种简化的极端条件。在近自由电子近似状态下，电子之间的相互作用被忽略。这个近似允许使用布洛赫定理，该定理描述了电子在晶体的周期势场中的波函数，能够很好地表征晶体的电子性质，如金属和绝缘体之间的差异、带隙的形成和态密度。近自由电子模型比较适用于原子之间距离较近的金属。紧束缚模型是另一种极端情况，适用于原子与相邻原子之间的轨道和势能的重叠有限的材料。在对晶体的电子结构进行研究时，可以使用 X 射线吸收光谱和电子能损光谱，附录 A2 介绍一些基本知识将有助于材料研究学者和工程师进行光谱分析。

布洛赫定理表明，受周期势场作用的电子的波函数具有以下形式：

$$\psi_{\boldsymbol{k}}(\boldsymbol{r}) = u_{\boldsymbol{k}}(\boldsymbol{r})\,\mathrm{e}^{i\boldsymbol{k}\cdot\boldsymbol{r}}$$
$$u_{\boldsymbol{k}}(\boldsymbol{r}+\boldsymbol{R}_n) = u_{\boldsymbol{k}}(\boldsymbol{r}) \tag{A2.1}$$

或者

$$\psi_{\boldsymbol{k}}(\boldsymbol{r}+\boldsymbol{R}_n) = \mathrm{e}^{i\boldsymbol{k}\cdot\boldsymbol{R}_n}\psi_{\boldsymbol{k}}(\boldsymbol{r}) \tag{A2.2}$$

式中，$\boldsymbol{R}_n = n_1\boldsymbol{a}_1 + n_2\boldsymbol{a}_2 + n_3\boldsymbol{a}_3$ 是一个正格矢，并且 n_1、n_2 和 n_3 均为整数。

对于一个具有平行六面体形状的晶体，其边长为：

$$L_1 = N_1 a_1$$
$$L_2 = N_2 a_2$$
$$L_3 = N_3 a_3$$

边界条件为：

$$\psi_{\boldsymbol{k}}(\boldsymbol{r}+N_i\boldsymbol{a}_i) = \psi_{\boldsymbol{k}}(\boldsymbol{r}) \quad (i=1,\ 2,\ 3) \tag{A2.3}$$

基于式（A2.2），可知

$$\psi_{\boldsymbol{k}}(\boldsymbol{r}+N_i\boldsymbol{a}_i) = \mathrm{e}^{i\boldsymbol{k}\cdot(N_i a)_i}\psi_{\boldsymbol{k}}(\boldsymbol{r}) \quad (i=1,\ 2,\ 3) \tag{A2.4}$$

由式（A2.3）和式（A2.4），整理得

$$\mathrm{e}^{iN_i\boldsymbol{k}\cdot\boldsymbol{a}_i} = 1 \quad (i=1,\ 2,\ 3)$$

并且，

$$N_i\boldsymbol{k}\cdot\boldsymbol{a}_i = 2\pi m_i \quad (i=1,\ 2,\ 3)$$

其中，m_i 是一个整数。

考虑到 $\boldsymbol{k} = u_1\boldsymbol{b}_1 + u_2\boldsymbol{b}_2 + u_3\boldsymbol{b}_3$ 是一个倒格子中的波矢，然后可得：

$$\boldsymbol{k} \cdot \boldsymbol{a}_i = 2\pi u_i \quad (i = 1,\ 2,\ 3)$$

即

$$N_i \boldsymbol{k} \cdot \boldsymbol{a}_i = 2\pi N_i u_i \quad (i = 1,\ 2,\ 3)$$

同时，已知：

$$N_i u_i = m_i \quad (i = 1,\ 2,\ 3)$$

可将倒格子中的波矢 $\boldsymbol{k} = u_1 \boldsymbol{b}_1 + u_2 \boldsymbol{b}_2 + u_3 \boldsymbol{b}_3$ 改写为：

$$\boldsymbol{k} = \frac{m_1}{N_1} \boldsymbol{b}_1 + \frac{m_2}{N_2} \boldsymbol{b}_2 + \frac{m_3}{N_3} \boldsymbol{b}_3$$

$\boldsymbol{k}$ 空间中每个状态对应的体积为：

$$\frac{\boldsymbol{b}_1}{N_1} \cdot \left(\frac{\boldsymbol{b}_2}{N_2} \times \frac{\boldsymbol{b}_3}{N_3} \right) = \frac{(2\pi)^3}{V} \tag{A2.5}$$

式中，$V = N_1 N_2 N_3 V_{\text{cell}}$ 为晶体体积。

为了简化公式，只考虑一个具有周期性势场的一维晶体。

从边界条件和 $\psi_k(x + N_1 a_1) = \mathrm{e}^{iN_1 ka_1} \psi_k(x)$，可知 $N_1 ka_1 = 2\pi l_1$ 且 l_1 是一个整数。即

$$k = l_1 \frac{2\pi}{N_1 a_1} \tag{A2.6}$$

在空晶格近似下，$U(x) = 0$，$\left[-\dfrac{\hbar^2}{2m} \cdot \dfrac{d^2}{dx^2} + U(x) \right] \psi^{(0)}(x) = E\psi^{(0)}(x)$；波函数和能量为：

$$\psi_k^{(0)}(x) = \frac{1}{\sqrt{L_1}} \mathrm{e}^{ikx}$$

$$E_k^{(0)} = \frac{\hbar^2 k^2}{2m}$$

$$k = \frac{l_1}{N_1 a_1} (2\pi)$$

$$L_1 = N_1 a_1$$

在接下来的讨论中，使用 a 代替 a_1。电子所经历的周期势场由 $U(x)$ 表示，且已知 $U(x) = U(x + na)$。势能 $U(x)$ 包括电子与晶体中所有原子之间的相互作用，以及电子与其他电子之间的相互作用（Omar，1993），可以用傅里叶级数表示：

$$U(x) = \sum U_n \mathrm{e}^{i\frac{2\pi}{a}nx} = U_0 + \sum_{n \neq 0} U_n \mathrm{e}^{i\frac{2\pi}{a}nx}$$

式中，

$$U_0 = \frac{1}{L_1} \int_0^{L_1} U(x) \, dx = \overline{U}$$

$$U_n = \frac{1}{L_1} \int_0^{L_1} U(x) \exp\left(-i\frac{2\pi}{a}nx\right) dx$$

假设 $U_0(=\overline{U}) = 0$，即假设平均势能为零不影响讨论。

由于势能是实数项而不是复数项，即 $U(x) = U^*(x)$，$U_n^* = U_{-n}$。

为了求解薛定谔方程：

$$\left[-\frac{\hbar^2}{2m} \cdot \frac{d^2}{dx^2} + U(x)\right]\psi(x) = E\psi(x)$$

电子受到的周期势被视为一种微扰；下面采用非简并微扰理论进行计算。

$$H\psi_k = E(k)\psi_k$$

其中，

$$H = -\frac{\hbar^2}{2m} \cdot \frac{d^2}{dx^2} + U(x) = H_0 + H'$$

$$H_0 = -\frac{\hbar^2}{2m} \cdot \frac{d^2}{dx^2} + U_0$$

微扰为：

$$H' = \sum_{n \neq 0} U_n e^{i\frac{2\pi}{a}nx} = \Delta U$$

一个电子的能量和波函数可以表示为：

$$E(k) = E^{(0)}(k) + E^{(1)}(k) + E^{(2)}(k) + \cdots$$

$$\psi_k(x) = \psi_k^{(0)}(x) + \psi_k^{(1)}(x) + \psi_k^{(2)}(x) + \cdots$$

作为近似，不包括高于二阶的修正项。根据非简并微扰理论（Zhou，1979；Liboff，2003），

$$(H_0 - E^{(0)}(k))\psi_k^{(0)}(x) = 0 \tag{A2.7}$$

$$(H_0 - E^{(0)}(k))\psi_k^{(1)}(x) = -(H' - E^{(1)}(k))\psi_k^{(0)}(x) \tag{A2.8}$$

$$(H_0 - E^{(0)}(k))\psi_k^{(2)}(x) = -(H' - E^{(1)}(k))\psi_k^{(1)}(x) + E^{(2)}(k)\psi_k^{(0)}(x) \tag{A2.9}$$

从式（A2.7）中，可知

$$H_0\psi_k^{(0)}(x) = E^{(0)}(k)\psi_k^{(0)}(x)$$

在不考虑微扰的情况下，得到电子的能量如下：

$$E^{(0)}(k) = \frac{\hbar^2 k^2}{2m} + U_0$$

使 $U_0 = 0$，整理得

$$E^{(0)}(k) = \frac{\hbar^2 k^2}{2m}$$

对应的波函数为：

$$\psi_k^{(0)}(x) = \frac{1}{\sqrt{L_1}} e^{ikx}$$

一阶和二阶能量修正可以通过方程（A2.8）和方程（A2.9）得到：

$$E^{(1)}(k) = H'_{kk} = \int_0^{L_1} \psi_k^{(0)*}(x) \sum_{n \neq 0} U_n(x) e^{i\frac{2\pi}{a}nx} \psi_k^{(0)}(x) \mathrm{d}x = \overline{\Delta U} = 0$$

$$E^{(2)}(k) = \sum_{k' \neq k} \frac{|H'_{k'k}|^2}{E^{(0)}(k) - E^{(0)}(k')}$$

其中，

$$H'_{kk'} = H'^{*}_{k'k}$$
$$|H'_{kk'}|^2 = |H'_{k'k}|^2$$

接下来计算 $|H'_{kk'}|$ 的值，如下：

$$|H'_{k'k}| = \int_0^{L_1} \psi_{k'}^{(0)*}(x) \sum_{n \neq 0} U_n(x) e^{i\frac{2\pi}{a}nx} \psi_k^{(0)}(x) \mathrm{d}x$$

$$= \frac{1}{L_1} \int_0^{L_1} \sum_{n \neq 0} U_n(x) e^{i\frac{2\pi}{a}nx} e^{-i(k'-k)x} \mathrm{d}x$$

考虑 $k' - k$ 的值，请注意：

$$|H'_{k'k}| = \begin{cases} U_n & \text{当 } k' - k = \frac{2\pi}{a}n \\ 0 & \text{当 } k' - k \neq \frac{2\pi}{a}n \end{cases} \tag{A2.10}$$

因此，二阶能量偏移为：

$$E^{(2)}(k) = \sum_{k' \neq k} \frac{|H'_{kk'}|^2}{E^{(0)}(k) - E^{(0)}(k')}$$

$$= \sum_{n \neq 0} \frac{|U_n|^2}{\frac{\hbar^2}{2m}\left[k^2 - \left(k + \frac{2\pi}{a}n\right)^2\right]} \tag{A2.11}$$

二阶微扰能量表示为：

$$E(k) = E^{(0)}(k) + E^{(1)}(k) + E^{(2)}(k) + \cdots$$

$$= \frac{\hbar^2 k^2}{2m} + \sum_{n \neq 0} \frac{2m|U_n|^2}{\hbar^2 k^2 - \hbar^2 \left(k + \frac{2\pi}{a}n\right)^2} + \cdots \tag{A2.12}$$

波函数为：

$$\psi_k(x) = \psi_k^{(0)}(x) + \psi_k^{(1)}(x) + \cdots$$

$$= \psi_k^{(0)}(x) + \sum_{k' \neq k} \frac{H'_{k'k}}{E^{(0)}(k) - E^{(0)}(k')} \psi_{k'}^{(0)}(x) + \cdots$$

由于

$$\psi_k^{(0)}(x) = \frac{1}{\sqrt{L_1}} e^{ikx}$$

$\psi_k(x)$ 可以变为:

$$\psi_k(x) = \psi_k^{(0)}(x) + \sum_{k' \neq k} \frac{H'_{k'k}}{E^{(0)}(k) - E^{(0)}(k')} \psi_{k'}^{(0)}(x)$$

$$= \frac{1}{\sqrt{L_1}} e^{ikx} + \sum_{n \neq 0} \frac{2mU_n}{\hbar^2 k^2 - \hbar^2 \left(k + \frac{2\pi}{a}n\right)^2} \cdot \frac{1}{\sqrt{L_1}} e^{i\left(k + \frac{2\pi}{a}n\right)x}$$

$$= \frac{1}{\sqrt{L_1}} e^{ikx} \left[1 + \sum_{n \neq 0} \frac{2mU_n e^{i\frac{2\pi}{a}nx}}{\hbar^2 k^2 - \hbar^2 \left(k + \frac{2\pi}{a}n\right)^2} \right] \qquad (A2.13)$$

或者

$$\psi_k(x) = \frac{1}{\sqrt{L_1}} e^{ikx} u_k(x) \qquad (A2.14)$$

其中

$$u_k(x) = 1 + \sum_{n \neq 0} \frac{2mU_n e^{i\frac{2\pi}{a}nx}}{\hbar^2 k^2 - \hbar^2 \left(k + \frac{2\pi}{a}n\right)^2} \qquad (A2.15)$$

可以看出, $u_k(x) = u_k(x + na)$, 因此 $\psi_k(x) = \frac{1}{\sqrt{L_1}} e^{ikx} u_k(x)$ 是布洛赫波。

方程 (A2.12) 和方程 (A2.13) 用来表示不在布里渊区边界附近的能量和波函数。

当 $E^{(0)}(k) = E^{(0)}(k')$ 时, 可以看出式 (A2.11) 中微扰项的分母消失, 使得 $E^{(2)}(k) \to \pm \infty$。

这种情况下,

$$\frac{\hbar^2 k^2}{2m} = \frac{\hbar^2 \left(k + \frac{2\pi}{a}n\right)^2}{2m}$$

$$k^2 = \left(k + \frac{2\pi}{a}n\right)^2 = (k + g_n)^2$$

或者

$$k = - \frac{\pi}{a}n , \quad k' = \frac{\pi}{a}n \tag{A2.16}$$

这意味着波矢在布里渊区边界结束。

由于微扰理论假定了修正的微小性，上述处理在区域边界处或附近不再有效。在布里渊区边界或附近，必须采用简并微扰处理。考虑布里渊区边界处的情况：

$$k = - \frac{\pi}{a}n , \quad k' = \frac{\pi}{a}n$$

或者在布里渊区边界附近：

$$k = - \frac{\pi}{a}n(1 - \Delta) \tag{A2.17}$$

$$k' = k + \frac{2\pi}{a}n = \frac{\pi}{a}n(1 + \Delta) \quad |\Delta| \ll 1$$

采用如下的量子力学处理（Huang，1988；Liboff，2003；Wahab，2015）。

考虑到未微扰波函数 $\psi_k'^{(0)}$ 和 $\psi_k^{(0)}$ 的组合：

$$\psi = a\psi_k^{(0)} + b\psi_{k'}^{(0)} \tag{A2.18}$$

基于薛定谔方程：

$$\left[- \frac{\hbar^2}{2m}\frac{d^2}{dx^2} + U(x) \right]\psi(x) = E\psi(x) \tag{A2.19}$$

同时，

$$\left[- \frac{\hbar^2}{2m}\frac{d^2}{dx^2} + \overline{U(x)} \right]\psi_k^{(0)}(x) = E_k^{(0)}\psi_k^{(0)}(x) \tag{A2.20}$$

$$\left[- \frac{\hbar^2}{2m}\frac{d^2}{dx^2} + \overline{U(x)} \right]\psi_{k'}^{(0)}(x) = E_{k'}^{(0)}\psi_{k'}^{(0)}(x) \tag{A2.21}$$

通过计算式（A2.19）− [式（A2.20）× a + 式（A.21）× b]，可以消除 $- \frac{\hbar^2}{2m}\frac{d^2}{dx^2}$ 的项。然后将 $\psi = a\psi_k^{(0)} + b\psi_{k'}^{(0)}$ 代入其中，可得

$$a(E_k^{(0)} - E + \Delta U)\psi_k^{(0)} + b(E_{k'}^{(0)} - E + \Delta U)\psi_{k'}^{(0)} = 0 \tag{A2.22}$$

如果将方程（A2.22）乘以 $\psi_k^{(0)*}$ 或 $\psi_{k'}^{(0)*}$ 并进行积分，可得

$$(E_k^{(0)} - E)a + U_n^* b = 0 \tag{A2.23}$$

$$U_n a + (E_{k'}^{(0)} - E)b = 0$$

在上述计算中，使用了以下两个关系：

$$\langle k|\Delta U|k\rangle = \langle k'|\Delta U|k'\rangle = 0$$

$$\langle k|\Delta U|k'\rangle = \langle k'|\Delta U|k\rangle^* = U_n^*$$

使用克莱姆法则（Cramer's rule）并解方程，即得

$$\begin{vmatrix} E_k^{(0)} - E & U_n^* \\ U_n & E_{k'}^{(0)} - E \end{vmatrix} = 0$$

或者

$$(E_k^{(0)} - E)(E_{k'}^{(0)} - E) - |U_n|^2 = 0 \qquad (A2.24)$$

解得

$$E_\pm = \frac{1}{2}\{(E_k^{(0)} + E_{k'}^{(0)}) \pm \sqrt{(E_k^{(0)} - E_{k'}^{(0)})^2 + 4|U_n|^2}\} \qquad (A2.25)$$

（1）在布里渊区边界上，有

$$k = -\frac{\pi}{a}n, \qquad k' = \frac{\pi}{a}n$$

$$E_k^{(0)} = E_{k'}^{(0)} = \frac{\hbar^2}{2m}\left(\frac{\pi n}{a}\right)^2$$

$$E_+ = E_k^{(0)} + |U_n|$$

$$E_- = E_k^{(0)} - |U_n| \qquad (A2.26)$$

且能带间隙为：

$$E_g = E_+ - E_- = 2|U_n| \qquad (A2.27)$$

（2）在布里渊区边界附近，有

$$k = -\frac{\pi}{a}n(1 - \Delta)$$

$$k' = k + \frac{2\pi}{a}n = \frac{\pi}{a}n(1 + \Delta) \qquad |\Delta| \ll 1$$

$$E_k^{(0)} = \bar{U} + \frac{\hbar^2 k^2}{2m} = \bar{U} + \frac{\hbar^2}{2m}\left(\frac{\pi}{a}n\right)^2(1 - \Delta)^2$$

$$E_{k'}^{(0)} = \bar{U} + \frac{\hbar^2 k'^2}{2m} = \bar{U} + \frac{\hbar^2}{2m}\left(\frac{\pi}{a}n\right)^2(1 + \Delta)^2$$

（假设 $\bar{U} = 0$，那么 $\bar{U}$ 可以省略）

由于 Δ 较小，

$$|E_k^{(0)} - E_{k'}^{(0)}| \ll |U_n|$$

使用泰勒级数，并展开到二阶，可得：

$$f(x) = f(0) + \frac{f'(0)}{1!}x + \frac{f''(0)}{2!}x^2 + \cdots$$

使 $x = \dfrac{E_{k'}^{(0)} - E_k^{(0)}}{|U_n|}$，那么 $\sqrt{(E_k^{(0)} - E_{k'}^{(0)})^2 + 4|U_n|^2} = 2|U_n|\left(1 + \dfrac{1}{4}x^2\right)^{\frac{1}{2}} =$

$2 \mid U_n \mid + \dfrac{(E_{k'}^{(0)} - E_k^{(0)})^2}{4 \mid U_n \mid}$。因此

$$E_{\pm} \approx \frac{1}{2} \left\{ (E_k^{(0)} + E_{k'}^{(0)}) \pm \left[2 \mid U_n \mid + \frac{(E_{k'}^{(0)} - E_k^{(0)})^2}{4 \mid U_n \mid} \right] \right\} \quad (\text{A2.28})$$

如果使用 $T_n = \dfrac{\hbar^2 k^2}{2m} = \dfrac{\hbar^2}{2m} \left(\dfrac{\pi}{a} n \right)^2$ 来表示在 $k = \dfrac{\pi}{a} n$ 处的电子动能，那么在布里渊区边界附近，

$$E_k^{(0)} = \overline{U} + \frac{\hbar^2 k^2}{2m} = \overline{U} + \frac{\hbar^2}{2m} \left(\frac{\pi}{a} n \right)^2 (1 - \Delta)^2 = \overline{U} + T_n (1 - \Delta)^2$$
$$E_{k'}^{(0)} = \overline{U} + \frac{\hbar^2 k'^2}{2m} = \overline{U} + \frac{\hbar^2}{2m} \left(\frac{\pi}{a} n \right)^2 (1 + \Delta)^2 = \overline{U} + T_n (1 + \Delta)^2 \quad (\text{A2.29})$$

将方程（A2.29）代入方程（A2.28）得：

$$E_{\pm} = \begin{cases} \overline{U} + T_n + \mid U_n \mid + T_n \left(\dfrac{2T_n}{\mid U_n \mid} + 1 \right) \Delta^2 \\[2mm] \overline{U} + T_n - \mid U_n \mid - T_n \left(\dfrac{2T_n}{\mid U_n \mid} - 1 \right) \Delta^2 \end{cases} \quad (\text{A2.30})$$

以上分析表明，当 $\Delta \to 0$，或者接近布里渊区边缘时，由于与周期性弱势相互作用的结果，图 A2.1 中的曲线与自由电子的色散关系不同。

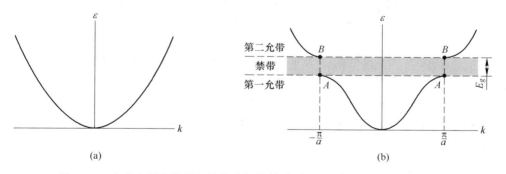

图 A2.1　自由电子的能量与波矢之间的关系图(a)；单原子线性晶格中电子
　　　　的能量与波矢之间的关系图（其中晶格常数为 a）（b）
　　　　（资料来源：Kittel（1996），经 John Wiley & Sons 出版社许可）

当波矢满足布拉格条件时，或者波矢的末端位于布里渊区的边界上，向右传播的波将被布拉格反射到左边传播，反之亦然，形成驻波。这两个驻波 $\psi(+)$ 和 $\psi(-)$ 在不同的区域堆积电子，因此两个波具有不同的势能值，这就是能带间隙的起源（Kittel，1996）。在倒易空间中表示的能量曲线（见图 A2.2）的特征可以很好地解释晶体的许多行为。例如，在引言部分，利用能带结构来解释金

属、绝缘体或半导体的材料分类原因。

对于电子来说，在三维空间中可以通过能量-波矢表达式来计算某一能量范围内的态密度（states density）。

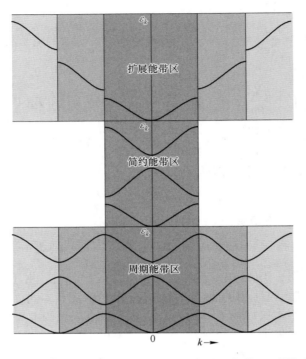

图 A2.2 线性晶格的 3 个能带（扩展能带区、简约能带区和周期能带区）
（资料来源：Kittel（1996），经 John Wiley & Sons 出版社许可）

由方程（A2.5），可知 k 空间中每个态对应的体积为 $\dfrac{(2\pi)^3}{V}$。因此，态的数量表达式为：

$$\frac{V}{(2\pi)^3}\int \mathrm{d}S\mathrm{d}k \tag{A2.31}$$

由 $\Delta E = \mathrm{d}k\,|\,\nabla_k E\,|$ 或 $\mathrm{d}k = \dfrac{\Delta E}{|\,\nabla_k E\,|}$，态的数量可以变为：

$$\frac{V}{(2\pi)^3}\int \frac{\mathrm{d}S}{|\,\nabla_k E\,|}\Delta E$$

这表明，态密度即单位能量范围内态的数量为：

$$\frac{V}{(2\pi)^3}\int \frac{\mathrm{d}S}{|\,\nabla_k E\,|} \tag{A2.32}$$

在光谱学研究中，态密度的概念十分重要，例如，X 射线吸收精细结构分析和电子能量损失光谱分析。

在 *Elementary Solid State Physics*：*Principles and Applications*（Omar，1993）一书的第 5 章中详细介绍了紧束缚模型，建议读者阅读该章节。

本书的重点是关于晶体结构描述和测定。因此，在本附录中只对晶体的电子结构进行了简要的解释。

参 考 文 献

Huang K，1988. Solid state physics ［M］//Huang K，Han R Q. Beijing：Chinese Higher Education Publisher.

Kittel C，1996. Introduction to solid state physics ［M］. Charles Kittel. 7th ed. New York：Wiley.

Liboff R L，2003. Introductory quantum mechanics ［M］. Richard L. Liboff. 4th ed.，Quantum mechanics. 4th ed. San Francisco：Addison-Wesley.

Omar M A，1993. Elementary solid state physics：Principles and applications ［M］. M. A. Omar. Rev. print. Reading，Mass：Addison-Wesley Pub. Co.（Addison-Wesley series in solid state sciences）.

Wahab M A（Mohammad A.），2015. Solid state physics：Structure and properties of materials ［M］. M. A. Wahab. 3rd ed. Oxford U. K：Alpha Science International.

Zhou S X，1979. Quantum mechanics ［M］//Zhou S X. Beijing：Chinese Higher Education Publisher.

索　引